国际制造业先进技术译丛

热浸镀锌手册

［德］ 彼得·梅斯（Peter Maass）
彼得·派斯克（Peter Peissker） 著
王胜民 译

机 械 工 业 出 版 社

本书以生产实践为基础，以目前欧洲热浸镀锌的技术现状和发展趋势为导向，系统全面地介绍了热浸镀锌技术。本书主要内容包括：腐蚀与防护、热浸镀锌的发展历史、表面预处理、热浸镀锌工艺原理、热浸镀锌工艺及设备、热浸镀锌厂的环境保护和职业安全、热浸镀锌工件的设计和制造、热浸镀锌企业的质量管理、镀锌层的腐蚀行为、热浸镀锌＋涂装双重体系、热浸镀锌的经济效益、应用实例、热浸镀锌及镀锌层的缺陷。本书从工艺技术的环境友好型要求和先进性角度介绍了一些可实践的表面预处理方法、机械化或自动化的批量热浸镀锌生产线及车间布局，并基于未来防腐需求的角度考虑，介绍了热浸镀锌＋涂装双重体系。本书内容实用性强，可供从事热浸镀锌的工程技术人员和操作者使用，也可供相关专业在校师生和研究人员参考。

译 丛 序

一、制造技术长盛永恒

先进制造技术是在20世纪80年代提出的，它由机械制造技术发展而来，通常可以认为它是机械、电子、信息、材料、能源和管理等方面的技术的交叉、融合和集成。先进制造技术应用于产品全生命周期的整个制造过程，包括市场需求、产品设计、工艺设计、加工装配、检测、销售、使用、维修、报废处理、回收利用等，可实现优质、敏捷、高效、低耗、清洁生产，快速响应市场的需求。因此，当前的先进制造技术是以产品为中心，以光机电一体化的机械制造技术为主体，以广义制造为手段，具有先进性和时代感。

制造技术是一个永恒的主题，与社会发展密切相关，是设想、概念、科学技术物化的基础和手段，是所有工业的支柱，是国家经济与国防实力的体现，是国家工业化的关键。现代制造技术是当前世界各国研究和发展的主题，特别是在市场经济高度发展的今天，它更占有十分重要的地位。

信息技术的发展并引入到制造技术，使制造技术产生了革命性的变化，出现了制造系统和制造科学。制造系统由物质流、能量流和信息流组成，物质流是本质，能量流是动力，信息流是控制；制造技术与系统论、方法论、信息论、控制论和协同论相结合就形成了新的制造学科。

制造技术的覆盖面极广，涉及机械、电子、计算机、冶金、建筑、水利、电子、运载、农业以及化学、物理学、材料学、管理科学等领域。各个行业都需要制造业的支持，制造技术既有普遍性、基础性的一面，又有特殊性、专业性的一面，制造技术具有共性，又有个性。

目前世界先进制造技术沿着全球化、绿色化、高技术化、信息化、个性化和服务化、集群化六个方向发展，在加工技术方面主要有超精密加工技术、纳米加工技术、数控加工技术、极限加工技术、绿色加工技术等，在制造模式方面主要有自动化、集成化、柔性化、敏捷化、虚拟化、网络化、智能化、协作化和绿色化等。

二、图书交流源远流长

近年来，国际间的交流与合作对制造业领域的发展、技术进步及重大关键技术的突破起到了积极的促进作用，制造业科技人员需要及时了解国外相关技术领域的最新发展状况、成果取得情况及先进技术的应用情况等。

国家、地区间的学术、技术交流已有很长的历史，可以追溯到唐朝甚至更远一些，唐玄奘去印度取经可以说是一次典型的图书交流佳话。图书资料是一种传统、永恒、有效的学术、技术交流方式，早在20世纪初期，我国清代学者严复就翻译了英国学者赫胥黎所著的《天演论》，其后学者周建人翻译了英国学者达尔文所著的《物种起源》，对我国自然科学的发展起到了很大的推动作用。

图书是一种信息载体，虽然现在已有网络通信、计算机等信息传输和储存手段，但图书仍将因其具有严谨性、系统性、广泛性、适应性、持久性和经济性而长期存在。纸质图书有更好的阅读优势，可满足不同层次读者的阅读习惯，同时它具有长期的参考价值和收藏价值。当然，技术图书的交流具有时间上的滞后性，不够及时，翻译的质量也是个关键问题，需要及时、快速、高质量的出版工作支持。

机械工业出版社希望能够在先进制造技术的引进、消化、吸收、创新方面为广大读者做出贡献，为我国的制造业科技人员引进、吸纳国外先进制造技术的出版资源，翻译出版国际上优秀的先进制造技术著作，从而提升我国制造业的自主创新能力，引导和推进科研与实践水平的不断进步。

三、选译严谨质高面广

（1）精品重点高质　本套丛书作为我社的精品重点书，在内容、编辑、装帧设计等方面追求高质量，力求为读者奉献一套高品质的丛书。

（2）专家选译把关　本套丛书的选书、翻译工作均由国内相关专业的专家、教授、工程技术人员承担，充分保证了内容的先进性、适用性和翻译质量。

（3）引纳地区广泛　主要从制造业比较发达的国家引进一系列先进制造技术图书，组成一套"国际制造业先进技术译丛"。当然其他国家的优秀制造科技图书也在选择之内。

（4）内容先进丰富　在内容上应具有先进性、经典性、广泛性，应能代表相关专业的技术前沿，对生产实践有较强的指导、借鉴作用。本套丛书尽量涵盖制造业各行业，如机械、材料、能源等，既包括对传统技术的改进，又包括新的设计方法、制造工艺等技术。

（5）读者层次面广　面对的读者对象主要是制造企业、科研院所的专家、研究人员和工程技术人员，高等院校的教师和学生，可以按照不同层次和水平要求各取所需。

四、衷心感谢不吝指教

首先要感谢许多热心支持"国际制造业先进技术译丛"出版工作的专家学者，他们积极推荐国外相关优秀图书，仔细评审外文原版书，推荐评审和翻译的知名专家，特别要感谢承担翻译工作的译者，对各位专家学者所付出的辛勤劳动表示深切的敬意，同时要感谢国外各家出版社版权工作人员的热心支持。

希望本套丛书能对广大读者的学习与工作提供切实的帮助，希望广大读者不吝指教，提出宝贵意见和建议。

机械工业出版社

译 者 序

锌是用途最广泛的金属之一，其最重要的应用就是保护钢铁材料免受腐蚀。到目前为止，热浸镀锌法仍是钢材户外防腐中最经济、有效的工艺方法。热浸镀锌技术自首次应用至今已有170多年的历史，多年来该行业的各国从业者和技术人员做了大量的研究和实践工作，取得了众多技术成果，促进了热浸镀锌技术的进步和发展。

《热浸镀锌手册》一书德文版第1版于1970年出版，德文版第2版于1993年出版，德文版第3版于2007年出版，德文版第3版的英文翻译版于2011年出版。本书的历次出版发行均取得了出乎预料的效果。现在看来，这主要是归功于本书内容的全面性、完整性、系统性和实用性，使得其成为热浸镀锌行业的重要参考资料。《热浸镀锌手册》第3版由德国Peter Maass博士领衔编写，他是德国资深的防腐工程师，他主编的本书第3版一度成为德国职业培训的参考标准。

无论是从生产量，还是从业人员的数量考虑，我国是当之无愧的热浸镀锌大国。虽然热浸镀锌技术自首次应用至今已有170多年的历史，但在我国，热浸镀锌技术留给我们的印象仍是脏、乱、差和污染严重。一次偶然的机会我接触到《热浸镀锌手册》第3版原版书，书中内容的全面性、完整性、工艺及设备的先进性、职业安全和环境保护的前瞻性等深深地吸引了我。通读全书之后，我一直思索，此书如能翻译成中文在国内发行，将对我国批量热浸镀锌技术的良性发展起到重要的推动作用。鉴于此，我决心将其翻译成中文，翻译过程中得到了机械工业出版社的大力支持。

本书中，作者从热浸镀锌的发展历程、镀锌层的腐蚀机理、热浸镀锌工件的预处理、镀锌层的形成过程、热浸镀锌的工艺设备及车间布局、热浸镀锌工件的设计和制造、热浸镀锌层的后续涂装、热浸镀锌生产的职业安全和环境保护、热浸镀锌技术的质量管理、热浸镀锌的经济效益分析、热浸镀锌技术的应用及相关标准等全面地介绍了热浸镀锌技术。其中从工艺技术的环境友好型要求和先进性角度介绍了一些可实践的表面预处理方法、机械化或自动化的批量热浸镀锌生产线及车间布局，并基于未来防腐的需求角度考虑，介绍了热浸镀锌＋涂装双重体系。本书的各章节内容以生产实践为基础，全书内容以目前欧洲热浸镀锌的技术现状和发展趋势为导向，内容实践性强、应用性强。

本书全部章节内容由王胜民翻译，王胜民负责了译文全稿的校审和修改。刘华伟、刘金刚、郭怀才承担了第11～13章的部分初译工作，在此表示衷心的感谢。此外，还要衷心地感谢袁天琴女士，她在翻译和文字处理过程中给予了支持和帮助。在翻译时，基于实践考虑将《热浸镀锌手册》英文版的附录 B、C、D 内容和全书索引省略。

　　热浸镀锌是钢铁材料防腐的最有效方法，在全球对资源、能源和环境高度关注的今天，我们衷心地希望《热浸镀锌手册》的中文版对热浸镀锌行业的从业者和企业的决策者有积极的意义，同时能够促进热浸镀锌行业的良性发展。

王胜民

英文版致谢

　　出版商真心感谢美国热镀锌协会（AGA）执行主席 Philip G. Rahrig 先生、美国 Voigt & Schweitzer 公司前总裁 Werner Niehaus 先生、美国 Horsehead 集团公司的 Barry P. Dugan 先生，感谢他们对翻译内容的校订。

德文版第3版前言

自 1993 年德文版《热浸镀锌手册》第 2 版出版以来已有一段时间，对其进行修订并出版第 3 版成为必要。在第 3 版出版之际，我们衷心感谢本书的所有作者，包括一些新作者。

与第 2 版相比，在对第 3 版进行修订时做了以下的更改和补充：

1）采用了最新版本的欧洲和国际标准，尤其是采用了最新的 DIN EN ISO 1461。

2）在表面预处理章节中，基于环境友好型要求的发展趋势补充了新技术内容。

3）基于德累斯顿腐蚀保护研究所和莱比锡钢结构工程研究所的研究结果，以全新的基础解释了镀锌层的形成过程，并包含了高温镀锌的相关内容。

4）对符合热浸镀锌要求以及职业安全和质量管理的工艺装备、设计、制造章节的内容进行了更新。

5）在热浸镀锌的后处理部分补充了粉末涂层及其商业的重要性。

6）所有的章节都考虑了扩大热浸镀锌产品的应用范围，如应用于车架。

7）政府部门、行业协会和金属工人产业协会之间历经八年的激烈讨论，最终决定于 2005 年 8 月起将热浸镀锌作为一个整体划归为表面涂镀专业。所以，德国在第一时间成立了热浸镀锌专家认证协会。

我们希望德文版《热浸镀锌手册》第 3 版能继续满足专业人士的需求，并对热浸镀锌企业起到有益的参考作用。

欢迎广大读者对本书内容批评指正，我们将不胜感激。最后，我们衷心地感谢 Wiley – VCH 出版公司，尤其是 Ottmar 博士和 Münz 博士对本书的修订与出版工作给予很大的鼓舞和支持，并仔细地承担了一些编辑工作。

Leipzig，2007 年 12 月

Peter Maaβ

Peter Peiβker

德文版第 2 版前言

1742 年法国化学家 Paul Jacques Malouin 发明了热浸镀锌工艺，但直到 1836 年法国工程师 Stanislas Sorel 申请专利授权并实施后，热浸镀锌技术才首次应用于实践。几十年来，在冶炼和化学工程师的共同努力下，热浸镀锌工艺已发展成为高效的、现代化的工业技术。

结构工程的日益增加及其广泛应用，以及腐蚀防护领域的低维护或无维护成本要求，推动了热浸镀锌技术的发展和装备进步。

有关热浸镀锌技术的主要基础理论在 1941 年出版的 Bablik 教授（热镀锌工艺技术的知名专家）的经典著作《热浸镀锌》中已经详述。《热浸镀锌手册》一书的德文第 1 版由本文作者编写并于 1970 年出版，在第 2 版中将致力于让读者和从业者更多地了解热浸镀锌技术的发展历史和技术进展，希望有助于促进它的实践应用。

因为腐蚀是由环境的影响而引起的，所以腐蚀及其防护尤其是热浸镀锌技术，目前已成为产品质量管理和环境保护的一个组成部分。热浸镀锌技术作为抑制和防止腐蚀的最佳选择，它的主要作用是：

1）保护自然资源。

2）节约成本。

3）提高生活质量。

4）提高安全性。

一些参考书籍在过去可能是由单独的作者独立撰写的，但考虑到热浸镀锌工艺、设备的复杂性，本书由不同学科领域的专家共同撰写完成。欢迎广大读者对本书内容批评指正，我们将不胜感激。最后，我们衷心地感谢给予我们各方面帮助的出版商。

Leipzig, 1993 年 7 月

Peter Maaβ

Peter Peiβker

目　　录

第1章 腐蚀与防护

Peter Maaβ

1.1 腐蚀

1.1.1 腐蚀的原因

所有的材料以及用这些材料制造的产品、厂房、结构及建筑物在服役过程均会遭受到物理磨损。由力、热、化学、电化学、微生物、电流、辐射冲击作用影响而造成的材料磨损类型如图1-1所示。

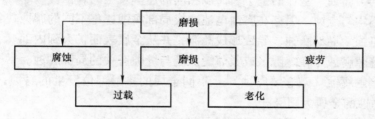

图1-1 材料的磨损类型

因为影响因素众多，而且这些因素又相互交叉，所以物理磨损无论从技术上还是经济上都是较难被控制的。服役环境中介质的交互作用会导致材料发生不良反应，如引起腐蚀、老化、腐烂、脆化和结垢。

力学作用引起材料的磨损，化学和电化学反应造成材料的腐蚀，这些过程发生于材料的表面，并导致材料的性能和结构发生改变。根据 DIN EN ISO 8044，腐蚀的定义为：

金属和环境之间的相互作用将改变金属的特性，并明显影响金属或工作环境或工艺体系的功能。

注：相互作用通常是指电化学过程。

从以上的定义中，引申出以下专业词汇：

（1）腐蚀系统 包括一种金属或几种金属与影响腐蚀的环境构成的系统。

（2）腐蚀现象 因腐蚀造成腐蚀系统中任意一部分发生的改变。

（3）腐蚀破坏 腐蚀现象造成的金属功能、环境或工艺体系的损坏。

（4）腐蚀失效 腐蚀破坏使工艺体系失去运转能力。

（5）耐蚀性 金属在腐蚀系统中维持工作状态的能力。

当未经防腐处理的钢或合金钢暴露在大气中一段时间后，材料表面呈现红棕色。红棕色表面出现了锈蚀，钢铁发生腐蚀。简而言之，钢铁的腐蚀过程就是发生下述化学反应：

$$Fe + SO_2 + O_2 \rightarrow FeSO_4 \qquad\qquad (1-1)$$

$$4Fe + 2H_2O + 3O_2 \rightarrow 4FeOOH \qquad\qquad (1-2)$$

当腐蚀介质作用于材料时腐蚀就发生了。这是因为从天然矿石中提炼出的纯金属有转变为它们原始态的驱动能力，造成材料表面发生化学或电化学反应。

（1）化学腐蚀　电化学反应以外的腐蚀。

（2）电化学腐蚀　腐蚀系统中至少包括一个阳极和一个阴极。

1.1.2　腐蚀的类型

腐蚀不仅是线性磨损，它还表现出多种形式。按 DIN EN ISO 8044 中的规定，钢及合金钢的主要腐蚀类型为：

（1）均匀腐蚀　基体的整个表面以相同的速率发生的腐蚀。

（2）不均匀点蚀　因存在腐蚀电池造成局部腐蚀速率不同的腐蚀现象。

（3）点蚀　局部腐蚀，导致形成孔洞，并从金属表面扩大到内部。

（4）缝隙腐蚀　在缝隙区或紧邻缝隙区与缝隙有关的局部腐蚀。

（5）接触腐蚀（双金属腐蚀）　不同金属的接触部位发生的腐蚀，此腐蚀系统中加速腐蚀的金属为阳极。

（6）晶间腐蚀　金属晶粒界面（晶界）发生的腐蚀。

上面所提及的标准中列举了 37 种腐蚀，这些腐蚀均导致腐蚀现象的发生。

1.1.3　腐蚀现象

DIN EN ISO 8044 中的定义规定，腐蚀系统中任意一个组成要素改变就会发生腐蚀现象。

主要的腐蚀现象包括：

（1）表面均匀蚀除　金属材料表面因腐蚀而被均匀除去一层的腐蚀现象，这种腐蚀现象可以通过计算质量损失（$g \cdot m^{-2}$）来测算腐蚀速率（$\mu m \cdot a^{-1}$）。

（2）腐蚀坑　表面不均匀腐蚀形成的蚀坑，蚀坑的直径远大于它的深度。

（3）点蚀　表面形成漏斗状或凹陷、针孔状的腐蚀现象。腐蚀点的深度通常大于它的直径。

通常区分腐蚀坑和点蚀的蚀点有一定的困难。

1.1.4　腐蚀环境

根据 DIN EN ISO 12944 – 2 中内容可知，所有的环境因素会加剧腐蚀（图1-2）。

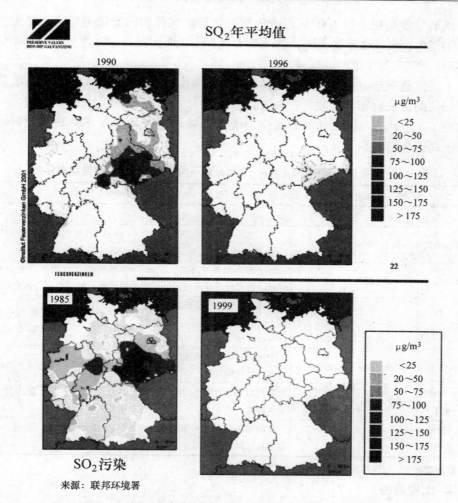

图 1-2 过去 20 年德国随着 SO₂ 污染程度降低锌的腐蚀速率降低情况

1. 大气腐蚀

只要钢铁表面的相对湿度不超过 60%，钢铁在大气中的腐蚀速率就是微不足道的。以下几种情况，特别是同时存在通风不畅时将导致腐蚀速率增加：①相对湿度增加；②存在冷凝水（表面温度低于露点时）；③降雨；④大气污染加剧而影响了钢铁表面或污染物沉积在钢铁表面，污染物包括含有 SO₂ 的气体、盐类、氯化物、硫化物等，当存在一定湿度时，污染物以烟尘、灰尘、盐渍等形式沉积在钢铁表面而加速腐蚀。

温度也会影响腐蚀过程，下列几类气候因素对评价腐蚀状态有决定性影响：①所处的气候带；②寒冷气候；③温带气候；④干燥气候；⑤温暖潮湿气候；⑥海洋气候；⑦局地气候。

局地气候是指半径 1000m 以内的气候，局地气候和污染物类别决定了大气类型：①室内大气；②乡村大气；③城市大气；④工业大气；⑤海洋大气；⑥小气候（指森林、洞穴等小范围的气候特征）。

小气候是指某一独立部分的气候。此小范围内的条件参数如湿度、露点，以及与之相关的污染物等对腐蚀有着显著的影响。

表 1-1 所列为不同大气类型对应的大气腐蚀状态及按 DIN EN ISO 12944-2 划分的腐蚀等级类别。

表 1-1　标准 DIN EN ISO 12944-2 划分的不同环境条件下的腐蚀状态分类

腐蚀等级	第一年厚度损失[①]/μm		典型环境举例	
	碳钢	锌	室外	室内
C1：轻微	≤1.3	≤0.1	—	与外部隔绝的建筑，相对湿度≤60%
C2：低	>1.3~25	>0.1~0.7	轻度污染的大气环境，干燥气候，如乡村气候环境	非隔绝的且可能存在暂时凝结水的建筑，如储存室、体育馆
C3：中	>25~50	>0.7~2.1	含有 SO_2 中度污染的 S 和 I 类型大气环境，或者是中等的海洋气候环境	相对湿度较高、轻度污染的房间，如啤酒厂、洗衣店、乳品厂
C4：严重	>50~80	>2.1~4.2	中度盐污染的 I 类型大气环境和海洋气候环境	化工车间、游泳池
C5：非常严重 I	>80~200	>4.2~8.4	高相对湿度和侵蚀性 I 类型大气环境	污染严重且一直存在冷凝水的车间或区域
C5：非常严重 M	>80~200	>4.2~8.4	高盐污染的海洋气候环境和滨海地区环境	

① 质量损失，以厚度的形式表示。

2. 土壤腐蚀

腐蚀过程由土壤的条件和电化学参数（与其他组元构成的腐蚀原电池、土壤中交直流电的影响）决定。

土壤腐蚀的状态由下列因素决定：①土壤的成分；②土壤中因沉积物存在而引起的土壤条件的改变；③其他电化学因素。

更详细的内容请参考 DIN EN 12501-1。

3. 水中的腐蚀

水中腐蚀的主要影响因素有：①水的成分，如含氧量、可溶物的种类及含量、水的盐碱度；②机械应力；③电化学因素。

DIN EN ISO 12944-2 中划分了水下浸没区、波浪区、飞溅区和潮湿区。

4. 特殊腐蚀环境

一些位置的腐蚀状态，如涂装区域或生产线区域等对腐蚀有着重要的影响。尤其需要关注的是化工厂生产区域，存在敞开的排放区（酸、碱、盐、有机溶剂、腐蚀性气体、灰尘等的排放）。然而，像机械应力、热场应力或它们的耦合应力等特殊的应力会加速腐蚀过程。

5. 腐蚀破坏的避免

以下是避免腐蚀所必须要清楚的几项最基本决定：①决定产品、厂房或建筑结构的可腐蚀暴露程度；②服役寿命：腐蚀系统能够满足产品或构件功能要求的服役期限（DIN EN ISO 8044）；③保护周期：涂镀层系统开始服役直至第一次更换的预期服役时间（DIN EN ISO 12944-1）。

决定或判断产品、厂房或建筑结构的可腐蚀暴露程度或时间是比较困难的，因为要全面考虑气候分布带、局部气候、大气类型等诸多因素。而考虑服役寿命要求的腐蚀保护从成本等经济角度考虑是切实可行的。

1.2 防腐蚀

1.2.1 方法

所有旨在避免腐蚀破坏的方法、措施、过程均称为腐蚀防护（图1-3）。腐蚀系统的改变目的就是使腐蚀破坏最小化。

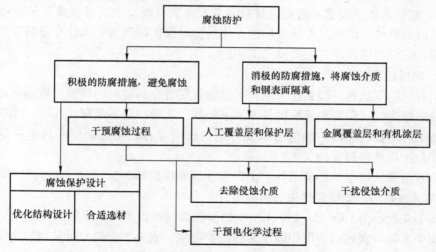

图1-3　腐蚀防护的方法、措施和过程

1. 积极的措施

积极的措施是指通过控制腐蚀过程、腐蚀与防护相关的材料选择、工程管理、设计与制造而减缓或避免腐蚀。它同时也是腐蚀防护消极措施取得成效的一个重要先决条件。以下是腐蚀防护积极措施的一些总结。

有关钢结构腐蚀与防护相关的基础以及工程设计要求在 DIN EN ISO 129-44-3

中给出了界定：①钢结构的腐蚀防护要求采取涂层系统进行防护；②涂层防护的基本规则；③DIN EN ISO 14713；④钢结构的保护借助于锌、铝涂层的方法。

当然，也可以选择其他的产品，除非它们在各自的 DIN 标准中有着专门的要求。在项目的管理中，设计工程师必须考虑腐蚀类型或腐蚀现象而产生的腐蚀状态，并且他必须设计出解决方案，提供一个有效的最佳质量的保护期。

主要方面包括：

1）所用的材料：要求知道材料的性能和腐蚀行为。

2）表面设计：优先选择不易腐蚀的表面。

3）结构轮廓的选择：设计结构轮廓时要使结构的边角最少，优先选择角钢、U 形钢，其次是 I 形钢。

4）组件布置（排列）：组件或结构排列布置时要保证避免或最低程度地受腐蚀介质的影响，同时要保证组件或结构之间的空气流动良好。

5）组件或结构之间的连接：组件或结构之间的连接要求平滑，面与面之间接触紧密。紧固件要保证与结构具有相同的防腐要求，或与结构具有相同的防护期限。

6）加工要求：若采用消极措施，则在设计阶段就必须考虑加工标准。

防腐手段的选择将导致设计时要满足其与涂层涂装、热浸镀锌、喷镀、搪瓷等的兼容性。

7）维护方面的要求：防腐设计时要考虑将来可能发生且必须采取的有效维护措施，因为组件、结构、产品、厂房、建筑物等保护期与防护设计寿命期存在一定的差别，它们在服役中往往需要二次防护。

2. 消极的措施

消极的防腐措施一般是指采用保护性涂镀层将金属材料与腐蚀介质隔离而最终阻止或减缓腐蚀。防腐涂镀层的技术要求包括：①防护层不能存在孔隙；②防护层与基体结合牢固；③防护层能够承受一定的机械应力；④防护层应具有一定的韧性；⑤防护层能够耐腐蚀。

有效防腐涂镀层的必要条件：①表面处理要达到 Sa2.5、Sa3（喷丸）、Be（酸洗）级别的要求；②质量优先的防腐设计。

图 1-4 所示为 DIN EN ISO 12944 的涂镀层标准规范的逻辑简图。

表 1-2 第一次列出了用年限定义的防护期限。表 1-3 所列为可采用的用于钢铁防腐的锌涂镀方法。图 1-5 所示为消极防腐措施工艺概况。

当依据腐蚀状态选择涂镀层体系的防护期限时，所预期的寿命是指到达第一次修复时的期限。除非另有约定，因腐蚀原因零部件第一次更换时间的腐蚀程度是指按 ISO 4628-3 规定的锈蚀程度 Ri3 级。防护期限不代表"保修期"，但这一术语有助于合约人决定采取那种维护方案。

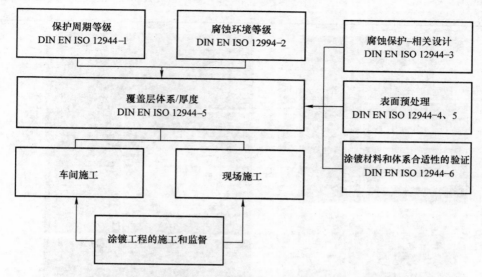

图 1-4　DIN EN ISO 12944 的涂镀层标准规范的逻辑简图

表 1-2　按 DIN EN ISO 12944 – 1 和 12944 – 5 涂镀层体系的防护期限

类别	年限
短期	2 ~ 5
中期	5 ~ 15
长期	>15

表 1-3　腐蚀防护方法

热浸镀锌
① 批量热浸镀锌。非连续保护处理方法，工件单件或单批浸入熔融锌中（钢铁制件批量热浸镀锌参考 DIN EN ISO 1461，钢管热浸镀锌参考 DIN EN ISO 10240）
② 连续热浸镀锌。连续的保护处理方法，连续热浸镀锌处理用于冷成形的低碳带钢或钢板（DIN EN 10142）、结构钢的带钢或钢板（DIN EN 10147）以及钢丝（DIN EN ISO 10244 – 2），在自动化机组上这些钢材连续浸入锌浴镀锌

电镀锌
通过电沉积获得镀锌层的防护方法

热喷锌（DIN EN 1403）或喷涂锌
将熔融的涂镀层金属材料喷涂到基体表面上。包括多种工艺：火焰线材喷涂、火焰粉末喷涂、电弧线材喷涂、等离子喷涂（DIN EN 22063）

采用锌粉的金属镀层（机械镀/渗锌）
利用锌粉获得镀锌层，通过机械镀或者扩散（渗锌）在适合的工件表面上获得锌、锌 – 铁合金覆盖层（DIN EN ISO 12683）

锌粉涂层
以锌粉作为填料在钢铁表面获得涂层的防护方法

阴极保护
在有电解液存在的情况下通过钢和锌阳极连通来保护钢的防护方法。在这种方法中，更"贱"的金属（作为阳极牺牲的锌）被溶解，而作为阴极的钢未受到腐蚀

（续）

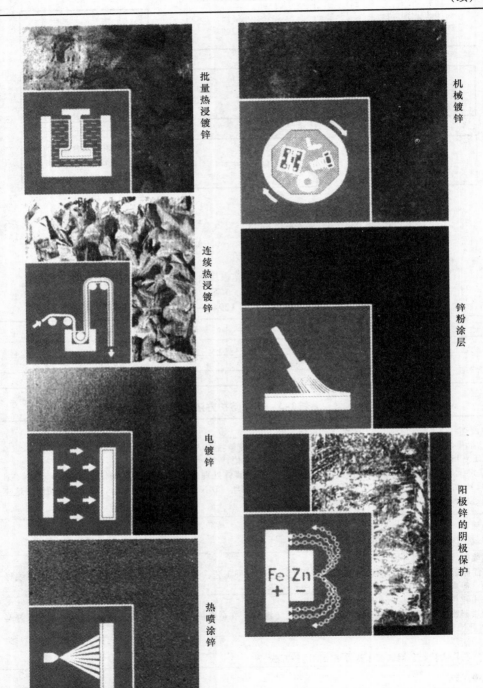

批量热浸镀锌

连续热浸镀锌

电镀锌

热喷涂锌

机械镀锌

锌粉涂层

阳极锌的阴极保护

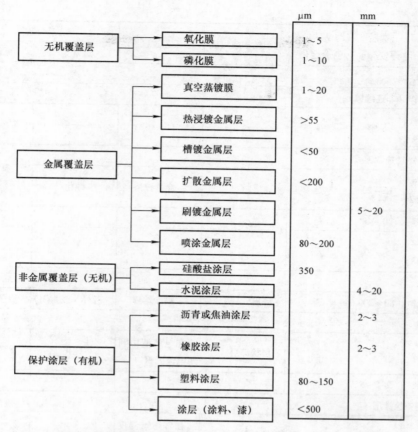

图 1-5 消极防腐措施工艺概况（von Oeteren, Korrosionsschutz – Fibel）

钢铁产品若要长期暴露于服役环境中，可采用以下防护措施：①覆盖层，如涂层、油漆；②金属镀层，如热浸镀层、热喷涂层；③双重体系，如热浸镀锌 + 涂层。

以下为选择防腐方法时的一些重要参考：①锌涂镀防护工艺的重要参数（表1-4）；②不同金属涂镀层工艺的优缺点（表1-5）；③由涂镀防护工艺特征决定的其应用受限情况（表1-6）。

表 1-4　锌涂镀防护工艺的重要参数

方法	镀层厚度/μm	（与基体）是否合金化	镀层结构或组成	工艺过程	后处理	
					通常	可能
A 涂镀层						
热浸镀锌（非连续镀）						
批量镀锌（DIN 50976）	>20	是	锌－铁合金层，最外表面为锌层	浸入锌浴	—	涂装（较少情况下采用）

（续）

方法	镀层厚度/μm	（与基体）是否合金化	镀层结构或组成	工艺过程	后处理	
					通常	可能
A 涂镀层						
热浸镀锌（非连续镀）						
管材镀锌（DIN 2444）	>50	是			—	合金化①
热浸镀锌（连续镀）						
薄板镀锌（DIN 17162）	15～20	是		穿过锌浴	钝化	
带钢镀锌	20～40	是			—	
钢丝镀锌（DIN 1548）	5～30	是				
热喷涂						
热喷涂锌	80～200	否	锌层	喷涂熔锌	密封（或封闭）	涂装
电镀锌						
单槽挂镀	<50	否	层状锌层	在电解液中利用电流沉积	钝化	涂装
连续电镀	2.5～5	否				
锌粉制备涂镀层						
渗锌	15～25	是	铁-锌合金层	在锌熔点温度以下扩散	—	涂装
机械镀锌	10～20	否	均匀镀锌，可选择铜过渡层	利用球状锌粉形层	部分钝化	涂装
B 涂层						
锌粉涂层	薄：10～20　通常：40～80　厚：60～120	否	锌粉颜料通过粘结剂成层	通过辊涂、喷涂、浸涂的方式形成涂层	再涂装（锌粉涂层作为底漆）	—
C 阴极保护						

C 阴极保护

　　高纯度的锌（99.995%）阳极能够防止发生自极化，在电解质溶液中能够自我调整到最佳状态，并具有高的导电性。为了防止过调节，外加电流系统需要一个有限的保护电势范围和安全性。锌阳极单位面积的电流密度取决于其状态和外部条件。与涂镀层相比，阴极保护的优点是其干预了腐蚀过程

　　① 通过特殊的热处理方法转化得到的锌层，特别是钢板的热浸镀锌。

表1-5 不同金属涂镀工艺的优缺点

评价准则（指标）	火焰喷涂	镀锌	热喷涂	渗锌	锌粉涂层[①]
	1	2	3	4	
与钢基体通过扩散形成合金	+ +	−	−	+ +	−
附着强度	+ +	+ +	+ ··· + +	+ +	+ ··· + +
总涂镀层的密度	+ +	+	+	+	+
涂镀层的均匀性	+ +	+ +	+ ··· + +	+ +	+ ··· + +
外观装饰性	+	+ +	−	−	
表面硬度	+ +	+ +	+ +	+ +	
耐磨性	+ +	+	+ +	+	
抗弯强度	− ··· + +	− ··· + +	−	−	
防腐的经济镀层厚度	+ +		− ··· + +	+	+
耐水性	+ +	+	+ ··· + +	−	
技术可靠性	+ +	+ +	+	+	
实践检测和控制的可能性	+ +	+ +	+ +	−	+ +
对尺寸和质量方面的限制要求	+				+ +
变形的可能性	− ··· + +	− ··· + +	−	−	
修复（返修）的可能性	+		+ +	+	
实现自动化的可能性	+ +	+ +	+ +	+	+ +

注：+表示好，可以接受，受欢迎；+ +表示很好，尤其适合，很受欢迎；−表示一般，很少适合，不受欢迎；− −表示很差，不适合，很不受欢迎；− ··· + +表示从一般到很好，其他类推。

① 对比情况下。

表1-6 由涂渡防护工艺特征决定的其应用受限情况（参考表1-3）

评价准则（指标）	火焰喷涂	镀锌	热喷涂	渗锌	锌粉涂层[①]
	1	2	3	4	
连续的带钢、线材等	+ +	+ +	−	−	−
钢板	+ +	−	+		+
管材，内外镀，法兰类零件	+ +			+	−
异型件，中空等类似零件	+ +				
焊接件					
钢格栅板等类似件	+ +				
受外应力的螺栓及其他类似件	+ +				
受常规应力的螺栓及其他类似件	+ +	+ +	−	−	
冷藏货车的衬里	+ +		+		
牧场、温室设施等					+

（续）

评价准则（指标）	火焰喷涂	镀锌	热喷涂	渗锌	锌粉涂层[①]
	1	2	3	4	
空调、冷却电器设施等	+ +	−	−	−	+
钢结构和质量较轻的构件	+ +	−	+	−	+
热交换器	+ +	−	−	−	−
家用电器	+ +	+ +	−	−	+
受热易变形、形状不复杂的薄板件	−	+ +	−	−	−
低腐蚀环境下应用的大件，横截面积不超过 0.5m²	+	+ +	−	+ +	
新的结构件以及桥梁、扶手、屋顶的修复等	−	−	+ +	−	+

注：相关符号的解释同表 1-5。

① 对比情况下。

1.2.2　商业意义

对组件（零部件）、结构、厂房、钢结构的要求包括以下几点内容：①高的可靠性；②长寿命周期；③优美的装饰性；④好的耐蚀性；⑤高性能；⑥高的环境相容性。

在这里，永恒的目标就是尽量减少原材料的应用、减小尺寸、材料可循环利用、减少固定成本投资。

这一目标决定了所选用防腐蚀方法及技术的发展趋势。

腐蚀防护不能认为仅是防腐本身，而是关系到产品开发、制造和利用，有时甚至是基材或半成品的一部分。鉴于德国每年的腐蚀经济损失约 50 亿欧元，这其中还不包括一些私营部门的腐蚀损失。腐蚀防护研究的实施及其成果的应用，可以使腐蚀经济损失每年减少约 15 亿欧元。这些信息（每年的腐蚀经济损失调查及相关的研究）连续统计的目标不是尽可能获得好的防腐方法，而是使防腐方法较好地满足我们的要求。

决定腐蚀防护效率的不是初始的投资成本，而是在考虑不同防腐系统的防护期限、产品服役寿命情况下的每年或特定的防腐成本。

在开发和设计阶段，虽然考虑的影响因素众多，如防破损的静态安全性、建筑物的稳定性及和性能与寿命相关联的运行安全性等。但应更多地注重产品开发、产品质量、材料搬运、产品维护、环境保护和腐蚀保护之间的关系，所以在开发和设计阶段就应该考虑到腐蚀的防护。

1.2.3　腐蚀防护和环境保护

腐蚀来源于环境，为了抑制和阻碍腐蚀的发生，腐蚀防护通过各种方式缓解环境的压力，进而腐蚀防护属于环境保护的一个重要举措。因此，人们可以说"腐蚀防护就是环境保护"。

与其他方法相比，采用热浸镀锌或双重体系保护钢免于腐蚀特别有效，可防护数十年。另外，它也是一种便利实惠的防腐方法，因为腐蚀的减缓不仅阻止了钢材的损失，更有助于节约资源、避免浪费。采用热浸镀锌或双重体系，钢材或镀锌钢100%可循环使用，材料的循环使用对环境保护有着重要的贡献。

从环境保护的观点出发，要注意并重视考虑防腐处理件的出厂价，这在热浸镀锌行业已经实施。一种技术是可以衡量的、可检测的、可控的。在早期，热浸镀锌厂污染环境，但新的环保法律促进了热浸镀锌厂在隔离罩、过滤设备、水污染控制等方面的投资。

"只有那些不破坏环境的人才会将腐蚀防护的工艺或产品当作环境保护的产品出售"。

这一主题应该是产业政策的目标，包括形象建设和稳定的技术人员队伍培养。

1.3　钢结构腐蚀防护的基本标准

（1）DIN EN ISO 8044《金属和合金的腐蚀　基本术语和定义》

（2）DIN EN ISO 12944《涂层材料——钢结构保护涂层体系的腐蚀防护》

第一部分：简介

1）涂镀层体系的保护周期。

2）健康保护、工作安全保护、环境保护的一般说明。

第二部分：环境条件的分类

1）大气腐蚀等级。

2）水和土壤介质中环境条件的分类。

3）特殊的腐蚀环境。

第三部分：基本设计准则

1）缝隙、复合结构的处理。

2）防止水沉积、聚集的措施。

3）箱式和中空的结构单元。

4）边角、凹槽、加强筋。

5）接触腐蚀的防止。

6）处理、运输和组装。

第四部分：表面类型和表面预处理

1）表面类型和表面预处理的方法。

2）表面预处理的质量和检测。

第五部分：涂镀层体系

1）涂镀层材料的基本类别。

2）一定腐蚀等级和期望保护周期下的涂镀层体系实例。

第六部分：评估涂镀层体系的实验室实验

第七部分：涂镀层体系的实施及其监控

1）涂镀层体系实施的一般陈述。

2）涂镀层材料的涂镀方法。

3）涂镀层体系实施监控，表面质量控制。

第八部分：标准的更新和维持方面的进展

（3）DIN 55928《采用有机或金属覆盖层的钢结构腐蚀保护》

第八部分：薄壁支承构件的腐蚀防护

第九部分：粘结剂和颜料的组成

（4）DIN EN ISO 8503《涂装或其他类似处理前钢基体表面的准备——钢基体喷砂（或喷丸）处理后的表面粗糙度》

第一部分：规范和定义——喷砂（或喷丸）处理表面评定的表面轮廓比较测量仪法

第二部分：钢基体表面喷砂（或喷丸）后的表面轮廓分级方法——比较测量步骤

第四部分：触针测量仪测量步骤

（5）ISO 8501－1和ISO 8501－2《表面粗糙度的视觉评估（除锈等级和预处理质量等级）》

第2章 热浸镀锌的发展历史

Peter Maaβ

历史研究的目的是"通过研究过去而了解现在，把握未来"[1]。

结合回顾铁和钢的发展、腐蚀的定义、锌的发现、热浸镀锌的发明及今天的应用等，可以更清晰地理解热浸镀锌的历史。

钢铁行业发展于18世纪，是一个重要的、传统的、古老的制造行业。3000年以前，金属铁就成为人类文化及文明的物质基础，由钢铁制造的产品决定着并将仍然决定着：技术的进步、经济的增长及人们生活质量的提高。

在英国，1740年产生了第一炉所谓坩埚钢工艺法生产的钢液；但在德国，19世纪才用该工艺生产钢液。1855年Henry Bessemer宣布大众钢铁产品时代到来。自从金属材料得到利用以来，人类就面临着它们的破损。

"腐蚀"一词现在的含义第一次提及是在一篇参考文献中。在一篇有关1667年加勒比海岛的游记中，"腐蚀"被用来描述铁制火器在牙买加要塞的糟糕情况，要塞因腐蚀而穿孔，看起来像蜂巢。

1669年，"腐蚀"一词第一次被J. Clanvill用来描述英国的温泉中心。报告中说，热洗澡水为矿物质水，因含有复杂的硫化物，对银币产生强烈的影响。

在中国、印度和波斯，锌在古代就被发现了。希腊和罗马通过冶炼碳酸盐－氧化锌矿和铜制备了黄铜。在1746年，德国人A. S. Marggraf成功地将氧化锌和炭在隔绝空气的条件下加热获得了金属锌，但直到1820年这项工艺才得到工业应用。

热浸镀锌是在1741年由法国化学家Malouin第一次提出的。当时他发现在钢铁制件表面利用液态锌涂覆是可能的，他所提出的热浸镀锌工艺是目前仍在使用的湿法镀锌。因为当时没有低成本的钢铁制件表面清洗工艺，所以热浸镀锌技术在当时不可能规模化应用。在巴黎工作的工程师Stanislaus Sorel发现钢铁制件表面的酸洗工艺后，于1836年首次将热浸镀锌技术应用于实践；1837年5月10日，他的钢铁制件采用表面清洗和浸入熔锌的防腐工艺被授权专利。

对于热浸镀锌技术的发展，钢铁制件表面清理及预处理的重要意义将通过下列的参考文献进行阐述：

1843年，法国Brest海洋委员会关于钢铁镀锌的报告中报道了通过酸洗工艺防止金属氧化[4]：钢铁表面除锈需要高度注意。当钢铁制件在酸洗液中时，既要保证锈蚀完全去除，酸对钢铁制件表面的酸蚀作用又不能太强，且在合适的时间内要将钢铁制件移出酸洗液。

另一个报告中提到[5]：不再是用稀硫酸或盐酸来除锈，而是选用炼油厂的酸水溶液，因为它含有一定量的甘油，所以它不侵蚀钢铁本身，而只是去除钢铁表面的氧化物。

虽然腐蚀及腐蚀防护的研究属于自然科学领域，尤其是化学和冶金学领域，但腐蚀防护的归宿是工程实践，因为防腐是金属制品制造或使用过程中的一项技术工艺。

1820 年后锌市场活跃起来，1826 年，"贸易促进协会"（Association for the Support of Trade Diligence）对规模较大的锌经销商授予奖励。1835 年，随着德国的第一条贯穿于纽伦堡和菲尔特之间的铁路开始运行，铁路网络的扩张刺激了对钢铁的巨大需求。

在早期，铁路部门为了保护钢铁产品及组件如信号装置、厂房、车站大厅等免于快速腐蚀，采取了一些防护措施阻止钢铁的腐蚀。铅白和红丹的应用众所周知，但它们有毒且价格昂贵。锌白涂料推动了油漆行业的发展，但是仍不能满足铁路防腐的预期[6]。另一种方法用于保护钢铁免于生锈而被人们长时间熟知：使用金属覆盖层，用得最多的是锡层。在 150 年前由 F. Releaux[7] 编写的一本古老的手册中这样引证：因为与其他金属相比锌反应更活泼，当这些金属与锌接触时锌容易氧化，而这些金属本身受到保护，所以，产生钢铁镀锌的这种想法是显而易见的。

1840 年，第一个用于加工金属板、水桶、喷壶、电线、钢结构的热浸镀锌厂建立。当时的热浸镀锌操作为借助于大夹钳和支架的手工操作，锌锅采用木炭、煤和焦煤加热。当时的加热和温度控制能力有限，工艺操作基本属于内部保密[8]。发展到约 1920 年，热浸镀锌的操作基本上达到依靠经验积累的方式，一度被称为"炼金术"。据 Bablik[10] 记载，热浸镀锌技术逐渐向科学操作及管理的分析发展，尤其是到了 1940 年，工艺趋向于稳定和成熟。

过去的几十年中，热浸镀锌技术从手工操作发展到工业化规模的显著特征可从外部和内部两个方面表现出来。

（1）外部的发展

1）1950—1990 年，全球钢铁产量从 1.92 亿 t 增长至 7.70 亿 t（表2-1）。

2）钢结构产品在数量和质量上获得发展。新的钢种、新的应用领域、轻量化设计对防腐提出了更高的要求，如铁塔、钢梁、温室、厂房等。

3）另一方面，环境污染以及日益增长的环保意识对腐蚀的防护提出了更高的要求，至少是针对热浸镀锌。

4）公众、政府官员、行业协会以及私营企业等对腐蚀的认识得到增强。然而，信息宣传活动仍然需要加强，因为它是一个坚持不懈的任务。

（2）内部的发展

1）热浸镀锌技术的基础研究。

2）工艺研究，尤其是相关产品和应用的联合研究。

3）增加锌锅长度尺寸达 17.2m。

4）在能源上采用天然气代替液体燃料，并研究天然气能源的可控性。

5）采用吊运系统以满足更大尺寸锌锅的施镀和更大的起重量要求。

6）辅助设备的运用，特别是在控制环境污染方面，如 20 世纪 60 年代周缘式吸尘装置的应用，20 世纪 80 年代锌锅罩子的应用。

7）国家热浸镀锌企业协会的公共关系举措以及企业雇员的连续认证。

从炼金术发展至一项统一的、规范的技术是一段很长的路。这条路从孤立、神秘发展至人工操作的热浸镀锌；在相关协会（为企业及其经济效益服务）的合作下，热浸镀锌技术发展成现代化的、环境友好型的加工行业是很有可能的。钢铁行业中的热浸镀锌产业、金属加工业以及相关贸易协会的整合虽然先行一步，但更应进一步得到加强。热浸镀锌技术不能单独进行讨论，应该与产品、厂房和建筑结构结合起来进行讨论。

有关热浸镀锌的进一步发展，以下方面尤其值得关注：

1）因为钢铁是热浸镀锌的唯一材料，所以镀锌钢（包括批量镀锌、连续镀锌、后续合金化镀锌）在钢铁总产量中所占的份额对其市场战略起着重要的作用。

2）1991 年，德国的钢结构企业完成 250 万 t 产能，产值达 15.5 亿马克。与 1990 年对比，1991 年德国钢铁企业的营业额增长 12%[11]。

3）Bablik 的双重体系理论可以追溯到 1941 年[12]，但在过去常被遗忘；该理论认为：镀锌层表面的涂层可以保护锌而免受到侵蚀，即使涂层被摩擦掉，钢铁基体表面还有一层可涂覆性的镀锌基层。因此，对钢结构而言，热浸镀锌和涂层是目前最可靠的长效防腐方法。

双重体系对于产品的长效防腐是一种理想的被动防护措施，这对于将来是一个重要的挑战，因为目前没有更好的选择。

腐蚀与腐蚀防护的话题不再仅局限于专家、学者圈内，关于腐蚀的损失及其造成的后果已在世界各地得到报道。腐蚀及腐蚀防护也是热浸镀锌企业的一项任务，不仅是因为热浸镀锌有 265 年的历史（生产应用只有 160 多年的历史，见表 2-2），而是热浸镀锌企业要展示和宣传热浸镀锌钢耐蚀的范例。

表 2-1　全球钢、热浸镀锌钢产量的发展

全球产量	1940 年	1990 年	2006 年
钢铁	110.2Mt	770.0Mt	1000Mt
热浸镀锌钢	7.0Mt[12]	35.0Mt	50Mt
所占百分比（%）	6.3	4.5	2

表 2-2 热浸镀锌的发展及相关发现与发明年鉴表

约公元前 1500 年	铁的应用
古代到 17 世纪	利用铜和锌的矿石制造黄铜
1420 年	德国埃尔福特的 Valentinus 第一次用 Zinc 这个词,并怀疑它是一类半金属性质的东西
1448 年	炼金术师 Valentinus 发明了盐酸
1667 年	开始应用 "corroded" 词汇
1669 年	开始应用 "corrosion" 词汇
16 世纪和 17 世纪	锌作为商品从中国和东印度传入欧洲市场
1742 年	法国人 Malouin 发明了热浸镀锌
1746 年	德国化学家 A. S. marggraf 制备了锌
约 1800 年	采用无机酸发展了酸洗工艺,锌的回收得到企业的重视
1836 年	法国工程师 Stanislaus Sorel 发现了钢铁的清洗方法
1837 年 5 月 10 日	法国工程师 Stanislaus Sorel 申请了钢铁热浸镀锌专利
1840 年后	第一批热浸镀锌车间在法国、英国和德国建立
1846 年	发明了热浸镀锌半成品工艺,尤其是钢板的热浸镀锌
1860 年	发明了钢丝连读热浸镀锌工艺
1880 年	电镀工艺开始应用于钢铁的防腐领域
1990 年	Sherard cowper – coler 发明了渗锌技术,世界上锌的产量达到 47900t
1991 年	瑞士的 M. K. Schoop 发明了热喷涂技术
1920—1930 年	热浸镀锌技术的研发得到了快速的发展
1936 年	波兰的 Th. Sendzimir 发明了带钢连续热浸镀锌技术
1950 年	第一届国际镀锌大会在哥本哈根召开
1990 年	世界锌产量达到约 700 万 t,其中约 1/3 产量用于热浸镀锌领域

1918 年的艺术和腐蚀防护

热浸镀锌钢在艺术领域的表现以来自于埃尔福特的 Johann Adam Johnen 公司最具代表性,该公司的 Heinrich Zille 通过热浸镀锌方法创作了七副漫画用于广告,这是这一历史阶段惊人的传奇事件,而 Zille 作为广告部经理很少有人知道。

图 2-1 所示为早期湿法热浸镀锌的典型镀锌产品。这些图片收藏于埃尔福特安格尔博物馆,图片来源于 Constantin Beyer,并发表在 1991 年 12 月第 4 期的《热浸镀锌》杂志上。

图 2-1 早期湿法热浸镀锌的典型镀锌产品

图 2-1　早期湿法热浸镀锌的典型镀锌产品（续）

参 考 文 献

1 Bemal, J.-D. (1961) *Die Wissenschaft in der Geschichte*, Deutscher Verlag der Wissenschaften, Berlin, p. 16.

2 Clanvill, J. (1665/72) *Philos. Trans.*, I, 364 (abridged 1809).

3 (1843) *Polytechnisches Zentralblatt*, New Series, vol. 1, Leipzig, p. 308.

4 (1846) *Bulletin du musee de J'Industrie*, 11, 119; thereof:

Polytechnisches Zentralblatt, New Series
1, 960 (1847).

5 Greiling, W. (1950) *Chemie erobert die Welt*, Econ Verlag, p. 67.

6 Winterhager, H. (1977) Der Zinck–seine Benutzungsarten in Naturwissenschaft und Technik im Laufe der Zeiten. From: 25 Jahre (1951–1976) Gemeinschaftsausschuß Verzinken e. V., issue 1977, p. 34.

7 Releaux, F. (1836) *Das Buch der Erfindungen, Gewerbe und Industrie IV: Die Behandlung der Rohstoffe*, Verlag O. Spaner.

8 Kleingarn, J.P. (1975) Korrosionsschutz durch Feuerverzinken gestern, heute und morgen. Industrie-Anzeiger 97. Vol. 60 from 25/07/1975.

9 Bablik, H. (1941) *Das Feuerverzinken*, Julius Springer Publishing House, Vienna, Part III (Preface).

10 Bablik, H. (1941) *Das Feuerverzinken*, Julius Springer Publishing House, Vienna, Part III (Preface).

11 Goldbeck, O. (1992) Die Situation der deutschen Stahlbau-Industrie. *Stahlbau Nachrichten*, 3, 7.

12 Bablik, H. (1941) *Das Feuerverzinken*, Julius Springer Publishing House, Vienna, Part III p. 250.

13 Bablik, H. (1941) *Das Feuerverzinken*, Julius Springer Publishing House, Vienna, Part III p. 3.

第 3 章　表面预处理

Peter Peiβer

DIN EN ISO 1461 中提到，获得高质量镀层的前提是具备清洁的金属表面（DIN EN ISO 12944 - 4 规定，表面预处理等级为"Be"级）。为保障防腐措施的实施，钢材基体表面的预处理就是从基体表面将同类或不同类的污染物清除（表3-1），以及在基体表面产生一定程度的粗糙度以满足防腐方法的要求。滞留在金属表面上的这些污物就如同金属和镀层之间的隔离层，影响或妨碍镀层在金属基体表面附着。

以下列出了三类表面预处理方法[2]：

1）采用水、溶剂或化学物质清洗，包括高压水清洗、蒸汽喷射清洗、酸洗等。

2）机械法，包括喷砂（或喷丸）。

3）火焰加热清理。

这些处理方法可以按图 3-1 进行分类，方法选择的依据是基体材质（金属、陶瓷、塑料）、污染物类型、基体表面形貌（平面度、沟槽、表面粗糙度）等[1]。

表 3-1　金属表面可能存在的污染物

覆盖层	杂质层		
同类的污染物	不同类的污染物		
	从环境中吸附而来	防腐剂	冲压、拉拔润滑剂
锈、反应层	水、灰尘、污垢、烟尘、材料残留物	蜡、油、脂、漆、有机硅	皂液、乳化剂、润滑油、润滑脂、石墨粉、二硫化钼

在热浸镀锌的发展历程中，湿式化学处理方法被证明是非常有效的方法（脱脂、漂洗、酸洗、漂洗、助镀）。传统的碱洗和酸洗添加剂、盐酸酸洗溶液、助镀剂溶液、锌浴以及它们之间的相互协调和丰富的操作经验是获得高质量镀锌层的有效先决条件[2-6]。当然，还有一系列复杂的问题，如设计和交付状态下待镀工件的状态、工艺优化（无废水排放技术）情况、废弃物和残留物的回收或处置，这些都会影响最低废品率、最低运营成本和镀件质量[3-14]。

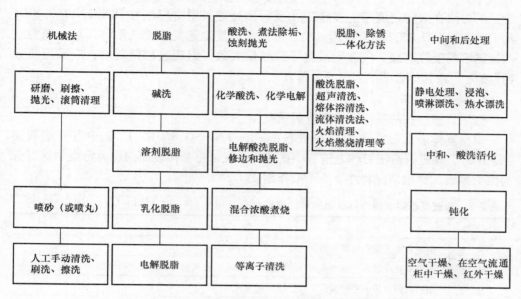

图 3-1　表面预处理及后处理主要方法[1]

3.1 交付状态

3.1.1 基体材料

据 DIN EN ISO 1461，非合金结构钢、低合金钢和铸件（铸钢和灰铸铁）适合于热浸镀锌。在一些场合，铜和黄铜也可进行热浸镀锌处理，如热交换器（铜或黄铜管缠绕在钢片上）。高碳钢尤其是铸铁材料因为附着有粘砂，酸洗效果不明显，这些污染物可以通过喷砂（或喷丸）处理，或者是采用含有氢氟酸的酸洗液酸洗。至于其他的钢种能否进行热浸镀锌最好通过镀样试验来确定；如果采购商允许，所镀试样可以保留下来作为参考样（一旦出现商贸纠纷，这是很有帮助的）。易切削钢因为含有一定量的硫，通常不适合于热浸镀锌加工。

DIN EN ISO 10025 - 3（2005 - 02）中规定，高强度螺纹件和细晶粒钢因有较高的屈服强度要求，为防止氢脆发生，这类零件要求采用特殊的工艺技术参数进行表面处理。

3.1.2 表面精整

据 DIN EN ISO 146 的要求，工件在浸入锌浴之前其表面应当具有金属本质的清洁度。酸洗是常被推荐使用的表面预处理方法。DIN EN ISO 12944 - 4 中的条款"轧制氧化皮、垢或残留物在酸洗之前必须完全清除，其他的残留涂层也必须采用合适的方法在酸洗之前完全去除"在表面预处理采用时应当与 DIN EN ISO 8501 和 DIN EN ISO 8502 结合使用。铸件应最大限度地避免表面孔隙和凹坑，因为这些缺陷容易吸收溶液、气体而最终导致镀层失效；出现这种情况时，应采用喷砂（或喷丸）或其他合适的表面预处理方法。

1. 同类污染物

这里只叙述铁的反应产物形成的锈或垢。

钢材基体表面污染物的存在状态在 DIN EN ISO 8501 - 1、2 中有详细叙述（表3-2）。在进行热浸镀锌之前，根据实际情况可将基体表面的这类污染物情况分为四个等级，详细情况将在3.5.1节介绍。

表3-2 未镀覆基体表面原始状态的锈蚀程度分级（DIN EN ISO 8501 - 1、2，DIN 55928）

锈蚀等级	特 征
A	钢材表面大面积地覆盖着氧化皮[①]，几乎没有锈蚀产物
B	部分氧化皮脱落，钢材表面开始生锈，钢材表面被氧化皮和锈蚀产物覆盖
C	钢材表面被锈蚀产物覆盖，几乎没有腐蚀麻点
D	钢材表面被锈蚀产物覆盖，存在较多腐蚀麻点

注：基体的原始表面状态有时也采用其他特征进行描述（如"D 表面存在双层锈蚀"）。

① 存在于基体表面，经钝刀的刀刃划擦时仍附着在基体表面。

2. 不同类污染物

当待镀件表面存在一些污染物，如涂层残留物、褐变层、填料浆、焦油渣、焊渣、退火渣、模具材料、石墨粉、标记或记号痕迹（粉笔标记除外）、绘图标记、蜡、油、润滑脂以及铁锈、氧化皮等，且这些污染物采用热浸镀锌行业常用的酸洗方法难以去除时，在一定浓度的盐酸酸洗液中（10 ~ 15g/L HCl，40 ~ 80g/L Fe，温度：18 ~ 20℃，时间：1.5 ~ 2h）酸洗后的表面处理质量不能满足 DIN EN ISO 12944 - 4（表3-3、表3-4）中规定的"Be"等级要求。甚至会造成氢脆危险，或影响镀锌层的表面质量（如不平整、表面粗糙）。

不同处理方法一次（整体）、二次（局部）处理后所能达到的表面预处理质量等级分别见表3-3、表3-4。

表3-3 不同处理方法一次（整体）处理后所能达到的表面预处理质量等级（根据 DIN EN ISO 12944 - 4）

表面预处理质量等级	表面处理方法	特征描述
Sa1	喷砂（或喷丸）清理	疏松的热轧氧化皮、疏松的涂层、疏松的不同类污染物被去除
Sa2		几乎所有的热轧氧化皮、锈、涂层和不同类污染物被去除。其他任何剩余的残留物仍牢固地附着在基体上

（续）

表面预处理质量等级	表面处理方法	特 征 描 述
Sa2.5		热轧氧化皮、锈、涂层和不同类污染物被去除，残留物以微小的点状、条状清晰可见
Sa3		热轧氧化皮、锈、涂层和不同类污染物被去除，基体表面呈现均匀一致的金属外观
St2	手动或电动工具清理	疏松的热轧氧化皮、疏松的涂层、疏松的不同类污染物被去除
St3		疏松的热轧氧化皮、疏松的涂层、疏松的不同类污染物被去除。但是，表面处理程度比 St2 级更彻底，能显现出由金属底层发出的金属光泽
F1	火焰清洗	热轧氧化皮、锈、涂层和不同类污染物被去除。若存在任何剩余残留物则仅导致基体表面轻微变色（或不同颜色失色）
Be	酸洗清洗	热轧氧化皮、锈和涂层残留物彻底去除，原来的涂料涂层在酸洗之前必须采用其他的方法彻底去除

表 3-4　不同处理方法二次（局部）处理后所能达到的表面预处理质量等级

（根据 DIN EN ISO 12944 – 4）

表面预处理质量等级	表面处理方法	特 征 描 述
PSa1	局部喷砂（或喷丸）清理	牢固结合的涂层完全被清除，周围其他位置的疏松涂层和几乎所有的热轧氧化皮、锈和不同类污染物被清除。任何仍残留的污染物应牢固附着，牢固结合的涂层不复存在
PSa2.5		被处理位置及周围区域的疏松涂层、热轧氧化皮、锈和不同类污染物被去除。残留物以轻微的点状、条状清晰可见。牢固结合的涂层不复存在，疏松的涂层、热轧氧化皮、锈以及不同类污染物被去除
PSa3		表面裸露出均匀一致的金属颜色
PMa	局部机器 + 喷砂处理	牢固结合的涂层完全被清除。周围其他位置的疏松涂层和几乎所有的热轧氧化皮、锈和不同类污染物被清除。残留物以轻微的点状、条状清晰可见
PSt2	局部手动或电动工具清理	牢固结合的涂层完全被清除，周围其他位置的疏松热轧氧化皮、疏松锈蚀产物、疏松的涂层以及疏松的不同类污染物被清除
PSt3		牢固结合的涂层完全被清除，周围其他位置的疏松热轧氧化皮、疏松锈蚀产物、疏松的涂层以及疏松的不同类污染物被清除。其表面处理程度比 PSt2 级更彻底，表面能显现出由金属底层发出的金属光泽

虽然市场中的化学清洗剂种类繁多，但基于环境保护和生产成本考虑，仅几种有限的化学清洗剂被应用于热浸镀锌生产；在大多数情况下酸洗处理也用于脱脂。在交付或接收工件之前，供件方和镀锌加工方应进行技术沟通，并讨论待镀件的暂时防护措施、脱脂清洗方法等[5,6,9,10,12-18]。经前处理的工件在镀锌之前的转运和户外存放期限应尽可能短，以防止工件表面再次腐蚀并产生腐蚀产物。

3. 钢基体表面的缺陷

钢基体表面的缺陷如褶皱、砂眼、沟槽和夹杂在热浸镀锌之后也清晰可见。图3-2所示为钢板表面酸洗后形成的砂眼缺陷，图3-3所示为图3-2中带有砂眼缺陷的钢板热浸镀锌后镀锌层表面出现的渣条。与钢的氢脆缺陷相比，这些缺陷后期难以弥补。镀锌层中出现的这类缺陷与钢基体某些表面区域的Si、P含量超过临界含量有关[18]。在一些情况下，通过再次酸洗或打磨处理可以提高镀锌层的质量。

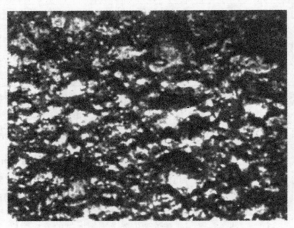

图3-2　钢板表面酸洗后形成的砂眼缺陷

图3-3　带有砂眼缺陷的钢板热浸镀锌后镀锌层表面出现的渣条

3.1.3 钢的表面粗糙度

随着钢的表面粗糙度值的增大，钢的碱洗脱脂变得困难[14,15]；另外，增大表面粗糙度值（$Rz > 40\mu m$）可能对镀锌层的厚度、组织结构和外观产生负面的影响。钢的表面粗糙度值增大，则镀锌时镀锌层的生长速度增大，导致镀锌层增厚，甚至部分位置镀锌层粗糙、发暗，致使锌耗增加（锌耗主要取决于钢和锌浴的化学成分以及镀锌温度）[4,8,11,19-26]。

钢基体表面若含有不同类的缺陷（如夹砂、裂纹、分层、氧化皮、腐蚀坑）存在，应当在表面预处理前将这些工件分选出，因为这些缺陷采用热浸镀锌常用的化学清洗方法难以去除，镀锌后这些缺陷将遗留在镀锌层中并可见，或者它们的形貌在镀锌后更加明显，在镀锌层表面更容易被发现。

火焰切割后热影响区钢的化学成分和结构发生改变，故在热影响区镀锌层的厚度有时难以满足 DIN EN ISO 1461 的要求。为了确保火焰切割位置表面镀锌层的厚度，在热浸镀锌之前应将热影响区切除。

3.2 机械表面清理方法

热浸镀锌厂经常采用机械法去除基体表面的焊渣、结块的锈蚀产物、较严重的轧屑以及粘砂和石墨等。喷砂（或喷丸）处理时应选择相应的参数，尤其是喷砂（或喷丸）介质的直径和喷射速度，它们直接影响到基体的表面粗糙度，表面粗糙度值 Rz 应大于 $40\mu m$[5,11,20]。

3.2.1 喷砂（或喷丸）处理

根据 DIN 8200 的规定，喷砂（或喷丸）处理是指喷料（或磨料）在喷射设备中加速，然后冲击工件表面。喷砂（或喷丸）处理可根据喷料、加速方法、喷射系统和使用目的分类，但通常是按使用目的分类。采用金属石英砂系列喷砂的轮式喷砂（或喷丸）和压缩气体喷砂（或喷丸）被证明是非常有效的前处理方法，具体见 DIN EN ISO 11124-1~4 和 DIN EN ISO 11126-1、3~8。

决定喷砂（或喷丸）清理效率的是喷砂（或喷丸）介质的选择（冷硬铸铁、铸钢、钢丸、非铁金属）和喷射系统（压缩气体喷射和轮式喷射），其中喷射系统对效率的影响更大。清洗的能量可以通过公式 $k = \frac{1}{2}mv^2$ 计算，此公式表明动能 k 随着喷射速度 v 的平方的增大而增大，与质量 m 呈线性关系，所以喷射力（抛射力）主要受喷射介质速度的影响，其次受喷射（抛射）介质直径尺寸（实为质量）的影响。与压缩气体喷射（抛射）相比，轮式喷射可获得更高的喷射速度。

喷砂（或喷丸）清理系统的参数，如喷砂（或喷丸）介质的种类、介质的尺寸、喷射速度等的选取决定于所要求的每小时产量、工件的几何形状、所要求达到的表面处理等级、表面污染物层的厚度。最近几年来，开发出更大功率的轮式喷砂（或喷丸）机［如涡轮喷砂（或喷丸）机］和新型喷嘴（如使介质加速的喷嘴），这使得清理能力和清理质量得到提升[27-31]。

在实践中，当对工件基体采用酸洗方法进行表面清理时，处理时间达到 1.5h 才能获得"Be"级的表面质量，往往带来氢脆的危险，这时应当采用机械方法进行表面清理（表3-3）。在后续还要经历酸洗处理时，前面的喷砂（或喷丸）清理只要达到"Sa2"级表面处理质量就足够了（表3-3）。但是，有一些污染物即使经历后续的漂洗、脱脂、酸洗也难以去除，这些污染物可能在前面的机械方法清理时是可以去除的，但那样难以保证最终所要求的"Be"级表面处理质量。例如：当基体表面残留有涂层时就属于这种情况。最有效的机械清理方法就是喷砂（或喷丸）介质可循环利用的轮式喷砂（或喷丸）。

喷砂（或喷丸）介质的硬度必须和待清理的基体表面硬度大致相当，否则会增大喷砂（或喷丸）介质的磨损并延长清理时间。要选择合适的喷砂（或喷丸）介质尺寸，且介质表面的表面粗糙度值不能超过 $Rz40\mu m$，还要保证处理后基体结构不能发生变形。基体结构的变形可以通过试探性降低喷砂（或喷丸）的速度来避免。考虑每批次清理加工的基体数量、基体的结构形状、表面污染物覆盖层的厚度等影响因素，若其他的方法也可以达到相同的效果，且能防止结构变形，这些方法也是可以采用的。不同喷砂（或喷丸）方法的效率主要取决于锈蚀等级（表3-2）、喷砂（或喷丸）介质的材质（金属的、非金属的）、喷砂（或喷丸）介质的耐磨性能。非合金轧制钢用不同方法除锈时的生产率见表 3-5[2]。

表3-5 非合金轧制钢用不同方法除锈时的生产率（加工能力）

表面预处理方法	生产率（m²/h·人）
用钢丝刷人工除锈	0.5 ~ 3
用机械工具除锈	0.5 ~ 8
在固定钢架上用压缩气体喷砂（或喷丸）除锈	2 ~ 8
轮式喷砂（或喷丸）除锈	15 ~ 100
火焰法除锈	0.5 ~ 4
酸洗除锈	6 ~ 500

为了清洗喷砂（或喷丸）后基体表面的灰尘，活化基体表面，基体喷砂（或喷丸）处理后要在质量分数为 4% ~ 6% 的酸洗液中进行清洗，否则会造成助镀剂中 Fe 含量增加。

3.2.2 滚筒抛光清理

滚筒抛光清理是一种效率较高的清理方法，对于尺寸较小或中等尺寸的工件滚筒清理，可以将脱脂、除锈、去毛刺、酸洗一次集中操作。操作时根据待清理工件的材质、形状、最终所要求达到的表面状态及质量要求，将水、化学添加剂、不同几何形状和耐磨性能的陶瓷或人工合成的磨料混合在一起。

振动使工件和磨料介质之间产生一定强度的相对运动，根据工件的长度可选择筒式或振动式清理。针对产生离心运动的工件，应用增大容量的滚筒设备和刮擦清理设备。考虑到处理时间、操作过程、生产率以及可能适用的工件类型及范围，滚筒抛光清理要优于传统的滚筒清理。

3.3 化学清洗与脱脂

清理的目的就是去除工件表面附着的物质或污染物，它们包括天然或合成的脂、油、蜡，还有钎焊或电弧焊的残留物及灰尘、炭黑、盐、砂、藻类、菌类等污染物。不同的技术采用不同的清洗剂，用于不同的场合或领域。表 3-6 中列出的清洗剂是水基或有机溶剂基，它们在大多数场合都可使用。

表 3-6 清洗脱脂剂的功效[1]

污染物	脱脂剂	功效
脂、油、蜡	碳氢化合物	将油、脂以分子形式在溶剂中分离、分散
脂肪酸酯、天然油脂	碱洗液（热碱洗）	皂化，形成乙醇和脂肪酸盐，两者均为水溶性的
脂肪酸酯、合成油脂	表面活性剂：大分子醇、二元醇、磺酸盐	形成滴状乳化液，漂洗后漂浮在液面或下沉形成泥浆
石墨、金属磨损物、磨屑、抛光剂	多元羧酸钠盐、烷基萘磺酸	

黏附在基体表面的油、脂、蜡阻止了基体表面和镀锌层的直接相互作用，脱脂处理时它们经历皂化、乳化和分散过程。

热浸镀锌生产实践表明，脱脂清理不会增加任何额外成本，相反，因为脱脂处理的下列诸多优点它反而会降低成本，同时还能提高镀锌层质量：

1）酸洗液能够更均匀、快速地对工件表面发挥作用，缩短酸洗时间，同时降低了氢脆的危险。

2）提高了表面预处理质量，镀锌时各种处理液最小限度地受油污染，降低了镀锌层质量缺陷。

3）将空气过滤器的运行及维护成本降至最低，因为油、脂的燃烧降至最低，则排放气体中油、脂燃烧产生的尾气降至最少，否则这些含有油、脂燃烧的尾气会凝结在过滤材料表面并可能堵塞过滤材料。

4）在锌浴温度下油、脂燃烧后排放气体低于二噁英的排放门槛值。

脱脂液必须满足以下要求[3,7]：

1）降低表面或界面张力，保证工件表面和金属离子最大程度的结合。

2）高的污染物悬浮能力。

3）可漂洗掉。

以下的化学表面处理方法为热浸镀锌厂广泛应用：

（1）碱洗脱脂

1）碱液清洗脱脂（单槽）参考3.3.1节。

2）将漂洗水补充到碱液脱脂槽中，这在一定程度上补充了冷凝、转移过程中失去的水分（参见3.4.3节）。

3）在盐酸酸洗液中酸洗（参见3.5.2节）。

4）多级漂洗（参见3.4.2节），在酸洗槽和助镀槽之间布置两道或多道漂洗槽，这有助于控制助镀剂中铁离子的含量，助镀剂中的铁离子对镀锌过程产生负面影响，一般控制其含量小于10g/L或5g/L。

碱洗脱脂将会产生如下效果：

1）延长助镀剂的使用寿命，降低助镀剂的处理成本，可获得平滑、光亮、韧性更好的镀锌层。

2）减少镀锌层缺陷，减少锌渣形成，降低锌耗。第一次漂洗水可补充冷凝、转移过程中水的损耗，这种情况就如同酸洗后的漂洗水可以作为新酸洗液配制的添加水一样。

3）助镀处理。

（2）酸洗脱脂

1）在盐酸溶液中添加脱脂剂进行酸洗脱脂（参见3.3.3节）。

2）漂洗水可以补充到酸洗槽中（参见3.4.3节），但绝不能补充到后续的酸洗槽中，否则会造成后续酸洗槽的油污染。油污漂浮在后续酸洗液的表面，当工件离开酸洗槽时油污润湿并黏附在工件的表面，进而造成后续的助镀剂污染，使各处理液的处理成本增加，并产生镀锌层缺陷。

3）酸洗、漂洗、助镀处理同碱洗脱脂。

为了完成热浸镀锌的表面预处理，工件被安装在起重设备（如挂具、链式输送装置）上，然后通过电动葫芦、起重设备、自动控制系统将工件浸入或移出各处理液槽（脱脂剂、漂洗液、酸洗液、漂洗液、助镀液、锌浴）。为了使表面处理效果达到最优，尽量保持工件在各工序经历相同的处理时间，以避免部分工件过酸洗。操作时，工件需要连接在起重设备上，这样工件就可以方便快捷地从一个处理槽浸入，然后移出至下一个处理槽或锌锅内，这也可以保证工件表面在各处理槽之间停留的时间尽量短。这需要配备足够多的穿孔器、入口及出口装置、吊耳，它们的规格必须足够大以满足前面所提及的要求。如果浸镀时间太长，则浸入锌浴时工件表面的助镀剂将燃烧挥发，导致镀锌层缺陷；如果因助镀盐膜燃烧露出的表面过大，将导致锌在该位置表面聚集而需花费大量的时间进行打磨。

所应用的吊索、起重工具必须满足起重设备所规范的力学要求，所应用的钢材（起重、吊装设备中）必须具备较高的抗氢脆性和一定的耐磨性。

当将工件挂到挂具上或链式输送装置上时，操作工人需要不断地弯腰，这可以通过采用液压升降台或挂具开合销将工件提升到工作高度而使操作工人的弯腰频率降至最低。

3.3.1　碱液清洗剂

1. 化学组成

工业清洗剂的化学成分决定了所配制清洗处理液的 pH 值、操作温度、可允许的搅拌强度、可去除的污物的种类、清洗速度及其他性能。以耐用、应用广泛著称且价格便宜的强碱脱脂剂的特征是其 pH 值为 11～14。脱脂剂由作为助洗剂的无机盐和有机化合物混合而成，两者在脱脂剂中起到平衡和协同效应[7,10,14,35]。它的基本化学组成为氢氧化钠、碳酸钠、硅酸钠、磷酸钠，它们可以碱化、皂化天然脂和油，使水软化。所添加的有机物（如表面活性剂、润湿剂[36]）因具有乳化和反乳化特性，或者它们本身就是络合剂，在脱脂时起到表面或界面的活化作用。非离子型表面活性剂具有负的溶解度系数，当温度升高达到其浊点时它从水溶液中分离出来。非离子型化学添加物质被证明在浊点附近其效果是最佳的，这应当是我们选择高温清洗剂或低温清洗剂的依据。一些表面活性剂在水溶液中具有强烈的发泡倾向，所以它们不可能应用于强烈搅拌的水溶液体系，或应用时向脱脂剂中添加消泡剂抑制其发泡。因为阴离子和非离子型表面活性剂可能造成一定的环境影响，要求它们添加使用时生物降解量至少达到 90% 以上[37]。除去清洗剂中的功能性表面活性剂，其他起到界面活化作用的一些物质也被加入到脱脂液中，如含有油、脂、润滑、抗凝剂的乳化剂，它们的交互作用可能产生积极或消极的影响[17]。

工业脱脂清洗剂可能以粉状或液态供货（表 3-7）。液态脱脂清洗剂在操作时容易混合和再生处理，但在较冷的天气条件下应确保其存放时的冻融稳定性[38]。选择脱脂方法的首要依据是脱脂过程的性价比，但同时要考虑脱脂剂的使用寿命和废水处理[39]，因为这些对总成本有着重要的影响。有效的脱脂效果要求具有丰富的操作经验，工业清洗剂的供货商也应提供必要的建议和帮助。工业脱脂的浓度一般为 40～60g/L。

表 3-7　碱液清洗剂的化学组成例子

组成	质量分数		
	例1①	例2②	例3③[1]
Na_2CO_3	10～20	10～15	20～30
Na_3PO_4	20～30	20～25	10～20

（续）

组成	质量分数		
	例1①	例2②	例3③[1]
NaOH	30 ~ 40	10 ~ 20	—
$Na_4P_2O_7$	—	—	5 ~ 15
Na_2SiO_3	10 ~ 20	—	—
络合剂	—	—	2 ~ 4（EDTA）
表面活性剂	十二烷基硫酸钠	—	0.2（非离子型）
工作参数			
pH 值	13 ~ 14	12	10 ~ 11
温度④/℃	80 ~ 90	80 ~ 90	70 ~ 85
处理时间④/min	10 ~ 15	10 ~ 20	5 ~ 15

① 特别适合于钢基体表面的重度污染物清理。

② 适合于钢基体表面清理。

③ 适合于钢基体、铜及铜合金表面的轻度污染物清理。

④ 如果需要，低温清洗时可使工件或处理液处于搅动状态。

热浸镀锌的一个典型特征就是金属锌在强碱性溶液（pH≥11）中溶解，溶剂含量累积增加，如反复使用的镀锌的架子、篮子或退镀返工的工件都存在这种情况。另外，偶尔从挂具上掉落的工件也落入了处理液中。

2. 水

配制脱脂剂时通常对水没有特殊要求（表3-8）。

表3-8　水的硬度级别

硬度（°dH）	特征
0 ~ 4	非常软
4 ~ 8	软
8 ~ 12	中等硬
12 ~ 18	较硬
18 ~ 30	硬
>30	非常硬

水的硬度采用"德国的硬度"（°dH）来表示，其按下列公式进行计算：

$$1°dH = 10.00mg/L\ CaO \geqslant 7.15mg/L\ Ca^{2+} \geqslant 0.357mval/L$$

$$= 7.19mg/L\ MgO \geqslant 4.34mg/L\ Mg^{2+} \geqslant 0.357mva/L$$

总硬度（TH）表明了水中 Ca 和 Mg 的化合物含量[23]，基于它们的性质，其区别在于：

1）碳酸盐硬度（CH）= 短暂的或短时间内的硬度，主要由这些元素（Ca、

Mg）的碳酸盐和碳酸氢盐引起。

2）非碳酸盐硬度（NCH）= 永久的或长期存在的硬度，主要由这些元素（Ca、Mg）的硫酸盐、氯化物、硝酸盐引起。

脱脂化学添加剂消耗量较高的替代方案是：

1）降低脱脂液工作温度，这妨碍了漂洗的回收和热浸镀锌的无废水化。

2）采用硬度较软的水，可能的话可用收集的比较清洁的雨水。

3. 工作参数

（1）温度　高的工作温度将明显降低油、脂的黏度，致使这些油脂快速皂化，缩短清洗过程。高的温度也会加速水分的蒸发（见 3.4.3 节），加热时需要更多的能量；这也是高温（HT）清洗剂与低温（LT）清洗剂对相比不受欢迎的原因。低温清洗剂是阴离子型表面活性剂和低浊点的非离子表面活性剂的混合物，其清洗处理的时间要稍微长一些[7,16,32-40]。生产实践证明，对于各种油脂污物，低温（$T = 50 \sim 70$℃）清洗剂的清洗效果可达到高温清洗剂的清洗水平，甚至在某些场合两者可采用相同的处理时间。

温度高低的选择是对高温、低温优缺点的一个综合和妥协，工件表面污物的种类、污染程度及工厂的技术加工能力是决定性的因素。迄今为止，脱脂液加热所需成本总量低于热浸镀锌总成本的 0.76%[40]，所以加热脱脂的选择倾向是可行的；同时，脱脂剂的加热也是对热浸镀锌废热的有效利用。所决定并选择的工作温度必须高于各类油、脂的熔点。

当工作温度达到 50℃时，脱脂槽内的鼓气搅拌是可有可无的。

（2）搅动情况　工件和脱脂剂之间的相对运动对脱脂效果起到很重要的作用。

只有在以前常采用的热碱脱脂液脱脂工艺中，才可以在不用搅拌脱脂液的情况下将工件浸入，因为在工艺过程中上升的气泡会产生搅动作用。

在低的工作温度下，必须通过以下方法使脱脂液在工件表面流动：使用抽液泵、向脱脂液中通入气体、使行车（或挂具）带动工件移动。运动的强度可视所选用清洗剂的发泡情况而定。

图 3-4 所示的抽液泵抽送、脱脂液加热相结合的表面清洗方式是可取的。挂有工件的挂具间隙升降和小范围移动是加速脱脂处理的最简单的方法，但这需要额外的手工操作。

（3）处理时间　当金属工件表面完全被水润湿（脱脂率试验）时脱脂才算完成。脱脂过程所需的时间由以下参数决定，当清洗剂流动较快时这些参数可以得到优化。

1）待清洗工件的形状、类别以及所有化学脱脂剂的类别。

2）清洗液的浓度、温度和杂质含量。

3）工件的运动情况或处理液的流动情况。

在保证清洗质量的前提下，脱脂时间应该服从于热浸镀锌整个工艺周期的时间安排。即使延长脱脂时间，油漆、石墨等类似污物仍黏附在工件的表面，在这种情况下漂洗、干燥、局部喷砂（或喷丸）是唯一的补救措施（见3.2.1节和3.3.4节）。

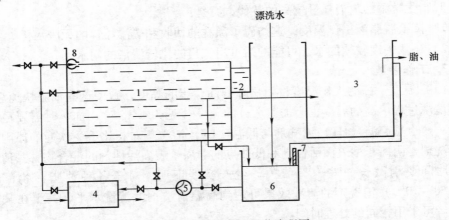

图 3-4　碱液清洗的工艺流程图
1—工作槽　2—溢流槽　3—油脂分离器　4—热交换器
5—泵　6—缓冲罐　7—液位测量装置　8—表面清洗液

（4）分析控制、使用寿命、回收利用　热浸镀锌工艺要求各处理液达到最长的使用寿命[32]。在无废水排放的制造工艺过程，报废处理液的高处理成本也提出了相同的要求。废水回收的实施具有以下特征：①根据流量，清洗时添加最少量的化学清洗剂；②水的消耗量降至最低；③采用先进、方便的方法将浆料中的液体清洗剂、油、脂及未溶物质分离；④可回收（或易燃）残留物质的收集；⑤通过对化学添加剂的连续分析控制和连续再生处理，在脱脂处理过程中建立稳定的操作模式。

1）分析控制。为了监控热浸镀锌用的脱脂液，可采用盐酸滴定法控制脱脂液的总碱度，或用精确的经过校核的比重计测量20℃时脱脂液的密度，以新配制脱脂液的参数为参考值对测量结果进行分析和调控。分析及控制时所采用的操作规范以及化学添加剂添加量（g/L）的计算方法可要求脱脂剂提供商提供或借鉴相关手册和技术文献[23]。至关重要的是，在分析溶液试样之前应建立起参考数据和均匀混合溶液之间的关系。

因为脱脂液的污染、残留以及经常性的调控，其化学成分会发生变化。所以，大面积脱脂液的自动监控及调整是非常有效的，它可以由脱脂剂再生系统（图3-5）的自动加药装置完成；这既可以节省化学添加剂，又能缩短处理时间。电导率为20～60S/m的严重电离的脱脂液的电导率是检测的对象。四电极法采用了基于感应原理的感应头，是监控已污染的脱脂液的强有力的方法[7,38,41-43]，该检测装置配有温度校正系统。脱脂液的连续循环可保证其成分均匀，进而确保检测和加药系统的可靠性。

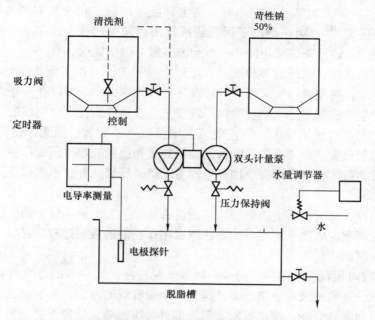

图 3-5　双组分清洗剂的脱脂液和加药装置的检测控制系统[38]

2）不回收时延长使用寿命。工件表面油脂的种类和污染程度、脱脂液中的油脂污染物含量（g/L）、再生措施[1,3]决定了脱脂液的使用寿命。图 3-6 中的两步多级清洗系统是延长脱脂液使用寿命的一个技术案例，这其中不需要其他外围技术设备，但是工件必须额外转运 1～2 次；如果有几个槽子来保证加工能力，这种设计方案是非常有效的。

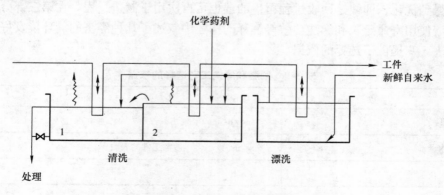

图 3-6　两步清洗系统中脱脂液和回收漂洗水的逆流

在该方案中，要选用吸油效果好、乳化作用强的工业清洗剂。含油饱和的清洗液可以连续地从第一个槽子部分或全部地排出（经过几个小时的沉淀后，槽子底部存在浆料）。该方案第一次提出时，指出其脱脂过程中化学添加剂消耗量最低，且处理能力稳定[38]。第一个槽子因脱脂液排出而缺少的部分由第二个槽子补送。当第一个槽子的装置安装采用图3-4所示方案时有很多优点。

带有漂洗水回收系统的多相技术可使脱脂过程中产生油、脂污染的程度最轻。基于这一原理，热浸镀锌厂采用两位移或三位移操作方式，可以在一年之内不用更换新的脱脂液。法国的一家热浸镀锌厂曾经报道脱脂液的使用时间超过了两年而没有更换（中间没有转储操作）[16]。此工艺中漂洗水不回收，因为漂洗液连续地被带入脱脂槽而导致清洗液报废。因为污染物的量和脱脂处理时所带出脱脂液的量是独立的变量参数，将两者耦合叠加则更容易理解，所以此方法不能保证脱脂剂用到最终寿命极限。

通过并统计每天所需更换的脱脂液的量有助于实施性价比较高的脱脂液再生技术方案。对新配的脱脂液而言，此方法可以用作它们的最初处理。必须回收的漂洗水应当另当别论[38]。

3）回收时延长使用寿命。另外一种延长脱脂液使用寿命的方法就是将油污染物和固体成分从脱脂液中分离出去，这是一个很有效的方法，特别是在工件重度污染而未经任何光整处理，使得脱脂液每天都被油脂污染，且每天要更换大量的脱脂液的情况下，采用回收的方法延长使用寿命是非常有效的。漂洗水也可以添加到清洗剂中。在这种技术中，添加了表面活性剂的工业清洗剂具有良好的润湿性能和一般的乳化性能，但该工艺中油脂容易乳化。

在众多的分离方法中，只有重力分离法和机械过滤法作为重要的处理工艺被热浸镀锌厂采用。因为它们的投资成本高达2万~5万欧元，所以离心分离方法成为唯一高效、高生产率的分离方法[7,33,41-45]。如果从零件制造到脱脂过程的所有工序都得到优化，即使是回收过程再生的油也可再次用于制造过程。在第三部分关于脱脂液使用寿命延长和漂洗功效等解释的描述中叙述了几种经济的、环境友好的工艺。表3-9提供了选择的依据。

表3-9　脱脂和漂洗工艺选择的依据

参数	单位	备注
流量	m²/h	
污物量	g/m²	参考工件的表面积
落入灰尘量	g/h	
处理批数	bat	
劳动成本	欧元/h	

（续）

参数	单位	备注
水/废水成本	欧元/m³	
每天操作时间	h/d	加热时间相同
工作天数	d	
方法		
浸泡时间	min/bat	参照清洗过程
温度	℃	处理液的温度
要求的时间	min/bat	从进料到出料，包括漂洗
吸收油量	g/L	参考清洗剂的规范
清洗剂使用寿命	months	
所消耗的化学添加剂费用	欧元/a	
水的消耗量	m³/h	
处置费用	欧元/a	
分析时间	h/月	
设备及装置		
槽子数量	pcs	包括脱脂和漂洗
槽子采购或制造费用	欧元/pcs	包括脱脂和漂洗
结构部分费用	欧元/pcs	包括脱脂和漂洗
槽子配套装置费用	欧元/pcs	移动、抽吸、安装、测量、控制等装置
回收系统费用	欧元	采购
回收系统运行成本	欧元/h	
维护费用	欧元/h	劳动力，磨损
能耗成本	欧元/h	

3.3.2 生物清洗

最近几年，许多生物清洗方法在热浸镀锌厂采用，在这些方法中，生物脱脂－漂洗处理液属于碱性脱脂液。这种漂洗液槽作为生物反应器，槽中微生物的活性可以保持漂洗水的质量。因此，既不用处理脱脂液，也不用处理含油的泥浆。在文献［46－48］中解释了炼油公司是如何使用生物清洗的。

被带入生物脱脂－漂洗溶液中的有机污染物（油、脂、表面活性剂）在很大程度上被微生物消耗掉。固体物质如处理液中的氧化铁、二氧化硅、生物质经连续的、平行连接的分离装置（层状分离机）处理后集中在板框压滤机中处理。

生物脱脂清洗剂正常作用的前提是持续观察工艺参数，例如：

1）温度。采用温控器控制。

2）pH 值。酸性或碱性生物溶液的成分，这其中往往包括对微生物很有必要的营养物质。

3）氧化剂。通过注入空气提供（如侧通道鼓风机注入）。

实践证明：碱液脱脂和生物漂洗联合使用可以达到叠加的脱脂效应。除了通过碱液脱脂去除的熔化脂的分解，工件表面的生物漂洗可起到额外的表面清洗效果[46-48]。

生物清洗的优点如下：

1）缩短了酸洗时间，提高了酸洗质量。处理后表面无油、脂，确保了稳定的酸洗效果。

2）保证后续各前处理液（酸洗、漂洗、助镀）中很少有油、脂的残留，所以工件在移出各处理液时表面不会黏附有润滑性的油、脂。

3）因为清洗彻底，工件表面无油、脂，降低了镀锌层的缺陷率，减少了锌耗，也减小了后续的打磨工作量。

4）通过延长脱脂剂、酸洗剂和助镀剂的使用寿命节省了化学添加剂的成本，也减少了废液的处置费用。

生物清洗的缺点如下：

1）与盐酸溶液酸洗脱脂相比，生物清洗处理液的温度要求高、能耗高、水的消耗量大。

2）需要投入更多的劳动力。

投资成本与处理液的流量有关，回收期需要 1～1.5 年（根据各企业的加工能力不同，投资大概需要 10 万～15 万欧元）。

3.3.3　酸洗脱脂

酸洗脱脂的目标是综合脱脂和酸洗两个步骤为一步，将工件表面的同类或不同类污染物去除。所用的酸洗液主要是添加了脱脂液的稀盐酸或稀硫酸。酸洗脱脂主要用于去除不严重的同类或不同类污染物，否则（污染严重的情况下）清洗效果不彻底（表3-10）。

表 3-10　与碱洗脱脂对比基于盐酸的酸洗脱脂液清洗和脱脂的优缺点

工艺参数	盐酸酸洗脱脂液	碱洗脱脂液
供货状态	质量分数为 30% ~33% 盐酸	固态盐或液态
密度	1.16g/cm³	
运输与储存	衬有塑料、硬橡胶的铁罐，加入缓蚀剂的塑料罐、玻璃纤维增强聚酯罐	
工作条件		
工作温度	25 ~50℃	70 ~95℃
浓度	HCl：7% ~10% 脱脂抑制剂：1.5% ~2%（质量分数）	3% ~6%
不抽风的最高允许温度	40 ~50℃	50℃
清洗和脱脂效果	非常好	非常好
最大允许的铁离子浓度	90 ~110g/L	不会存在铁离子
铁的影响	小	没有
报废处理液的处置	由授权的专业公司处理	中和或由授权的专业公司处理
系统成本	低	高（当温度高于 50℃ 时需要抽风）
加热成本	低	高，当温度高于 50℃ 时需要抽吸溶液蒸气
投资成本	低（如果酸雾不必彻底处理掉）	

在热浸镀锌厂，酸洗之前相对于碱液清洗脱脂法优先选用酸洗脱脂法。为了延长使用寿命，酸洗脱脂液应仅用于清洗和脱脂，而不能用于酸洗目的。当酸洗脱脂液中 Fe 含量达到 100 ~120g/L 时，脱脂液的乳化和分散性能殆尽，这时的酸洗脱脂液必须报废和处理，即使添加足量的表面活性剂也无济于事（见 3.5.2 节）。所以，为了达到清洗效果，酸洗操作要在单独的酸洗溶液中进行。热浸镀锌厂应配备足够数量的酸洗槽，至少应该有 6 个；当酸洗温度高于 22℃ 时，酸洗槽的个数可酌情减少。

要选择合适的基于盐酸的酸洗脱脂液和添加剂，其成分和工作条件如下：

1）HCl 浓度：60 ~100g/L（质量分数为 6% ~10%）。

2）密度：1.03 ~1.05g/mL。

3）表面活性剂添加量：1% ~2%（制造商的规定）。

4）水的质量要求：新鲜的水，不用漂洗水（因含有一定量的铁）。

5）pH 值小于 1。

6）工作温度：30 ~45℃（参考表 3-13）。

7）工件或酸洗脱脂液的运动：较好的处理［鼓风量：2 ~4m³（标态）/（m² · h）］时间为 5 ~20min，这取决于油脂层种类、成分、厚度以及工作温度和工件或酸洗脱脂液的运动情况。

8）添加盐酸的质量分数低于8%，除非酸洗脱脂液已不能够再用（不能有油、脂漂浮）。

9）废液处置：参见3.5.2节。

酸洗脱脂时采用了非离子型和阴离子型活性氧化物，后者在金属表面表现出强烈的抑制和分散特征。在酸洗脱脂液的工作温度之下，工件表面的油脂层或多或少发生强烈的液化、分离、乳化、分散，结果是当工件移出脱脂液时其表面不再有油脂层。否则，当酸洗脱脂液功效殆尽时必须进行处理；这时向脱脂液中补加酸在大多数情况下是无效的，因为脱脂液中的脱脂添加剂不再吸附不同类污染物，脱脂液的工作寿命不能得到延长。当然，使用新的酸洗脱脂液是非常有效的。酸洗脱脂时工件必须仔细漂洗，以防吸附有油、脂的表面活性剂进入后续的酸洗液（杜绝油、脂漂浮在酸洗液的表面）中。

由于缺少槽子（原因可能为忽略掉或车间内场地空间不够），部分漂洗工作被省略掉。漂洗水可用来弥补酸洗脱脂液因工件转移、水分蒸发的损耗部分，但因为其带有油脂而不能加到酸洗液中。

3.3.4　其他清洗方法

工件表面的部分污染物采用以上所介绍的清洗方法是不能清除的，这有可能产生一系列问题。针对这类工件可能较为适合的清洗方法有：

1）用含有非发泡清洗剂的热水高压喷射清理。

2）采用常用的无毒、不可燃的溶剂清洗。

3）用液态脱脂浆刷洗、擦洗清理，然后用水漂洗。脱脂浆可由苏打、磷酸三钠、抛光剂（白垩粉或轻石粉）和润湿剂为原料自制，也可商业采购。

pH值为7~10的中性清洗剂与3.3.1节部分所提到的清洗剂相比在价格上并不占优势，它的主要应用领域是喷涂和高压清洗工艺。因为健康和火灾安全的原因，卤代氢和石油醚类清洗剂只能在一些被批准的工厂和专用的车间（投资成本高）应用，几乎不被热浸镀锌厂采用[49,50]。

3.4　工件的漂洗

随着环保意识的增强，漂洗工序引起人们的极大关注，因为它决定着废水排放和无废水排放技术[7,41]的实施。如果漂洗达不到所要求的质量标准，可能导致镀锌层缺陷、降低各处理液的使用寿命、增加各处理液废液的处置成本、增加锌耗、阻塞过滤器，且因为油脂和Fe进入后续的各处理液槽而产生二噁英（参照3.3节）。在这种情况下必须认真考虑工件的漂洗，为达到这个目的，产生了各种行之有效的计算方法[7,33,44]。

漂洗工序中工件离开漂洗液时表面黏附有一层液体薄膜，这要求漂洗要准备足够的水量，但在保证漂洗水成功回收的前提下也不会使用大量的水。

漂洗时降低水耗的必要措施如下：

1）使漂洗槽中处理液残留量最少，漂洗浸没时间控制在 40 ~ 60s（参考 3.4.1 节）。

2）采用合适的技术计算和控制漂洗水（参考 3.4.2 节）。

3）保持流量平衡（参考 3.4.3 节和图 3-11）。

3.4.1　残留液

1. 表面相关数据

所有润湿的表面（工件、挂具、挂钩、滚筒、篮子）上都残留有处理液。它用 L/m^2 表示，它的量虽然小，但影响并决定了工件漂洗的产量（用 m^2/h 表示）。以下数据提供给习惯于以吨位计算的专家参考：

重型的钢结构	$20 ~ 30m^2/t$
锻件	$80 ~ 90m^2/t$
轻型钢结构	$90m^2/t$
热交换器	$100 ~ 150m^2/t$

常用带钢的表面积与厚度之间的关系参考图 3-7；对于种类繁多的型材，建议参考对应的手册[51]。

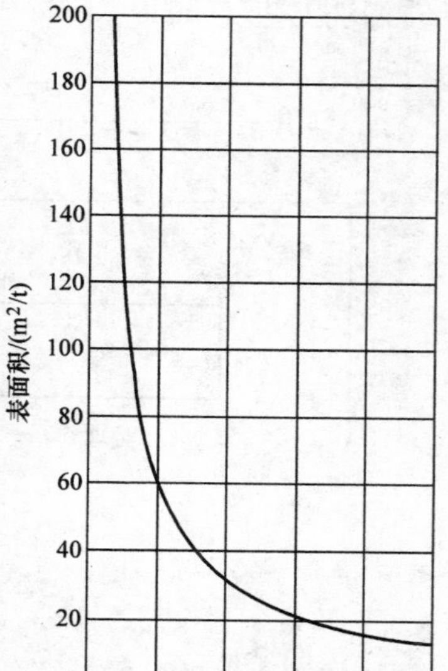

2. 移出和滴流

挂有工件的挂具或装有工件的篮子从处理液中移出的速度对工件表面处理液的残留有直接的影响，移出速度应当低于 15cm/s，最好是低于 10cm/s[52]。3.3 节中给出了一些指导性建议供参考（如足够大的进液口和出液口）。

在批量热浸镀锌过程中，滴流的时间应当不少于 10s，当用篮子或滚筒装镀件时，滴流时间应当不少于 20s。在处理液槽上方的振动对于滴流残留液有着积极的作用，就如同挂具在某一个提升高度突然停止运动，也可以取得一定的效果。这两者均需要用固定装置吊挂工件。振动时不

图 3-7　常用带钢的表面积与厚度（最高达 20mm）之间的关系

能将振动传递给行车，否则会产生有害的影响。因为工件的形状及吊装方式不同，移出和滴流时可能发生液体的飞溅。

3. 残留

随着温度的升高，液体的黏度降低，这样从加热的处理液中带走的液体更少。由于密度也会产生影响，所以对于处理液的带走量（工件上的残留量），各类处理液都有其具体的影响因素[53]，这些影响因素几乎不受热浸镀锌操作者的影响。

以下为滴流时间 10s，在实践中证明并总结的工件表面处理液的残留值：

1）面积较大的平滑的工件，吊挂良好：$0.040 \sim 0.080 L/m^2$。

2）轻微不规则的异形钢结构：$0.080 \sim 0.120 L/m^2$。

3）复杂的异形钢结构，表面粗糙的工件（铸铁）或小件：$0.120 \sim 0.200 L/m^2$。

当然，如果车间内采用人工操作，当挂具及工件刚离开处理液时行车继续行走，则以上给出的经验数据值要翻番。工作槽中液体因为残留而减少可以通过在工件从漂洗液中移出时用回收的漂洗水在工件表面喷雾的形式加以控制；但是，只有因蒸发而损失的液体量和脱脂时工件表面液体残留带走的那部分液体损失才允许采用这种补偿措施。

3.4.2　漂洗过程的计算

以下为热浸镀锌行业优选的漂洗工艺：

一步漂洗工艺（single – stage rinsing）流程如图 3-8 所示。

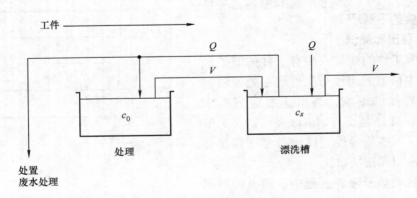

图 3-8　一步漂洗工艺流程图

所要求的漂洗水量 Q 的计算公式为

$$Q = DVR \tag{3-1}$$

式中　Q——需要水量（L/h）；

D——材料的漂洗量（m^2/h）；

V——因残留带来的处理液量（L/m^2）；

R——漂洗率。

多级逆流漂洗工艺（multistage rinsing）流程如图 3-9 所示。

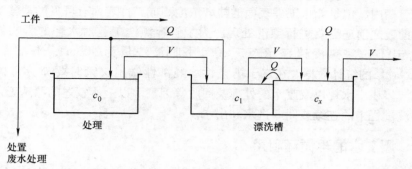

图 3-9　多级逆流漂洗工艺流程图

　　在脱脂后酸洗前，一般要达到 20 的漂洗率。对于盐酸酸洗之后的漂洗，表 3-11 给出了不同漂洗率和最后一个漂洗槽中铁离子浓度（g/L，三个值）之间的关系。铁离子在助镀剂中含量为 5～10g/L 时是允许的（见 3.6.1 节部分），即使其浓度达到 13g/L，镀锌层质量也不会受到损害[2]；但是浮渣量增多，金属锌损失量增大[6,54]。为了使助镀剂中铁离子浓度不超过允许值，避免铁离子沉淀，其在漂洗水中（最后一个漂洗槽）的浓度要低于表 3-11 中加粗字体部分的数值，所以在实践中所应用的盐酸酸洗的漂洗率要达到 20～30，以保证最大的金属（锌）利用率。考虑到少量的盐酸溶液被带入助镀槽，需要指出的是这种情况需要用氢氧化铵进行中和，或采用锌的溶解进行中和，这两种方法的结果是所形成的中和产物对助镀都是有用的。最后一个漂洗槽中含有少量酸性漂洗液，可以用于湿法批量热浸镀锌之前的“中间酸洗”处理[55]。

表 3-11　盐酸酸洗时不同初始铁离子浓度 c_0 和最后一个漂洗槽内的铁离子浓度 c_x

漂洗率	不同铁离子浓度（g/L）的盐酸溶液酸洗后最后一个漂洗槽中铁离子浓度 c_x（g/L）		
R	75	100	125
10	7.5	10	12.5
15	5	6.7	8.3
20	**3.8**	5	6.3
25	3	**4**	5
30	2.5	3.3	**4.2**
40	1.9	2.5	3.1
50	1.5	2	2.5

　　前面所提及的 20～30 的漂洗率也用在氢氟酸酸洗工艺中，更何况氟离子能增强助镀效果[55]。相比，硫酸根离子具有负面影响[55]，这就意味着漂洗率为 200～

400 的硫酸酸洗工件需要更加彻底的漂洗。工件返镀时在盐酸溶液中退锌后直接转移到助镀槽内，但是如果工件表面的盐酸浓度高或工件表面有可见的盐酸溶液黏附层，在助镀之前还需要进行漂洗处理。为了解释漂洗工艺对水耗的影响作用，表 3-11 给出了一家热浸镀锌示范厂（每小时漂洗量为 400m², 平均残留量为 0.080L/m²）的统计数据。在基于工艺性、经济性做出决策时要充分考虑槽子成本、槽液体积、水耗以及废水的处理及回收等因素。以上所叙述的漂洗工艺中没有涵盖漂洗过程中的连续或间断进水和出水。

3.4.3 漂洗水的再循环利用

无废水热浸镀锌工艺从经济上考虑要求实现水的再循环利用。在下列情况下这是可能的：

1）如图 3-10 所示，加热的处理液的蒸发量取决于加热的温度和空气的抽吸状况，以单位面积液面上蒸发掉的处理液体积表示。这样，漂洗水所能回收的量受温度的限制。随着残留量的增加，漂洗水回收的量也增加，如果漂洗水的回收量低于高质量漂洗时漂洗水的消耗量，就应该提高漂洗水温度、安装蒸发器或改变漂洗工艺。

2）漂洗水应当用来补偿漂洗液的蒸发损失，或用来配制处理液。

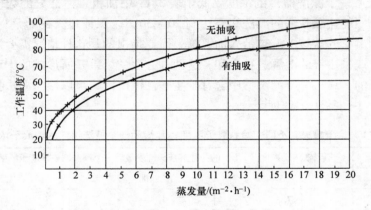

图 3-10　水的蒸发量与工作温度之间的关系

图 3-11 所示为基于多级逆流原理的脱脂工序在无废水漂洗过程中的水平衡原理图，该方法能确保逆流漂洗（漂洗量 400m²/h, 残留量 0.080L/m²），漂洗液的逆流流量以 L/h 表示。如果工件表面设计形状有利（有利于液体的滴流），当工件从漂洗液移出时通过间断喷雾的方式可以实现漂洗水的再循环利用，为达到此目的要求喷嘴的喷水量为 3L/min；若选择喷雾方式，则每挂工件大约需要喷雾 60L 水（假设槽子长 15m（2 × 29 = 58 个喷嘴），移出时间 20s）；这个数量级的每小时仅能喷雾 2 ~ 3 挂工件。因为喷雾处理，工件外表面的残留将减少 15% ~ 40%。

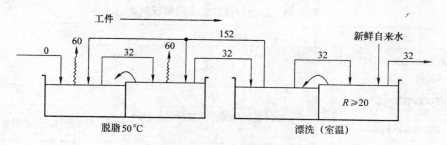

图 3-11   基于多级逆流原理的脱脂工序用无废水漂洗过程的水平衡原理图
（槽液容积 80m³/槽，漂洗量 400m²/h，残留量 0.080L/m²）

因为酸洗常在室温下操作，再循环利用的漂洗水的量由漂洗液的使用寿命和工件的漂洗量决定。如果金属的溶解量（作为特例，条件为 $D = 400$m²/h，$V = 0.080$L/m² 残留）超过钢铁工件表面溶解的平均值 110g/m²，酸洗液中铁离子浓度为 125g/L 时所用的酸洗溶液应作报废处理。在两步逆流漂洗工艺中（见表 3-12）相同的单位时间内产生再循环水 175L/h，可完全用于配制新的 1:1 配比的盐酸溶液。即使在这种情况下，还是可以保证无废水漂洗的。在实践中，应备有空的酸洗槽或其他槽子以便临时存放连续或间断性排放的废水。

表 3-12   几种不同漂洗工艺的水消耗量（$D = 400$m²/h，
$V = 0.080$L/m²，5% 脱脂液，盐酸酸洗液中铁离子浓度 125g/L、HCl 浓度 <50g/L）

漂洗工艺	漂洗水需求量 Q（L/h）	
	脱脂率 $R = 20$	酸洗率 $R = 30$
单级漂洗	640	960
两级逆流漂洗	143	175
三级逆流漂洗	68	75

3.5   酸洗

对于热浸镀锌而言，酸洗是非常重要的、有效的表面预处理方法。在酸洗过程中，基体表面的锈被去除，基体表面达到热浸镀锌所要求的表面质量等级 "Be"级（表 3-3）。为达到此目的，热浸镀锌厂普遍采用盐酸酸洗，很少采用硫酸和磷酸酸洗，因为采用硫酸或磷酸酸洗时会导致外来离子（SO_4^{2-} 或 PO_4^{3-}）进入含有 Cl^- 的助镀剂中，它们一旦进入助镀剂将使助镀剂的熔点增高，镀锌时会降低熔锌的流动性。表 3-13 中对比了盐酸和硫酸酸洗液的特征。对于铸铁件的酸洗（去除表面的粘砂），采用氢氟酸酸洗被证明是非常有效的。

表 3-13　盐酸和硫酸的主要特征对比

特征	盐酸（HCl）	硫酸（H₂SO₄）
饱和状态主要成分的质量分数（%）	$30 \sim 33$	$94 \sim 96$
饱和状态密度/（g/cm³）	1.16	1.84
饱和酸的运输和储存	橡胶衬里的铁罐，或橡胶、陶瓷的容器	无衬里的铁罐，或陶瓷容器
饱和酸的酸雾挥发	室温下就挥发	不挥发
酸洗条件		
配制的比例（%）	$13 \sim 15$	$15 \sim 25$
酸洗温度/℃	$20 \sim 25$（大于25℃时需抽风处理）	$45 \sim 80$（需要抽风处理）
最大允许的 Fe^{2+} 浓度（g/L）	$90 \sim 160$	$80 \sim 100$
对金属的侵蚀	弱	强
对锈的侵蚀	强，溶解所有的三价铁氧化物	弱，主要依靠铁反应和氢气气爆效应
酸洗缺陷	很少发生	经常发生
铁盐的溶解能力	强	差
酸洗污泥产生情况	很少	较多
酸洗后钢基体的外观	银亮到灰亮色	亚光暗灰色
酸洗速度	快	慢
酸洗后基体表面的可漂洗性	好	差
钢基体表面残留酸洗液对后续工序的影响	Cl^- 离子不会对助镀产生影响，因为助镀剂属于氯化锌－铵基	SO_4^{2-} 离子对助镀和浸镀有不利的影响
酸洗挂具所用材料	钢结构，涂胶，X8 不锈钢	X5 不锈钢，4506 或其他高温合金，青铜
不再生处理时的酸消耗量/（kg/t）	约45	约20
再生处理时的酸消耗量/（kg/t）	约27	约10

与其他酸相比，氢氟酸容易操作[55,56]。有缺陷镀层的工件退镀时，也常常采用盐酸溶液退锌（见3.5.4节）。

3.5.1　基体材料及表面状态

1. 氧化层的构成

图 3-12 所示的基体表面的锈层是铁的不同氧化物混合而成的。FeO 为方铁矿型，在盐酸溶液中易溶解；$FeO \cdot Fe_2O_3$ 为铁磁矿型，在盐酸溶液中溶解；Fe_2O_3 为

赤铁矿型，在盐酸溶液中溶解。

锈层中各氧化物的比例与钢的化学成分和基体的加工工艺状态（退火、轧制、热成型、冷却）有关，锈层中包括钢的杂质。锈层的质量为 $44 \sim 100 \mathrm{mg/m^2}$，厚度为 $8 \sim 20 \mu \mathrm{m}$。仅针对带钢或钢板，其不同位置表面的锈层存在较大的差别。抛开锈层的内部结构不说，基体表面的锈层是多孔的，它会影响到酸洗过程。薄的致密锈层比厚的多孔锈层所需的酸洗时间要长。钢铁工件通常在潮湿气氛中表面形成锈层，工业气氛会加速锈的生成。新形成的组成不同的腐蚀产物为松散层，通常采用通式 $FeO（OH）$ 表示。当工件时效处理时，表面形成附着良好的、致密的锈层，质量为 $300 \sim 900 \mathrm{mg/m^2}$。铁锈在一些矿物酸中是可溶的[3,55,61]。

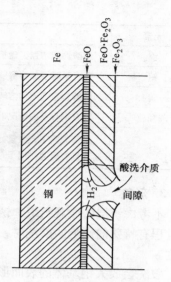

图 3-12 铁基表面锈层的
氧化物组成[61]

工件表面经历不同的轧制、退火、锈蚀以及其他加工工艺，酸洗之后表面可能仍不清洁（粘有灰黑物），这将导致镀锌层的外观色泽不均匀（从银亮色到暗灰色都会存在）。

2. 钢材质

钢基体表面的化学成分在微米尺度范围内与基体内部的化学成分不同，这对于工件的酸洗和镀锌过程有很大的影响[18,60-65]。生产实践表明，热浸镀锌几乎没有退镀和返镀的情况，镀锌层表面粗糙、带有流痕、镀层呈暗灰色等都认为是可以接受的。在浸镀之前采用机械法清理也会导致镀锌层出现同样的结果。切边位置的酸洗速度很快，然而纯铁（没有被锈蚀的）在矿物酸中酸洗速度慢（表3-14）。下列钢的加工工艺对钢的表面有活化作用，会促进铁的溶解：

1）钢的热处理导致钢在组织上的不均匀性，冷处理导致钢的凝固。

2）机械加工工艺如车削、铣削、磨削、切边、火焰切割对工件表面有很大的影响，将导致不均匀酸洗，类似于点蚀的情况。

表 3-14 钢种杂质元素对酸洗的影响

元素	影 响
锰	溶解度可达到 0.2%
铜	锈层致密且附着强度高，酸洗困难；同时含有 S 和 P 时，酸洗能力强烈下降
铬	含量低时没有影响

（续）

元素	影　响
镍	耐酸性能增强，延长了酸洗时间
钨、钼、钒	低含量时增加溶解度，高含量时有保护性能
碳	随着含量的增加溶解度增加，碳质量分数达到 0.69% 时酸洗后炭残留在工件表面[64]
磷和硫	没有铜存在的情况下增加溶解度，硫易诱发氢脆（见 3.5.2 节）
硅	全镇静钢中，质量分数为 0.2%~0.9%，铸铁中，质量分数为 3%。低含量无影响，高含量有缓蚀作用

3. 形貌

不考虑锈层的微观组织，锈层中存在孔隙和裂纹，这些是锈层的活化点，对酸洗过程有特殊的影响。酸洗时，在钢的表面上这些活化点区域有着强烈的高的酸洗速度。

酸洗会放大钢基体的表面形貌，但酸洗后工件表面的粗糙度值要低于机械法预处理的表面粗糙度值[25,66]（表 3-15）。通过酸洗，工件表面预处理等级达到"Be"级，以及酸洗后工件表面的微观形貌可以较好地满足 DIN EN ISO 1461 标准的要求，获得高质量的镀锌层。相对而言，光滑表面工件镀锌时可能出现问题。基体表面的部分污垢及腐蚀坑与其他位置相比具有不同的形貌，通过酸洗可能难以去除[21,65-76]。

表 3-15　含 Si 量 0.08% 和 0.12% 的钢不同处理方法所获得的表面粗糙度值[56]

Si 质量分数（%）	表面处理方法	表面粗糙度 Rz 值/μm
0.08	酸洗	12
	喷丸：介质为细玻璃珠	20
	喷丸：介质为细刚玉	21
	喷丸：介质为粗刚玉	75
0.12	酸洗	9
	喷丸：介质为细玻璃珠	16
	喷丸：介质为细刚玉	21
	喷丸：介质为粗刚玉	65

3.5.2　盐酸酸洗

因为盐酸具有表 3-13 中提及的诸多优点，所以几乎所有的热浸镀锌厂采用工业浓盐酸用于工件的酸洗（质量分数为 30%~32%，相当于浓度为 345~372g/L，密度为 1.15~1.16g/mL，见表 3-16）。因为价格因素，化工厂的一些废盐酸也应用于热浸镀锌厂的生产，但在应用时必须检验 HCl 的含量和污染物的含量及污染程度，因为这些因素会对酸洗过程产生不利的影响，甚至达到最大工作场合浓度限值（MAK 值，参考 VDI - 2579）。它还可能因含有乙酸而散发出刺激性气味。

表 3-16　盐酸溶液的密度和浓度

密度 /(g/mL)	HCl 的质量分数 (%)	HCl 的质量浓度 /(g/L)	密度 /(g/mL)	HCl 的质量分数 (%)	HCl 的质量浓度 /(g/L)
1.000	0.12	2	1.115	22.86	255
1.005	0.15	12	1.120	23.82	267
1.010	2.15	22	1.125	24.78	279
1.015	3.12	32	1.130	25.75	291
1.020	4.13	42	1.135	26.70	302
1.025	5.15	53	1.140	27.66	315
1.030	6.15	63	1.142	28.14	321
1.035	7.15	74	1.145	28.61	328
1.040	8.16	85	1.150	29.57	340
1.045	9.16	96	1.152	29.95	345
1.050	10.17	107	1.155	30.55	353
1.055	11.18	118	1.160	31.52	366
1.060	12.19	129	1.163	32.10	373
1.065	13.19	140	1.165	32.49	379
1.070	14.17	152	1.170	33.46	391
1.075	15.16	163	1.171	33.65	394
1.080	16.15	174	1.175	34.42	404
1.085	17.13	186	1.180	35.39	418
1.090	18.11	197	1.185	36.31	430
1.095	19.06	209	1.190	37.23	443
1.100	20.01	220	1.195	38.16	456
1.105	20.97	232	1.200	39.11	469
1.110	21.92	243			

1. 成分

当酸洗车间没有抽风装置时，酸洗液配制时 HCl 的浓度要符合 VDI - 2579 中温度和盐酸最大浓度关系的要求，如图 3-13a 所示。据此图分析，20℃时盐酸溶液中 HCl 的最大浓度为 160g/L（或质量分数为 15%）。在盐酸溶液配制时为了便于计算或避免出现差错，常采用图 3-13b 所示的十字交叉法。

如图 3-13b 所示，用浓度为 $a \times 100\%$（一般为新酸）和 $b \times 100\%$（一般为旧酸）（$a > b$）的溶液来配制浓度为 $c \times 100\%$ 的溶液，浓度为 a 的溶液中的 $a - c$ "部分"是要发生混合的。当浓度以质量百分比表示时，这里的 "部分" 是质量的数量；当浓度以体积百分比表示时，这里的 "部分" 是体积的数量。对于浓度为 $b \times 100\%$ 的溶液，需要考虑回收漂洗水对酸浓度的影响（参考 3.4.3 节）。

盐酸溶液的配制：

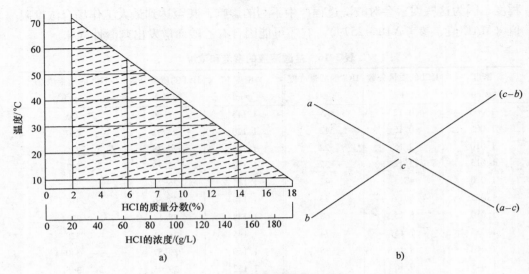

图 3-13　酸洗液的配制

a）盐酸浓度极限和温度之间的关系　b）十字交叉法

浓度（HCl）：浓度为 140～160g/L 的 HCl 的质量分数为 13%～15%（20℃时盐酸溶液的最高 HCl 浓度，来源于 VDI－2579）。

密度：1.065～1.075g/mL。

铁离子浓度（Fe）：60～65g/L（起到催化作用）。

锌离子浓度（Zn）：<0.2g/L。

抑制剂：1%～2%。

pH 值：<1。

酸洗的漂洗水可用于新酸洗液的配制。如果酸洗液中铁离子的浓度低于 60～65g/L，配制新的酸洗液时可以添加一些旧的酸洗液；这是因为在酸洗液中铁离子起到催化剂的作用，新配置的酸洗液中含有一定量的铁可以缩短酸洗时间。锌的含量达到 5g/L 时对酸洗效果没有明显的影响，HCl 的质量分数为 7.5%～10% 的酸洗液中含锌量达到 12g/L 时对酸洗效果也没有明显的影响[71]。但是，锌的含量过高会对废弃物循环利用及处置的经济性产生显著的影响。

酸洗过程中，酸洗液中的铁含量不断增加，HCl 不断被消耗（图 3-20）。为了保持最佳的酸洗状态，当酸洗 50～100m² 面积需消耗 1L 盐酸溶液时需要及时分析并确定酸洗液中的 HCl 和铁的含量；当 HCl 含量不够时，应向酸洗液中补加新酸，直到 HCl 的含量达到界限值。但是，当酸洗液中的铁含量为 150～200g/L、HCl 含量仅为 20g/L（质量分数为 2%）时，酸洗液应停用待处理。出现这种情况时盐酸的利用率已达到 75%～90%。延长酸洗时间意味着增加了酸洗液中的铁含量，这种情况可以通过提高酸洗温度到 40℃，控制 HCl 含量小于 70g/L（HCl 含量没有超过危险点，如图 3-13 所示）的方法解决。

图 3-14 所示为不同温度下 $FeCl_2$ 在盐酸溶液中的溶解度。图 3-15 所示为 20℃ 时盐酸溶液的密度与 HCl 和 $FeCl_2$ 含量之间的关系。图 3-16 所示为 20℃ 时盐酸溶液中 HCl、$FeCl_2$ 的浓度与质量分数之间的换算关系。在所有的情况下，高的锌含量是绝对不允许的。盐酸酸洗液中的铁全部以二价铁的形式存在，因为三价铁与金

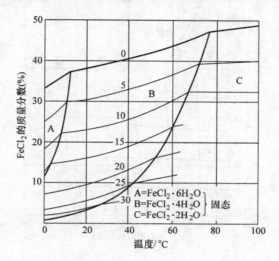

图 3-14　不同温度下 $FeCl_2$ 在盐酸溶液中的溶解度

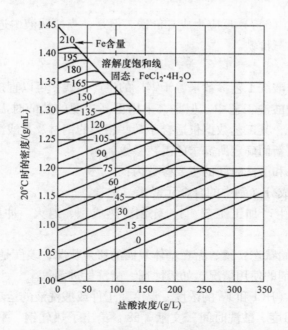

图 3-15　20℃ 时盐酸溶液的密度与 HCl 和 $FeCl_2$ 含量之间的关系

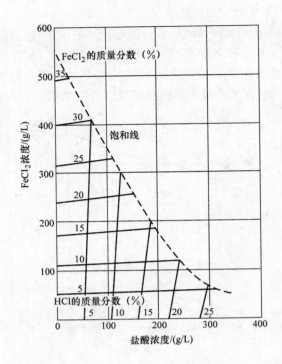

图 3-16 20℃时盐酸溶液中 HCl、FeCl₂ 的质量浓度与其所占质量分数之间的换算关系

属铁接触时会按式（3-7）反应生成二价铁。但是，当酸洗液中进入氧化性气体时又将二价铁氧化成三价铁。

2. 酸洗条件

本节所介绍的酸洗工艺参数来源于钢厂的生产实践，可以直接利用到热浸镀锌厂低锌含量的盐酸酸洗工艺中。但是，采用更高浓度的盐酸时需要实验验证。另外，必须指出的是，其工艺数据仅适合于某些相关的钢材及其酸洗操作。然而在大多数场合需通过更新而确定所需求的工艺参数。

影响酸洗效果和酸洗时间的主要参数为：

1）钢的化学成分（钢中的合金元素）。

2）所经历的生产加工工艺[77]：轧制、热成型、退火、冲压、铸造、切割、火焰切割等。

3）表面的初始状态：锈、垢在基体表面的覆盖状况；表面是否有油脂。

4）酸洗添加剂的使用情况，如缓蚀剂、酸洗促进剂等。

5）工作条件（HCl 和 Fe 的浓度、温度、工件或酸洗液的运动或搅动情况）。

（1）成分、温度、酸洗时间 文献［58］给出了热轧钢、平炉镇静钢的酸洗时间和氯化亚铁含量之间的关系（图3-17）：

1）在不含 Fe 的酸洗液中，随着 HCl 含量的增加酸洗时间显著下降。

2）酸洗液中随着 Fe 含量的增加，盐酸溶液中 HCl 的浓度降低，但 Fe 含量达到一定值后便达到极限。

3）因为酸洗液中 Fe 含量达到极限浓度的原因，酸洗时间明显延长，即使添加额外的新酸也几乎不起作用，这其中的原因要归于酸的酸洗能力。

4）温度对酸洗时间的影响是明显的，20℃、40℃、60℃ 时的酸洗时间比为12.3∶3∶1。

在图 3-17 中，根据 VDI－2579 要求，最大允许的盐酸含量以粗实线表示。从图中容易发现，温度增加对酸洗过程的增强作用要远远超过盐酸浓度的影响；相反，当酸洗温度低于 20℃ 时导致酸洗时间延长至难以容忍的地步。图 3-18 所示为不同温度时酸洗失重和氯化亚铁含量之间的关系。

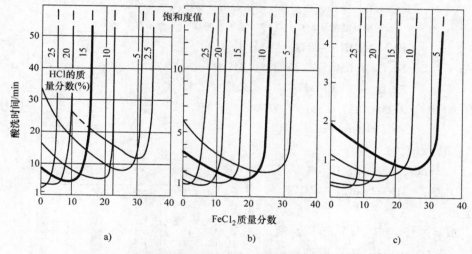

图 3-17　不同温度时酸洗时间和氯化亚铁含量之间的关系[58]

a）槽液温度为 20℃　b）槽液温度为 40℃　c）槽液温度为 60℃

为了增强酸洗效果，可以向酸洗液中添加酸洗促进剂。这些促进剂是表面活性剂，可提高酸洗溶液的润湿性能、乳化性能、悬浮效果，同时降低了界面张力。在酸洗时，这些促进剂的作用表现为：

1）促使酸洗溶液快速侵入锈层（缩短酸洗时间 20%～40%）。

2）形成很小的氢气泡，使锈垢气爆剥离脱落，漂浮在液面，降低了氢脆的危险性。

3）形成稳定的缓蚀、乳化效果。

4）降低酸洗溶液的表面张力，减少镀件出槽时酸洗液带出的损失。

5）缓蚀效果，因为这些促进剂附着在金属表面上。

（2）化学成分的变化　在酸洗过程中将发生以下的化学反应：

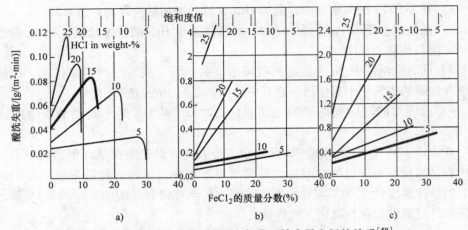

图 3-18 不同温度时酸洗失重和氯化亚铁含量之间的关系[58]

a) 槽液温度为20℃ b) 槽液温度为40℃ c) 槽液温度为60℃

$$FeO + 2HCl \rightarrow FeCl_2 + H_2O \tag{3-2}$$

$$Fe_2O_3 + 6HCl \rightarrow 2FeCl_3 + 3H_2O \tag{3-3}$$

$$Fe_3O_4 + 8HCl \rightarrow FeCl_2 + 2FeCl_3 + 4H_2O \tag{3-4}$$

$$2FeO(OH) + 6HCl \rightarrow 2FeCl_3 + 4H_2O \tag{3-5}$$

$$Fe + 2HCl \rightarrow FeCl_2 + H_2 \tag{3-6}$$

二级反应为：

$$2FeCl_3 + Fe \rightarrow 3FeCl_2 \tag{3-7}$$

$$2FeCl_3 + 2H \rightarrow 2FeCl_2 + 2HCl \tag{3-8}$$

在主反应式（3-4）中，溶解 1g Fe_3O_4（$=0.72g$ Fe）需消耗掉 1.26gHCl，最终生成 2.18g FeO_2（0.96g Fe）。图 3-17 和图 3-18 所示内容已证明了 $FeCl_2$ 会促进酸洗液对锈层的溶解。图 3-19 展示了在 HCl 浓度为 7.5g/L 或质量分数为 10% 的无缓蚀剂盐酸酸洗液中三价铁的显著活化特征，导致损失一定量的铁和酸。然而由反应式（3-3）~式（3-5）知，三价铁的生成是必不可免的，它的生成可以通过

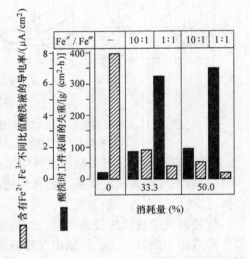

图 3-19 室温下非合金钢在不含缓蚀剂的 HCl 质量分数为 15% 的酸洗液中不同 Fe^{2+} 和 Fe^{3+} 比例时铁的去除量[71]

二价铁的氧化方式，但空气中氧含量有限，故二价铁的氧化受空气中氧含量的限制。

由图 3-20 可清晰地看出，随着盐酸浓度的降低、铁含量的增加，酸洗时间不断延长。可以通过采取以下措施来降低这种负面影响：

1）提高酸洗液的温度（参照图 3-17）。如果可能的话，可以采用合适的措施加热酸洗溶液。但产生的 HCl 蒸发气体不能影响操作空间，可以通过设置酸洗房进行控制，要严格按 VDI－2579 执行（图 3-13）。

2）向酸洗液中添加工业浓盐酸。如果酸洗液中的 HCl 浓度与图 3-20 中的工作曲线不同，采取这种方法可以很大程度地缩短酸洗时间。HCl 浓度高于或低于工作曲线都将导致酸洗时间延长。

3）通过以上两种措施来优化酸洗工作条件。

酸洗时易发生氢脆的材料应采用闪酸洗方法，或者采用专门优化的酸洗条件或采用两步酸洗操作法[64]。在两步酸洗操作法中，根据酸洗的条件酸洗液中的 Fe 含量可高达 200（<170）g/L、HCl 浓度可高达 70g/L。如果含有缓蚀剂的酸洗槽采用钢槽，则可以采用括号内的数值[55]。

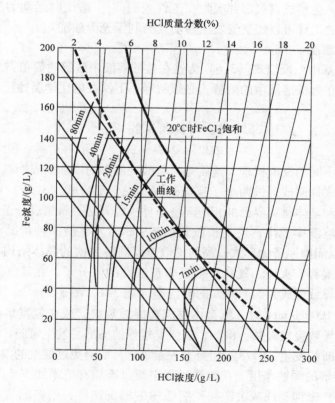

图 3-20　20℃时酸洗时间和盐酸浓度之间的关系[73]

（3）运动　工件在酸洗液中的相对运动是在传统浸泡酸洗操作工艺中被低估

的一个操作参数，即使很长时间以来人们知道它可以最大限度地减少酸洗污泥的产生和沉淀，促进工件表面的酸洗均匀（减小了过酸洗和欠酸洗的概率）性，加快酸洗过程。当前的一些文献开始聚焦于酸洗过程搅动、振动的优点：缩短酸洗时间至原来的70%，降低残留达50%（参见3.4.1节），酸洗后可获得清洁、光滑的表面。即使一些有意义的被证明的数据来源于成卷钢丝的酸洗工艺，还不能直接正式使用到批量热浸镀锌工艺中。但是，振动酸洗的有益效果一直发挥着诱惑力[74,75]。

可以替代振动酸洗的是低能摇摆机构和酸洗液的循环流动。对于管材和中空类异型材，酸洗时可以将酸洗液沿其轴线排出。对于摇摆机构，所用篮子及其组件是运动的，装有小件的滚筒在酸洗时确保工件和酸洗液充分接触且相互运动。通过鼓入空气对酸洗液进行搅动的方法被以下反应式证明是不可取的。

$$4FeCl_2 + O_2 + 4HCl \rightarrow 4FeCl_3 + 2H_2O \tag{3-9}$$

此反应过程不但生成三价铁，还消耗盐酸；且按反应式（3-7）分析，式（3-9）反应的结果还造成基体材料的损失（铁被侵蚀，即过酸洗）。在静态的酸洗溶液中酸洗时，会形成富氧层并吸附在工件表面[69]。酸洗时运动的另一优点就是对于形状不利的工件可以使空气发生移动（有利于充分酸洗）。

3. 缓蚀和氢脆

（1）理论基础　反应式（3-6）为铁在盐酸溶液中溶解的简单方式。为了进一步深入理解铁在盐酸溶液中的溶解，必须解释一下铁在电化学腐蚀过程中存在的下列两个子反应：

$$Fe \rightarrow Fe^{2+} + 2e^- \tag{3-10}$$

$$2H^+ + 2e^- \rightarrow 2H \tag{3-11}$$

它们遵循不同的反应机理。这就意味着酸洗液中的添加剂或钢基体表面的去除物以不同的方式抑制或促进两个子反应过程。关于反应式（3-11）所形成的原子氢，由酸洗液和基体材料界面的相应环境条件决定其是否聚集成分子态，是以气泡的形式从酸洗溶液中逸出，还是扩散到铁基中；若发生后一种情况（氢扩散到铁基中），则氢以间隙原子的形式以高的扩散速度固溶到铁的晶体结构中。这样在晶体缺陷位置（晶界、夹渣、气孔）生成非扩散性的氢分子，在氢气泡附近产生较大的压力，并导致形成人们所熟知的酸洗泡（图3-1，图3-2）[78]。当基体材质的抗拉强度超过$1000N/mm^2$时，氢会诱发应力腐蚀裂纹，或在氢富集的局部位置发生氢脆现象，导致突然失载。例如，高强度螺栓的头部易发生氢脆。热浸镀锌工作者担心这类脆断的发生，并尽一切努力去避免它，如避免过酸洗的发生。

（2）铁溶解的缓蚀作用　在酸洗过程中通过添加有机添加剂[3,5,60,62]（所说的酸洗缓蚀剂）来抑制或减缓铁在矿物酸中的酸洗速度，很多起效的物质一直被推荐使用。抛开缓蚀剂的种类及应用情况，在实际条件下，在有铁或钢中杂质S、P等存在的情况下缓蚀剂的作用机理比较欠缺。

图3-21所示为非铁（不含铁）酸洗液中几种不同缓蚀剂作用情况下HCl浓度

对基体（铁）缓蚀效果的影响。当有溶解的铁尤其是三价铁存在时，缓蚀剂的保护作用明显下降，图 3-22 所示为对该现象的一个有力证明。图 3-21 中其他的缓蚀剂对酸洗质量也会产生相同的影响[71]。在有 H_2S 存在的情况下，如硫化处理过的钢构件，这种非合金钢的构件在无缓蚀剂的质量分数为 16% 的盐酸溶液中的溶解速率要翻番。即使缓蚀剂的添加参数发生变化，但在不含 H_2S 的酸洗液中它们的缓蚀作用也不受影响，且能够使钢的溶解速率增长 7.5 倍[76]。

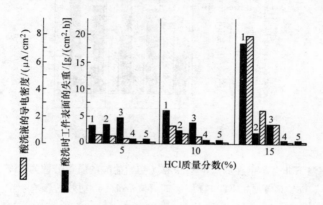

图 3-21　室温下非合金钢在不含金属盐的盐酸溶液酸洗时 HCl 浓度对几种不同缓蚀剂 ［二苄基亚砜（DBSO）、正己硫醚（DHS）、1-辛烯-3醇（Cctinol）、萘甲基喹啉（NMCC）］ 作用效果的影响[71]

注：缓蚀剂添加量为5mmol/L，1—未添加，2—添加 DBSO，3—添加 DHS，4—添加 Octinol，5—添加 NMCC。

认真选择合适的缓蚀剂及其操作是重要的。酸洗缓蚀剂大多为醇、硫、单宁和胶的化合物。在文献［3，7，77］中，叙述了缓蚀剂及其抑制氢脆的有关测试方法。缓蚀剂应当满足下列要求：

1）作用周期应从新酸洗液配制完成至铁离子的饱和态。

2）对再生循环利用过程没有负面影响。

3）15～40℃之间均能发挥缓蚀功效。

4）不能明显延长酸洗除锈的时间。

5）在后续的漂洗过程中容易去除，对后续的助镀和浸镀过程不会产生影响。

6）在酸洗过程中，生成的反应产物能阻止氢气的形成，或能够避免形成二噁英或环境污染（生成能吸附的有机卤化物）。

（3）氢致应力腐蚀开裂　一定量的氢能否扩散至钢的结构中取决于以下几个因素[3,7,55,71,77,78]：

1）基于反应式（3-6）的铁的腐蚀速率，若受到抑制，则首先就减少了原子氢。

2）HCl、亚铁离子的浓度（图 3-19 和图 3-22）。

3）基体的化学成分（图 3-23）[62,70,71]。

4）促进剂（特别是 S）（图 3-24）和缓蚀剂的情况。

5）材料焊接点的质量情况。

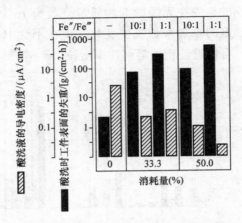

图 3-22 室温下非合金钢在旧盐酸酸洗液（初始盐酸的质量分数为 15%）中酸洗时 Fe^{2+} 和 Fe^{3+} 对 DBSO 缓蚀剂（5mmol/L）功效的影响[71]

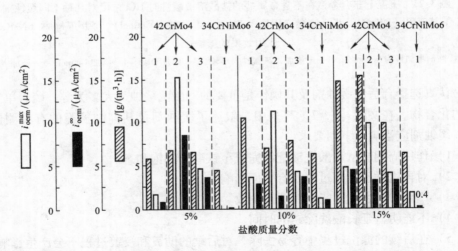

图 3-23 室温下无金属盐的不同质量分数盐酸溶液中热处理低合金钢的化学成分对酸洗失重和氢渗透的影响[71]

酸洗过程中锌的影响可忽略不计[71,80]。扩散至钢中的氢量可以通过测量氢的渗透流而确定，可以采用相同的原理来评价缓蚀剂对氢扩散的效果；基于此，其最终目的是操作、控制酸洗过程。图 3-19、图 3-21~图 3-23 显示，酸洗过程铁的酸洗去除量和氢的渗透流密度可能会以不同的方式发生变化，且变化到不同的程

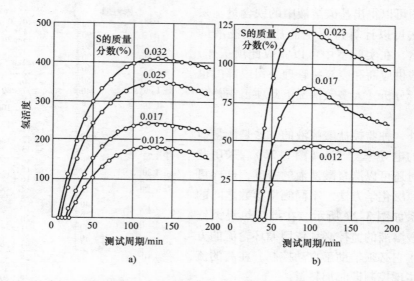

图 3-24　室温下无缓蚀剂的盐酸溶液（36.5g/L）中热处理低合金钢的硫含量对氢活度的影响[79]

a) 42CrMo4　b) 34CrNiMo6

度[71,80]。按反应式（3-6）分析，钢在盐酸溶液中的溶解减缓不可能自动排除脆断现象，实际上氢可能已渗入并包含在钢中，当其残留量达到一定程度时将导致脆断发生。

所以，早期的缓蚀剂在表面预处理工艺中必须进行检验和评价，以确认其在金属表面的吸附和其对氢渗透的影响[76]。目前有关缓蚀剂应用的相关知识遵循以下的建议：

1）盐酸浓度：85～105g/L，铁的浓度：40～120g/L。

2）高强钢和其他牌号的钢分开酸洗。

3）采用缓蚀剂可以降低铁的损失和减缓氢的渗透，至少缓蚀剂不会促进它们的进行。

4）钢中的硫含量应尽量低。

5）酸洗时间：30min。应采取合适的措施（如钢基体的无脂化、合适的酸洗温度、酸洗液的搅动或工件的运动）以确保酸洗时间不能超过 30min。

氢扩散达到一定深度将会对钢件产生有害影响，可以通过在 150～240℃ 退火处理将钢中的氢去除（电镀锌常用此方法）。在高压条件下钢中的分子氢从基材中释放并从镀锌层中去除仍需要很长的时间，特别是高碳钢、沸腾钢和含 Si 易切削钢对酸洗比较敏感[7,80-82]。

4. 分析与控制、再循环、残留物（废酸）的利用

（1）分析控制　为了分析与控制盐酸溶液，要测量 20℃ 时盐酸溶液的密度，要滴定测量盐酸溶液中的 HCl 含量[5,23,28]。根据以上两个数据，利用图 3-25 所示

的列线图可以得出盐酸溶液中的铁含量。采
用稀释法可以计算待再生的盐酸酸洗液的
量。当然，在实验室中可以完成此项工作，
但是盐酸供应商和废弃物管理公司或部门也
应当进行分析，大多数情况下此项工作是免
费的。

另外一种监控盐酸溶液的方法是测量盐
酸溶液的电导率[70,83]（图 3-26）。采用此
方法同时还可以测量酸洗液的密度，这样可
以省略掉湿化学方法。不同测量参数之间的
相互关系如图 3-27 所示。在批量热浸镀锌
时，盐酸溶液的监控必须依照循环轮流的方
式操作，它必须辅助于自动控制，在高的流
量时要实现控制即时加料量。

（2）内部循环 内部循环，意味着盐
酸在热浸镀锌厂内可回收再利用，是优化的
技术工艺。然而，它必须在高流量（基体
材料酸洗量约 80000t/a，或表面积 $3 \times 10^6 m^2/a$）和具有连续生产操作能力的情况
下应用。对于再生过程，操作场所应配备非
规范性的工艺技术。这些基础的条件要求支

图 3-25 20℃时盐酸溶液的密度、
铁含量和 HCl 含量之间的对应关系

撑其可发展成对外的处理中心，不排除利用此项技术一家热浸镀锌厂为几家热浸镀
锌厂服务。

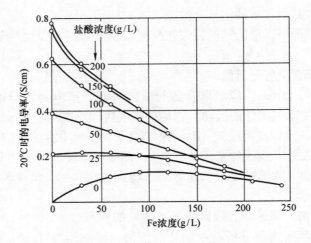

图 3-26 20℃时含有氯化亚铁的盐酸溶液的电导率图[70]

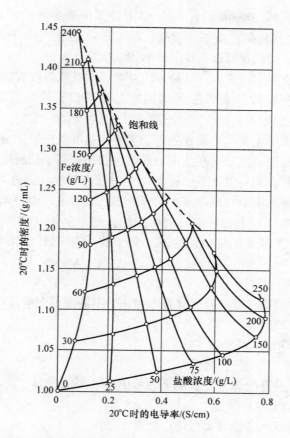

图 3-27　20℃时含有氯化亚铁的盐酸溶液的密度和电导率之间的关系[70]

连续回收酸洗液和饱和漂洗液的经典方法是盐酸溶液的热分解和离子氧化法。图 3-28 所示为游离态和结合态盐酸完全再循环的物质流示意图。

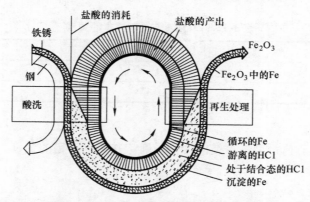

图 3-28　游离态和结合态盐酸完全再循环的物质流示意图[84]

不同的回收工艺都在应用运行[33,44,73,84]，其中喷雾焙烧炉法允许铁锌含量比大于10:1[69]。在优化酸洗参数［温度、HCl 及 Fe 含量（图 3-20）］的前提下，酸洗厂和回收再生厂的结合可以实现工件的连续酸洗。

因为较高的投资和运行成本，这种方法在普通的批量热浸镀锌厂并没有成功采用；只在宽带钢热浸镀锌厂和资源再生回收公司得以推广。溶剂萃取法也在应用[69]；因为经济性的原因，离子交换法很少采用。

在批量热浸镀锌的无废水表面预处理工艺中，盐酸酸洗脱脂液和漂洗水可用来补偿处理液的蒸发损失，这只有在使用酸性的含铁和锌离子的酸洗液和脱脂液的情况下才能采用。当然，最有效的方法就是由专门批准的废弃物处理公司进行处理。所采用的回收方法要求限制待回收液中的锌、油、脂含量，否则处理成本增加，热浸镀锌厂不再感兴趣。以下为我们目前所知的一些限制值（同样，废弃物管理公司也关注这些限制值以及标称值，这就如同要提前规划好成本和收入之间的关系）。

1）酸洗脱脂液。

① 油、脂等类似物仅以结合或聚集态存在，不能漂浮在液面可见。

② Fe：$100 \sim 130 g/L$。

③ Zn：$100 \sim 130 g/L$。

④ 重金属（Ni、Pb 等）：微量。

⑤ 酸洗泥浆：分开处理（更高的回收价值）。

2）酸洗液。

① 油、脂、有机污染物等类似物：微量。

② 重金属：微量。

③ 酸洗泥浆：分开处理。

④ Fe：最多为 $200 g/L$。

⑤ Zn：$<1 g/L$，按表 3-17 中的分类随着含量的增加处理成本增加：

表 3-17　Zn 浓度与处理成本的关系

序号	1	2	3	4
Zn 浓度/(g/L)	<1	1.1~3	3.1~8	>8(混合酸)
处理成本	1	1.3	2.5	3.5

3）混合酸洗。

① 油、脂、有机污染物等类似物，要确认并商定一定的量（关系到处理的价格）。

② Zn：假设 $>8 g/L$。

③ Fe 和重金属：微量。

4）脱锌溶液。

① 油、脂、有机污染物等类似物：微量。

② Zn：160 ~ 200g/L（等同于 335 ~ 420g/L 的 $ZnCl_2$）。

③ HCl：20 ~ 30g/L。

④ Fe、Zn 含量比：Zn: Fe > 8 : 1；Zn: Fe < 8 : 1 时认为是混合酸洗。比值越低，产出率越低。

3.5.3 铸件的预处理

铸件包括各种 C 质量分数为 2% ~ 4.5% 的铸铁和 C 质量分数 < 2% 的铸钢[78,85]。工件表面包括厚度达 3mm 的氧化铁层、硅铁层（它们在盐酸溶液中的溶解性差），黏附的型砂、石墨及回火碳化物。以上所提及的这些物质不能被助镀剂和熔融锌润湿，易导致形成镀锌层缺陷[64]。这些对后续热浸镀锌产生的影响可以通过铸造过程控制模样的透气性和湿度以及使用干燥的型芯来解决。连续生产时，建议铸造厂和热浸镀锌厂建立相互的技术沟通。

可用的表面预处理方法有喷砂（或喷丸）（见 3.2.1 节）、酸洗或两者的结合。当工件表面带有严重的垢层或明显的石墨时，必须采用喷砂（或喷丸）处理，但当工件外形复杂且形状不规则时采用喷砂（或喷丸）的处理效果有限。去除铸件表面的气孔是另外一个问题。如果通过喷砂（或喷丸）处理工件表面的预处理质量达到 Sa 3 级（表 3-3），则工件表面去除污物后可直接进入助镀槽进行助镀处理和浸镀。喷砂（或喷丸）和助镀之间的时间间隔不能超过 15min，否则，通过喷砂（或喷丸）处理后的工件表面的活化能（热浸镀锌也需要工件表面具有一定的活化能）几乎为 0mV，这样 Zn—Fe—Zn 之间的扩散不能按正常规律发生，所以不可能得到所要求质量的镀锌层。因为设备昂贵，且去除铸件表面污物所需的时间较长，而采用盐酸 - 氢氟酸混合酸洗的方法可容易得到预处理 "Be" 级质量（表 3-3）。添加氢氟酸的盐酸可以较为容易地溶解含 Si 的化合物，且氟离子能快速地侵蚀四氧化三铁层[56]。对于铸件的初始表面，适合在较短时间内清理的酸洗液组成遵照以下参考数据：

1）盐酸浓度为 35 ~ 140g/L，质量分数为 3.15% ~ 13.2%。

2）氢氟酸浓度为 20 ~ 50g/L。

氢氟酸发生的反应为：

$$SiO_2 + 6HF \rightarrow H_2SiF_6 + 2H_2O \tag{3-12}$$

酸洗过程中，锈垢层中的金属氧化物转化为氟化物和 C（石墨）的沉淀物，形成的泥浆下沉在酸洗槽底部[77]。

配制酸洗液时需要用工业用的纯化学试剂，可采用市购的质量分数为 40% ~ 50% 的氢氟酸，图 3-29 所示为 20℃ 时氢氟酸的浓度和密度之间的关系。文献 [23] 提供了盐酸 - 氢氟酸酸洗液的分析、监控方法。酸洗在室温下进行，应尽可能地缩短酸洗时间以避免工件表面出现裂纹。当工件形状和尺寸允许时，工件应当在滚筒内进行清理。酸洗之后，建议在具有空气搅动的漂洗水中或在漂洗滚筒内至少漂洗1min，因为基体材料表面存在着孔隙。

铸铁件酸洗时氢氟酸专门用于溶解清理含Si的化合物，氢氟酸在酸洗液中的质量分数大于2%，对人体皮肤有一定的毒性，低于此质量分数的氢氟酸（对身体健康的危害并不大）可以促进非合金钢在盐酸溶液中的溶解[56]。

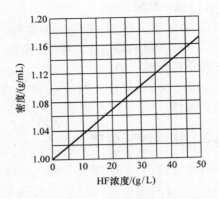

图3-29 20℃氢氟酸的浓度和密度之间的关系

3.5.4 脱锌

带有镀锌层质量缺陷的工件要在盐酸溶液中脱锌。

脱锌用盐酸溶液的成分和工作条件如下：

1）HCl：3%~5%（质量分数），30~50g/L（浓度）。

2）密度：1.015~1.025g/mL。

3）$ZnCl_2$溶液的密度：如图3-30所示。

4）Fe含量：Zn∶Fe>8∶1，见3.5.2节。

5）缓蚀剂：0.5%~2%（质量分数，参照供应商或制造商的技术指导规范）。

6）pH值：<1。

7）温度：17~20℃。

8）脱锌速率（盐酸浓度为30g/L，温度为20℃）：50~70g/（m²·h）。

9）处理：见3.5.2节。

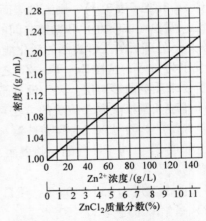

图3-30 20℃时$ZnCl_2$溶液的密度

为了获得最佳的处理成本，脱锌溶液中的污染物含量应尽可能地低，含量过高（尤其是Fe、脂）会影响再生过程。

操作时的注意事项：

1）采用高效的、非发泡型的、易处理的缓蚀剂，可以避免可能产生的氢脆，应用缓蚀剂时与废弃物管理公司相互协调。

2）脱锌过程中，当工件表面的锌完全脱掉时要及时将工件取出。

3）用相同材料制作的篮子可以用于小件的表面脱锌预处理（如纯 Ni、Ni-Cu 合金、Fe-Si 合金[86]、Ti[79]）、PVC、聚丙烯、合金钢 X8CrNiMoTi18.11）。

反应 Zn + 2HCl→ZnCl$_2$ + H$_2$ 会生成一定量的氢气，聚集的氢气相当于引爆源，可能导致爆炸，所以在酸洗操作间必须将氢气排放。酸洗槽上方空中行车的牵引系统会引燃所生成的氢气。脱锌槽中通常生成并存在约 50cm 厚的泡沫，泡沫层下方有氢气聚集，当牵引系统的电火花溅落入脱锌槽内时就会在脱锌槽内引燃氢气并形成高约 1m 的火焰。为了扑灭氢气燃烧产生的火焰，必须及时将脱锌完成的工件移出脱锌槽。

3.6　热浸镀锌的助镀剂

热浸镀锌工艺需要助镀处理以便在工件表面形成平整的活化层。助镀的主要作用是活化酸洗、漂洗之后的工件表面，以保证浸镀时工件表面和熔融锌之间快速、均匀地发生反应。所以，助镀剂可以被认为是一种精细酸洗液。

3.6.1　ZnCl$_2$、NH$_4$Cl 复盐助镀剂

从热浸镀锌工业化推广开始，由 ZnCl$_2$、NH$_4$Cl 组成的混合盐就被用作助镀剂。这种助镀剂的熔化特征及状态见文献 [81] 中 Hachmeister 提供的状态图（图 3-31）。据此图分析，ZnCl$_2$ 的熔点约为 280℃，由 280℃ 降低到 230℃ 到达所谓的第一个共晶点 E_1，E_1 处 NH$_4$Cl 的质量分数约为 12%；在约 180℃ 时存在第二个共晶点 E_2，E_2 处 NH$_4$Cl 的质量分数为 26% ~ 27%。在实践中，这两个共晶点的复盐助镀剂都在使用。

共晶点 E_1 的混合盐助镀剂的特征是润湿性能好。共晶点 E_2 的复盐助镀剂的优点是当低于干燥温度时，助镀剂盐膜不吸潮；缺点是对熔融锌的润湿效果差，且因为 NH$_4$Cl 含量高而浸镀时的烟尘生成量大。

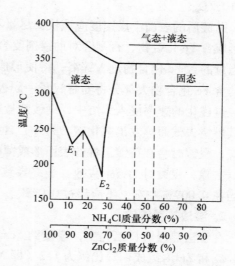

图 3-31　Hachmeister 提供的 ZnCl$_2$/NH$_4$Cl 二元状态图[81]

在机理上，ZnCl$_2$、NH$_4$Cl 复盐助镀剂的助镀效果基于两个方面：助镀处理的工件表面在干燥过程形成羟基氯合锌酸，其覆盖在第一次酸洗后洁净的工件表面

上，一直到 200℃ 高温其都稳定存在，这在湿法热浸镀锌中尤为重要。从 200℃ 升至更高的温度，从复盐 $ZnCl_2 \cdot 2NH_4Cl$ 中热分解而生产 HCl，诱发了第二次酸洗，这第二次酸洗在干法热浸镀锌中非常重要，它将使锌浴表面残存的 ZnO 溶解。

1. 干法热浸镀锌

在干法热浸镀锌工艺中，助镀处理的工件在 120～150℃ 温度环境下干燥，然后以干燥状态浸入到锌浴中。干燥时工件表面的温度测量值不应超过 100℃，否则助镀剂盐膜烧掉而降低助镀功效。助镀剂盐膜的精细酸洗，也就是活化，开始于干燥过程形成复杂的羟基氯合锌酸，然后在浸镀时因为高温产生 HCl。

助镀过程的一个重要参数就是助镀剂的浓度。对于水溶性助镀剂，其盐成分的质量分数应当为 10%～45%。10% 的质量分数为 $ZnCl_2/NH_4Cl$ 混合盐所添加的最低值，只有当零件为最理想设计、最佳表面预处理准备时才采用这种含量。当然，助镀剂中盐的质量分数也决不能超过 45%，超过此质量分数就会在助镀槽内形成羟基氯合锌酸，导致一定强度的铁的酸蚀而使助镀剂中的铁离子聚集增多。助镀剂的工作温度可以为室温，当然高的温度会产生积极的作用，如可以缩短干燥时间，减少钢件在吊运过程中的表面氧化。助镀剂中的铁离子浓度应尽量低，应当不超过 5～10g/L。

助镀后的表面干燥速度应该快，尽量不要中断，以保证最少量的 Fe 离子出现和形成含 Fe 化合物，否则会对助镀剂复合盐膜的溶解过程产生负面的影响。如果相当量的含 Fe 化合物进入锌浴，将使形成的渣量增加。但是，锌灰形成过程中产生的含 Fe 化合物大部分将随着锌灰一同被清除。经助镀处理的、良好干燥的工件以经过优化的速率浸入锌浴中，助镀剂盐膜将起到二次精细酸洗的效果，但也要避免其燃烧失效而蒸发出氯化铵。另外，含有氯化铵的助镀剂与 Al 会发生的强烈的反应；浸镀时会在待镀工件的表面形成薄的、白色的、易碎的氧化铝膜，氧化铝膜难以去除，浸镀时助镀剂失效，最终导致镀锌层缺陷。干法镀锌时 Al 的质量分数应当在 0.009% 左右，不应超过 0.02%。

2. 湿法热浸镀锌

在湿法热浸镀锌工艺中，厚度约 5cm 的助镀剂层覆盖在锌浴表面。助镀剂由 NH_4Cl 和 $ZnCl_2$ 组成，其比例为 1:2（即 $NH_4Cl \cdot 2ZnCl_2$）。因为助镀剂的导热性较差，助镀剂层内部的温度下降较快，与锌浴的温度 450～460℃ 相比，助镀剂层内部的温度明显要低得多，在助镀剂层表面其温度最高为 100～150℃。这样，在助镀剂中形成具有酸洗效果的复杂羟基氯合锌酸，且在约 200℃ 时助镀剂中产生 HCl，这些对未干燥的以湿态浸入的待镀件表面产生强烈的酸洗效果。覆盖的助镀剂层在保证湿态工件浸入锌浴时还起到防溅罩的作用。因为助镀剂层一直与锌浴接触，所以锌浴中允许的 Al 的质量分数最大仅为 0.02%。在一些镀锌厂，氯化钠和氯化钾的混合盐添加在助镀剂中，这些盐的添加作用是降低助镀剂的熔点，对工件表面产生更好的润湿性能。

　　干法热浸镀锌和湿法热浸镀锌对比总结如下：干法热浸镀锌在技术上容易操作及分析控制，它要求工件在浸镀之前要良好干燥，所以适镀的工件为形状简单的工件（如钢结构），但可以允许采用添加少量 Al 的 Al – Zn 合金浴；形成的锌灰（或锌渣）量相对要少。湿法热浸镀锌不要求单独的助镀处理，工件可以湿态穿过覆盖的助镀剂层浸入锌浴，所以它可以施镀形状复杂一些的工件（如中空的工件）；因为它助镀效果优良，所以它对酸洗的要求不像干法热浸镀锌要求那样高。但是向锌浴中添加少量的 Al 在湿法热浸镀锌工艺中是不可能实现的。湿法热浸镀锌获得的镀锌层较厚、外观光亮，但其助镀剂层的控制、分析比较复杂。

3.6.2　$ZnCl_2$、NaCl、KCl 复盐助镀剂

　　因为含有 NH_4Cl 的助镀剂会产生烟尘，不具备环境友好性特征，且会与锌浴中的 Al 发生反应，故人们一直尝试用其他的混合盐来代替传统的 $ZnCl_2$、NH_4Cl 复盐助镀剂。$ZnCl_2$、NaCl、KCl 复盐助镀剂已在部分企业应用[80]。

　　这三种盐复合而成的助镀剂的熔点介于 210 ~ 300℃。这种助镀剂密度低、表面张力小，具有良好的润湿性能。这种助镀剂具有强烈生成强酸性氯化锌酸的倾向，这可以确保浸镀时第一时间酸洗基体表面。$ZnCl_2$、NaCl、KCl 复盐助镀剂以融盐状态主要用于钢丝的连续热浸镀锌。

　　在实践中，由四种组分组成的低烟型 $ZnCl_2$、NH_4Cl、NaCl、KCl 复盐助镀剂也在应用。这种助镀剂综合了前面两种助镀剂的优缺点：比 $ZnCl_2$、NH_4Cl 复盐助镀剂产生的烟尘量少。

　　在选用助镀剂时，重要的因素是待镀件的表面状态、化学成分、工件的形状。

3.6.3　助镀剂残留

　　在助镀剂存在的情况下，锌浴和活化的工件表面反应，在干法热浸镀锌工艺过程中生成锌灰，在湿法热浸镀锌工艺过程中生成氯化铵渣。生成的锌灰和氯化铵渣中不希望含有锌、氧化锌、氯化锌及铅、铁的化合物和氯化铵。形成这些废弃物的一个重要原因就是助镀剂中含有氯离子。据文献［87］所述，70% ~ 90% 的助镀剂在镀锌过程转变为锌灰。助镀剂对锌灰形成的主要影响如图 3-32[88] 所示。所以，温度、氧化剂、酸洗污染物与助镀剂相比，对锌灰形成的影响已无意义，助镀剂的影响效果是其他影响参数的 10 ~ 15 倍。所以，助镀剂的使用决定了生成锌灰的绝对数量，这也是热浸镀锌生产中尽可能使用低浓度助镀剂的原因[88]。

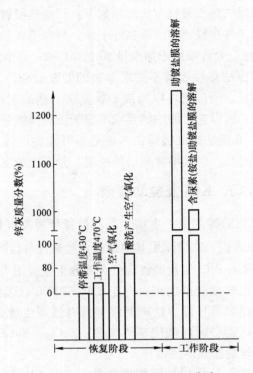

图 3-32　锌灰形成的演变过程[89]

参考文献

1 Hofmann, H., and Spindler, J. (2004) *Verfahren der Oberflächenvorbereitung,* Fachbuchverlag, Leipzig.

2 Bulletin 405 (2005) Korrosionsschutz von Stahlkonstruktionen durch Beschichtungssysteme. Issue 2005, ISSN 0175-2006. Stahl-Informations- Zentrum Düsseldorf.

3 (1997) Lecture on corrosion and corrosion protection of materials; Part II Corrosion Protection, Lecture 6/1Surface Preparation/Pretreatment, Institute for Corrosion Protection, Dresden, TAW-Verlag, Wuppertal.

4 Katzung, W., and Schulz, W.-D. (2005) On hot-dip galvanizing of steel struc-tures – Causes and suggested solutions regarding the crack formation problem. Offprint from the trade publication *Stahlbau,* **74** (4).

5 Maaß, P., and Peißker, P. (1989) *Korrosionsschutz, Oberflächenvorbehandlung und metallische Beschichtung,* Deutscher Verlag für Grundstoffindustrie, Leipzig.

6 Schmidt, G.-H. (1991) Schadstoffarmes Feuerverzinken hat Vorrang. *Z. Korrosion,* **22**(1), 35–40.

7 Gaida, B., Andreas, B., and Aßmann, K. (2007) *Galvanotechnik in Frage und Antwort.* 6, updated issue, Eugen G. Leuze Verlag, 2007-05-1.

8　(2001) New research results for hot-dip galvanizing. Joint event of the Institute for Corrosion Protection Dresden and the Wuppertal Technical Academy 24.10.

9　Ternes, H., Winkel, E., and Winzer, H. (1963) Erfahrungen mit der Kreislaufführung von salzsauren Beizereispülwässern in einer Feinblech-Verzinkerei. Z. Stahl und Eisen, **83** (14), 856–859.

10　Germscheid, H.G. (1975) Die Entwicklung von Reinigungs- und Entfettungsmitteln für die Metallindustrie. Z. Metalloberfläche, **29** (3), 101–106; (4), 183–187.

11　Peißker, P. (1982) Volkswirtschaftliche Notwendigkeit und Möglichkeiten der Senkung des Zinkverbrauches beim Feuerverzinken. Neue Hütte, **27** (3), 99–104.

12　Stieglitz, U. (2001) *Voraussetzungen zur Stoffkreislaufschließung beim Feuerverzinken-Spülverfahren*, Institute for Corrosion Protection Dresden GmbH.

13　Meyer, D. (2001) *Problematik chemischer Analysen konzentrierter Vorbehandlungslösungen*, Institute for Corrosion Protection Dresden.

14　Lutter, E. (1992) *Die Entfettung*, 2nd edn, Eugen G. Leuze Verlag, Saulgau/Württ.

15　Kresse, J. (1988) Physikalisch-chemische Grundlagen zur Reinigung von technischen Oberflächen in wäßrigen und organischen Systemen, in *Säuberung technischer Oberflächen* (ed. J. Kresse), expert verlag, Ehningen near Böblingen.

16　Jansen, G. (1988) Niedrig-Temperatur-Reinigung. Z. Metalloberfläche, **42** (l), 9–13.

17　Rossmann, C. (1973) Die Entfettung metallischer Oberflächen mit wäßrigen Lösungen in Abhängigkeit vom Befettungsmittel und vom Grundmetall. Almanac Oberflächentechnik, **29**, 68–87.

18　Hansel, G. (1991) Unregelmäßigkeiten im Zinküberzug auf feuerverzinkten Profilen, Speech and Discussion Event 1990 of the GAV (ed. Gemeinschaftsausschuß Verzinken e. V. Düsseldorf), p. 91–114.

19　Thiele, M., Schulz, W.-D., and Schubert, P. (2006) Schichtbildung beim Feuerverzinken zwischen 435 °C und 620 °C in konventionellen Zinkschmelzen – eine ganzeinheitliche Darstellung. Offprint from Z. "Materials und Corrosion" 57, 11, Report No.:154, Gemeinschaftsausschuß Verzinken e. V., GAV – No.: FC 21.

20　Peißker, P., and Aretz, H. (1983) *Einfluß der Rauheit und des Siliciumgehaltes des Stahles sowie der Verzinkungsdauer auf die Dicke der Zinkschicht und den Eisenverlust beim Feuerverzinken*, vol. 22, Z. Informationen des Metalleichtbaukombinat, Leipzig, pp. 2–9.

21　Peißker, P. (1979) Erhöhung der Effektivität des Reinigungsstrahlens von Stahl in Schleuderradanlagen. Z. Neue Hütte, **24** (12), 471–475.

22　Horowitz, I. *Oberflächenbehandlung mittels Strahlmitteln*, vol. I, *Die Grundlagen der Strahltechnik*, 2nd edn, Vulkan-Verlag, Essen.

23　Maaß, P., and Peißker, P. (1985) *Oberflächenvorbehandlung u. metallische Beschichtung – Analytik, Prüfmethoden*, Deutscher Verlag für Grundstoffindustrie, Leipzig.

24　Halbartschlager, J. (1990) Möglichkeiten und Grenzen verschiedener Entlackungsverfahren. Z. Metalloberfläche, **44** (3), 127–130.

25　Bablik, H., Götzl, F., and Neu, E. (1955) Die Rauhigkeit verschiedener vorbehandelter Oberflächen und ihre Bedeutung für das Feuerverzinken. Z. Metalloberfläche, **9** (5), 69–71 (A).

26　Spielvogel, E. (1990) *Strahlmittel*, heute so aktuell wie gestern. Z. Draht, **41** (2), 8.119–8.122; 4.

27　Neue Strahlanlagen, erweiterte Produktion. Z. Bleche, Rohre, Profile 02 (2003) 46.

28　Strahltechnik für perfekte Oberflächen. Z. Bleche, Rohre, Profile 06 (2004) 34.

29　Mehr Leistung beim Strahlen. Z. Bleche, Rohre, Profile 03 (2003) 54.

30　Wohlfahrt, H., and Kroll, P. (2000) *Mechanische Oberflächenvorbehandlung*, Wiley-VCH, Weinheim.

31　Krieg, M. (2007) Berlin: Kein alter Hut. *Strahlverfahren in der Reinigungs- und Strahltechnik*, **61** (3), 4.

32　Rodenkirchen, M. (1990) Compounds im Abwasser. Z. Metalloberfläche, **44** (5), 253–257.

33 Hartinger, L. (1991) *Handbuch der Abwasser- und Recyclingtechnik*, 2nd edn, Carl Hanser Verlag, Munich/Vienna.

34 Böttcher, E.-J. (1989) Feuerverzinkung. *Almanac Oberflächentechnik*, **45**, 290.

35 Kresse, J. (1988) Silikathaltige Produkte für die industrielle Reinigung. *Almanac Oberflächentechnik*, **44**, 14–47.

36 Stäche, H. (1990) *Tensid-Taschenbuch*, 3rd edn, Carl Hanser Verlag, Munich/Vienna.

37 Detergent and Cleaning Agent Act, March 5, 1987 (BGB11, p. 875) and Tenside Regulation of 30 January 1977, amended by the Regulation of 18 June 1980, 4 August 1983 and 4 June 1986; q.v. *Roth, H.*: Detergent Act 3rd edn Berlin: Erich Schmidt Verlag 1989.

38 Rossmann, C. (1985) Rationelle Vorbehandlung durch kontinuierlichen Betrieb von Entfettungsbädern. *Z. Metalloberfläche*, **39** (2), 41–44.

39 Rossmann, C. (1980) Untersuchungen zur Entsorgung und Regenerierung von alkalischen Entfettungslösungen. *Z. Galvanotechnik*, **71** (8), 824–833.

40 Jansen, G., and Tervoort, J. (1982) Die alkalische Niedrigtemperatur-Entfettung. *Z. Galvanotechnik*, **73** (6), 580–588.

41 Böttcher, H.-J. (1984) Feuerverzinkung. *Almanac Oberflächentechnik*, **40**, p.245.

42 Wittel, K. (1986) Die Automatische Regelung von Vorbehandlungsbädern. *Z. Metalloberfläche*, **40** (12), 8.507–8.510.

43 Wermke, A. (1991) *4-Elektroden-Technik bietet Vorteile*, Z. Chemieanlagen + Verfahren. H. 5.

44 Winkel, P. (1992) *Wasser und Abwasser*, 2nd edn, Eugen G. Leuze Verlag, Saulgau/Württ.

45 Kiechle, A. (1991) Methoden der Standzeitverlängerung wäßriger Reiniger. *Z. JOT*, **31** (9), 62–68.

46 Camex Engineering AB, Norrköping, Sweden, Corporate Publications.

47 *Project Report – Reststoffvermeidung durch ein biologisches Entfettungsspülbad in einer Feuerverzinkerei*, Project executing organization, Henssler GmbH & Co. KG, Feuerverzinkerei Beilstein.

48 Amot, H. Rinsing and cleaning method for industrial goods. Europ. Patent Application 0588282.

49 Schmid, H.R., and Leonbacher, W. (1990) Reinigung und Korrosionschutz mit Neutralreinigern. *Z. Oberfläche + JOT*, **6**, 45–48.

50 Stiefel, R. (1987) Halogenierte Kohlenwasserstoffe im Betrieb und in der Umwelt. *Z. Metalloberfläche*, **41** (3), 5.109–5.113.

51 Langhammer, E. (1990) *Beschichtungsflächen-Tabellen*, 3rd edn, Verlag Stahleisen mbH, Düsseldorf.

52 Süß, M. (1990) Technologische Maßnahmen zur Minimierung von Ausschleppverlusten. *Z. Galvanotechnik*, **81** (11), 3873–3877.

53 Süß, M. (1992) Bestimmung elektrolytspezifischer Ausschleppverluste. *Z. Galvanotechnik*, **83** (2), 462–465.

54 Sjoukes, F. (1977) Die Rolle des Eisens beim Feuerverzinken. *Z. Metall*, **31** (9), 981–986.

55 W. Pilling Kesselfabrik Gmbh & Co. KG (April 2000) Steel tanks for the chemical surface pretreatment in hot-dip galvanizing plants, 5. Inhibitors.

56 Spillner, F. (1967) Die reaktionsbeschleunigende Wirkung von Fluoriden beim Beizen verzunderter Eisenteile. *Z. Werkstoff u. Korrosion*, **18** (9), 784–793.

57 Espenhahn, M., Neier, W., Büchel, E., and Lohau, K. (1976) Zunderaufbau und Beizverhalten von Warmbreitband in Schwefelsäure. *Z. Archiv Eisenhüttenwesen*, **47** (11), 679–684.

58 Meuthen, B., von Arnesen, J.-H., and Engeil, H.-J. (1965) Das System Salzsäure-Eisen(II)-chlorid-Wasser und das Verhalten von warm gewalztem Stahlband beim Beizen in derartigen Lösungen. *Z. Stahl und Eisen*, **85** (26), 1722–1729.

59 Dahl, W. (1959) Einfluß der Walzbedingungen auf den Zunderaufbau und die Beizbarkeit von Warmband. *Almanac Oberflächentechnik*, issue 15, 113–123.

60 Machu, W. (1957) *Oberflächenvorbehandlung von Eisen- und Nichteisenmetallen*,2nd edn, Akademische Verlagsgesellschaft Geest & Portig K.-G., Leipzig.

61 Mannesmannröhren-Werke (ed.) (1971) *Lexikon der Korrosion*, vol. l.

62 Vogel, O. (1951) *Handbuch der Metallbeizerei*, vol. II, 2nd edn, Verlag Chemie GmbH, Weinheim/Bergstr.

63 Katzung, W., and Rittig, R. (2007) Zum Einfluss von Si und P auf das Verzinkungsverhalten von Baustählen. *Z. Materialwissenschaften und Wekstofftechnik*, **28**, 575–587.

64 Nieth, F. Unregelmäßigkeiten im Zinküberzug auf feuerverzinkten Profilen, q.v. [3.18], p. 31–63.

65 Horstmann, D. (1983) *Fehlererscheinungen beim Feuerverzinken*, 2nd edn, Verlag Stahleisen mbH, Düsseldorf.

66 Hansel, G. (1987) Beitrag zur Feuerverzinkung von aluminiumberuhigten, unlegierten Stählen. *Z. Metall*, **37** (9), 5.883–5.890.

67 Fetter, F. (1976) Der Einfluß einer mechanischen Oberflächen-Vorbehandlung durch Strahlen auf das Verzinkungsverhalten siliziumhaltiger Stähle. *Z. Metall*, **30** (4), 339–342.

68 Hansel, G. (1984) Zum Einfluß der Topographie der Stahloberfläche auf die Ausbildung der Legierungsschichten bei der Feuerverzinkung. *Z. Metalloberfläche*, **38** (8), 347–351.

69 Kemey, U. (1992) Verwertungsmöglichkeiten für zinkhaltige Mischsäuren aus Feuerverzinkereien. *Z. Metall*, **46** (9), 907–911.

70 von der Dunk, G., and Meuthen, B. (1962) Die Anwendung von chemischen und physikalischen Verfahren bei der Überwachung von schwefelsauren und salzsauren Beizbädern. *Z. Stahl und Eisen*, **82** (25), 1790–1796.

71 Schmitt, G. (1991) H-induzierte Spannungsrißkorrosions-Inhibition der Beize und deren Kontrolle, Speech and Discussion Event 1990 of the GAV, 1st edn (ed. Gemeinschaftsausschuß Verzinken e. V. Düsseldorf).

72 Förster, H.L. (1991) Verwertung und Behandlung von Abfällen aus der Galvanotechnik. Reports UBA-91-052, Vienn (ed. Federal Environment Agency, Vienna).

73 Hake, A. (1964) Die Salzsäureregeneration–Verfahren, allgemeine Anwendung und Ergebnisse in einem Verzinkungsbetrieb. *Z. Bänder Bleche Rohre*, l, 9–13.

74 Fischlmayr, E., Schandl, E., and Hojas, E. (1989) Vibrations-Drahtbeizanlage. *Z. Draht*, **40** (10), 821–823 and (11), 891–894.

75 Marcol, J. (1992) Das Beizen von Stahldraht wird optimiert. *Z. Metalloberfläche*, **46** (11), 518–525.

76 Schmitt, G., and Olbertz, B. (1984) Säureinhibitoren. II. Einfluß von quartären Ammoniumsalzen auf die Wasserstoffaufnahme von unlegiertem Stahl in H_2S-freier und H_2S-gesättigter Salzsäure. *Z. Werkstoffe und Korrosion*, **35**, 99–106.

77 Schröder-Rentrop, J. (2005) Entwicklung eines praxisgeeigneten Prüfverfahrens zur Bewertung des Wasserstoffgefährdungspotenzials von Salzsäurebeizen und Vergleich der Wirksamkeit von Inhibitoren. Article from Z. Werkstofftechnik, vol. 2.

78 Schumann, H. (1991) *Metallographie*, 13th edn, Deutscher Verlag für Grundstoffindustrie, Leipzig.

79 Horstmann, D. (1983) Wasserstoffaufnahme hochfester Schrauben beim Beizen in Salzsäure, Speech and Discussion Event of the GAV, Düsseldorf.

80 Baukloh, W., and Zimmermann, G. (1936) Wasserstoffdurchlässigkeit von Stahl beim elektrolytischen Beizen. *Archiv f. d. Eisenhüttenwesen*, **9** (9), 459–465.

81 Paatsch, W. (1990) Galvanotechnische Prozeßführung zur Vermeidung der Wasserstoffversprödung hochfester Bauteile. *Z. Galvanotechnik*, **81** (3), 825–833.

82 Paatsch, W. (1977) Probleme der Wasserstoffversprödung hochfester Stähle durch Oberflächenvorbehandlungsverfahren. *Almanac Oberflächentechnik*, **33**.

83 Meuthen, B., and Dembeck, H. (1964) Überwachung und Regelung saurer Beizbäder und Spülwässer. *Z. Bänder Bleche Rohre*, **10**, 566–576.

84 Hake, A. (1967) Das Beizen des Stahles mit Salzsäure und die totale Regenerierung der salzsauren, eisenchloridhaltigen Beizsäure und Spülwässer. *Z. Österreichische Chemiker-Zeitung*, **68**, 180–185.

85 Renner, M. (1978) Feuerverzinken von Gußwerkstoffen. *Z. Metalloberfläche*, **32** (3), 114–117.

86 Weihrich, O. (1962) Das Feuerverzinken und die Vorbehandlung von Massenartikeln aus unlegierten Stahlblechen bis 1,2 mm Dicke. *Z. Blech*, **5**, 241–248.

87 Cephanecigil, C. (1983) Untersuchungen zur Verringerung der Umweltbelastung beim Feuerverzinken von Stahlteilen. Dissertation. Technical University of Berlin.

88 Schmidt, G.H., and Schulz, W.-D. (1988) Zur Bildung von Zinkasche beim Feuerverzinken und zu Möglichkeiten ihrer Verminderung. *Z. Metall*, **41** (9), 885.

89 Bablik, H. (1941) *Das Feuerverzinken*, Verlag Julius Springer, Vienna.

90 Högg, W. (1986) Titan-Gehänge in Feuerverzinkereien. *Z. Metalloberfläche*, **40** (8), 320–321.

相关标准

DIN EN ISO 1461（1999 年 03 月）　钢铁制件表面的热浸镀锌层（批量热浸镀锌）。

DIN EN ISO 8501 – 1、2　钢基体涂装或相关处理之前的表面预处理 – 表面清洁度的目测评定：

（1）第 1 部分（2002 年 03 月）　未涂覆钢基体和原有涂层彻底清除的钢基体的锈蚀等级和预处理等级。

（2）附录表格 1（2002 年 03 月）　第一部分的资料性补充：采用不同磨料喷射清理时钢材外观变化的典型照片样本。

（3）第 2 部分（2002 年 03 月）　钢基体表面原有涂覆层局部去除后钢基体表面的预处理等级。

DIN EN ISO 8503 – 1 ~ 4　钢基体涂装或相关处理之前的表面预处理—磨料喷射处理后钢基体表面的粗糙度特征：

（1）第 1 部分（1995 年 08 月）　用于磨料喷射处理表面轮廓评定的 ISO 评定比较样板的技术规范和定义。

（2）第 2 部分（1995 年 08 月）　磨料喷射清理后钢基体表面轮廓等级的测定方法　比较样块法。

（3）第 3 部分（1995 年 08 月）　ISO 表面轮廓比较试样校准方法和表面轮廓的测定方法　聚焦显微镜法。

（4）第 4 部分（1995 年 08 月）　ISO 表面轮廓比较试样校准方法和表面轮廓的测定方法　触针法。

DIN EN ISO 8504 – 1 ~ 3　钢基体涂装或相关处理之前的表面预处理　表面处理方法：

（1）第 1 部分（2002 年 01 月）　磨料喷射处理。

（2）第 3 部分（2002 年 01 月）　手工或电动工具清理。

DIN EN ISO10238（1996 年 11 月）　自动喷射清理和自动化涂装处理的结构钢产品。

DIN EN ISO11124 – 1 ~ 4　钢基体涂装或相关处理之前的表面预处理　金属基

喷射磨料的技术规范：

（1）第 1 部分（1997 年 06 月）　　总体介绍和分类。

（2）第 2 部分（1997 年 10 月）　　冷硬铸铁砂。

（3）第 3 部分（1997 年 10 月）　　高碳铸钢丸或砂。

（4）第 4 部分（1997 年 10 月）　　低碳铸钢丸。

DIN EN ISO 11126 - 1 ~ 8：钢基体涂装或相关处理之前的表面预处理　非金属基喷射磨料的技术规范：

（1）第 1 部分（1997 年 06 月）　　总体介绍和分类。

（2）第 3 部分（1997 年 10 月）　　铜精炼渣。

（3）第 4 部分（1998 年 04 月）　　煤炉渣。

（4）第 5 部分（1998 年 04 月）　　镍精炼渣。

（5）第 6 部分（1997 年 11 月）　　铁熔炉渣。

（6）第 7 部分（1999 年 10 月）　　熔融氧化铝。

（7）第 8 部分（1997 年 11 月）　　橄榄石砂。

DIN EN ISO12944 - 1 ~ 4　涂层和清漆　保护涂层系统对钢结构的腐蚀保护：

（1）第 1 部分（1998 年 07 月）　　总体介绍。

（2）第 2 部分（1998 年 07 月）　　环境条件的分类。

（3）第 3 部分（1998 年 07 月）　　设计的基本准则。

（4）第 4 部分（1998 年 07 月）　　表面和表面预处理的类型。

第 4 章　热浸镀锌工艺原理

W. – D. Schulz and M. Thiele

本章将叙述镀层的形成、热浸镀锌的主要操作工艺。除了待镀钢件的化学成分、锌熔体、镀锌温度这些影响因素，形成镀层的铁－锌反应还受热浸镀锌操作工艺的影响。虽然本书专门研究 DIN EN ISO 1461[1] 规定的批量热浸镀锌，但考虑到研究的完整性和对比性，下面将简短回顾一下其他热浸镀锌的工艺方法。

4.1　工艺的区别

热浸镀锌工艺有连续镀锌（用于带钢或线材）和非连续镀锌（批量镀锌，用于截断的型材、结构件、小件）两种。这两种工艺均要求钢铁基体上不能存在铁锈、水垢、油脂、涂层残留物、焊接残留物、铸件上的型砂残留物、绘图标记残留物等污物。

表面预处理的方法类别由工艺和产品类型而定。它包括退火处理（常用于连续镀锌）、溶液处理（常用于批量镀锌）、机械清理（喷砂或喷丸处理），或者是溶液处理与机械清理的组合处理方法（如滚筒清理）。

4.1.1　带钢或钢丝的连续镀锌

在现代化的带钢连续镀锌车间，钢带从开卷机出发经过退火炉，退火炉设有燃烧、氧化、还原区；然后带钢在保护气氛下进入锌锅（图 4-1）；离开锌浴后，带钢经过抹除辊或气刀将锌层抹平。镀锌带钢在收卷之前还要经过冷却区。为保障带钢连续通过退火炉和锌浴，在锌锅前后要设置缓冲机构来控制带钢的行进速度。在生产线的起始端储备有带钢以保证储备带钢的始端和上一卷带钢的末端经焊接而连接起来。带钢运行的速度可达到 200m/min 或更高，这取决于带钢的厚度和待镀层的厚度。

带钢的宽度可达 1650mm，厚度可达 3mm，镀层的厚度可在 5 ~ 40μm 的较宽范围内调整，镀层厚度通常采用带钢双面的上锌量（g/m²）来表示，如镀层厚度 10μm 相对于 140g/m²。变换工艺参数可以实现带钢单面镀锌或者是双面差厚度镀锌，也可以在镀层表面获得不同形状的锌花。

因为带钢的镀锌速率高，造成钢和锌熔体之间的作用时间很短，导致形成非常薄的 Fe－Zn 合金相层（图 4-2）。基于锌熔体的化学成分，镀层的主要部分为锌，

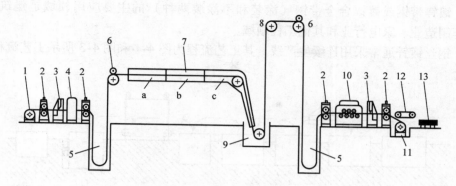

图 4-1　带钢连续热浸镀锌工艺流程简图
1—开卷装置　2—驱动辊　3—剪板机　4—焊机　5—缓冲装置　6—驱动辊　7—退火炉
8—转向辊　9—锌锅　10—矫正机　11—收卷机　12—传送带　13—储存区

这造就了热浸镀锌带钢冷成形性能好的优点。根据要求，镀锌带钢要经过空冷收卷、矫直、化学钝化和涂油处理。

连续镀锌的另一种变化工艺是镀锌退火（连续镀锌和退火的综合），工艺中连续镀锌带钢成卷加热退火或者是在镀锌线上在线退火。在均匀退火过程中锌层转变为 Fe - Zn 合金相层，因此镀层表面呈现磨砂灰色。这种产品尤其适合应用于焊接性、涂装性、附着性等要求较好的场合。

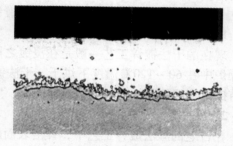

图 4-2　带钢连续镀锌层截面的显微组织，镀层厚度约 30μm（德国德雷斯顿腐蚀防护研究所）

国际标准[2-6]中提供了有关现行的钢型材（卷材、箔材、窄带材、棒材）、镀层种类（锌、锌 - 铁合金）、镀锌层、镀层装饰（普通锌花、小锌花、锌 - 铁合金）、表面处理的种类（普通表面、改进的表面、优质表面）、表面处理类别（化学钝化、涂油、化学钝化和涂油的组合、不处理）和工艺等方面的信息。近几十年来，含质量分数为 55% 的 Al、43.4% 的 Zn、1.6% 的 Si 的合金被用作镀锌层金属，这种合金产品在市场上通常被称作 "Galvalume"，但是根据许可证持有方的规定有可能它也被称为其他的名字。

另一种发展起来的合金是 "Galfan"，它含有质量分数为 95% 的 Zn、5% 的 Al 和微量的 Ce（铈）La（镧）。这些 Al - Zn、Zn - Al 合金的连读镀锌工艺基本与图 4-1 所示的流程相同。

这些合金镀层的优点是部分提高了镀层在热应力和大气腐蚀条件下的变形能力和耐蚀性。

镀锌带钢或镀锌合金带钢（涂装和不涂装两种）的主要应用领域是建筑业、汽车制造业、家电行业和其他工程领域。

钢丝镀锌通常采用连续生产线，其工艺流程为图4-1和图4-3所示工艺流程的综合。

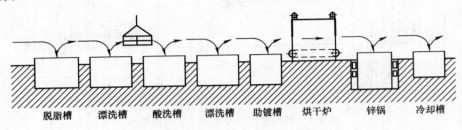

脱脂槽　　漂洗槽　　酸洗槽　　漂洗槽　　助镀槽　　烘干炉　　锌锅　　冷却槽

图4-3　批量镀锌流程简图（杜塞尔多夫镀锌委员会）

4.1.2　批量镀锌

批量镀锌的工艺原理如图4-3所示，也就是目前通常所指的"干法镀锌"，尽管在一些特殊的情况下还在采用"湿法镀锌"。

1. 干法镀锌工艺

现在的干法镀锌工艺一般是在浸镀之前将工件浸入水溶性助镀槽，然后吊装至干燥炉中在 $60 \sim 120 \, ℃$ 温度下烘干。干法镀锌工艺的优点是方便镀大件且镀件表面没有助镀剂残留物。

2. 湿法镀锌工艺

在古老的湿法镀锌工艺中，锌浴表面的一部分被助镀剂覆盖，就如同一个框架结构。待镀工件在湿的的状态下通过助镀剂区进入锌浴，浸镀后从锌浴表面没有助镀剂的区域离开。湿法镀锌工艺的优点是工件在浸镀之前不需要烘干，方便镀中空类或管类零件；缺点是锌浴中 Al 的质量分数不能超过 0.002%，否则易产生镀层缺陷（如黑斑）。另外，与干法镀锌相比，湿法镀锌的出渣量要大。

到底选用哪种工艺取决于镀锌的类型以及设备的可能性。本书在不同的章节分别给出了两种方法的信息。因为参数的复杂多样性，不可能对批量镀锌建立一套通用的应用规范。然而，可以提供一些基本的建议：

1）DIN EN ISO 1461 应用于批量镀锌，其规定根据基材的厚度要求镀层厚度至少达到 $45 \sim 85 \, \mu m$（图4-4）。DIN 267 应用于热浸镀锌连接件，镀锌后需要离心甩处理，该标准的第10部分要求镀层厚度至少达到 $40 \, \mu m$。DIN EN ISO 1461 的第1条指定用于镀锌的锌熔体中不能含有质量分数超过 2% 的其他金属，此标准的第4.4条再次证实杂质金属的质量分数不能超过 1.5%，铁和锡除外。

2）因为表面预处理和浸镀时均需要工件浸入不同的液槽和锌浴中，就必须保证这些液体在工件表面流进与流出通畅并润湿工件的所有表面。这些要求以及各液

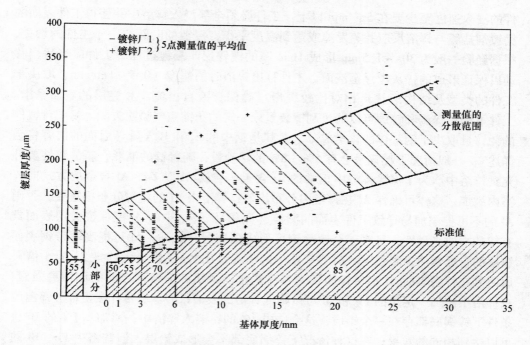

图4-4 标准 ［DIN 50976（现行的标准号为 DIN EN ISO 1461）］规定的最小镀层厚度
和两家批量镀锌厂的镀层厚度测量值

槽、锌锅的尺寸等在工件设计之前要加以考虑。

3）按图4-3所示，表面预处理方法可能有多种，如有的脱脂工序可以省略。为了便于酸洗操作，可在酸洗之前采用喷砂（或喷丸）处理（例如：工件表面有涂镀层残留物或印记标号等酸洗难以去除的污物，或者是工件表面残留有激光刻痕，这些采用喷砂（或喷丸）即可去除，且缩短了后续的酸洗时间）。另一种可能采用的清理方法是在酸洗之前采用滚筒清理（例如：难以清理的小件、表面带有裂解产物的退火工件）。为了尽量减小酸洗失重（过酸洗）和减轻工件的吸氢破坏，酸洗时间要尽可能的短。采用在强酸洗液中添加抑制剂的方法是很方便的，但必须严格遵守生产商推荐的添加浓度等参数要求。

4）镀锌时采用一定浓度的由 $ZnCl_2$、NH_4Cl 组成的助镀剂以保证助镀效果，通常助镀剂的浓度大约为400g/L。助镀后工件的烘干对镀锌效果有着重要的影响，烘干不彻底易造成镀层不平整、过厚和多孔。为达到彻底烘干，将烘干炉内的相对湿度控制在40%以下是非常有必要的。烘干不彻底或不恰当的助镀剂成分还会造成镀层表面黏锌灰，另外还会增加锌灰量。

5）锌浴表面通常加热至440～460℃（通常的镀锌温度），工件浸入或离开锌浴之前锌浴表面不能有锌灰，锌浴表面打灰时要沿着锌锅的长度方向。待镀工件向锌浴中浸入时要连续浸入且成一定的倾斜角度。考虑工件在锌浴中的漂浮因素，工件的浸入速度至少要在 5m/min 以上。工件必须全部浸入锌浴中并使得工件表面的助镀剂盐膜与锌浴反应并蒸发掉或达到温度平衡，浸镀的时间取决于工件的种类，根据经验一般为 30s~1.5min 形成 1mm 厚的镀锌层。浸镀过程中工件应当适当移动以保证形成的锌灰漂浮至液面，工件移出锌浴时的速度（0.5~1m/min，取决于工件的类型及结构形状）相对比较缓慢以确保锌液自由流淌和镀层的表面平滑。工件下端的锌滴和锌瘤可以通过刮擦装置或一定的压缩空气喷吹去除。每吨待镀件的耗锌量取决于钢基体的化学成分，尤其是钢中的 Si 和 P 含量（后面的内容将会详述），一般情况下耗锌量会有 5%~8% 的浮动量；随着锌的消耗，新的锌锭要补充到锌浴中。为了保障锌浴中正常的 Al 含量，建议 Al 以 Zn-Al 合金的方式向锌浴内添加，这样可确保 Al 在锌浴内分布均匀；锌浴中 Al 的均匀分布很重要，否则Al 的不可控添加易导致工件表面的漏镀（黑斑）。锌浴中的 Al 能保证镀层表面具有锌的本质光泽性，且对于全镇静钢可形成阻挡层；另外，Al 可提高薄带钢表面镀层的自然弯曲极限强度。Al 在锌浴中的消耗量比 Zn 要快（大约是 Zn 的 5 倍），原因是在锌浴表面 Al 相对锌而言更容易氧化以及铝和助镀剂之间的作用更强烈。在锌浴中添加一定量的 Pb 和 Bi 可以降低锌浴的表面张力。通常，在正常镀锌温度条件下锌锅底部存在一个铅层，这会造成 1% 的铅溶入锌浴中；添加 0.1% 的 Bi 也可以达到相同的效果；在这种情况下锌锅底部不会形成铅层，但锌浴中 Pb、Bi 的含量需要随时测量和调整，一定要避免过量的 Bi 添加。

6）由于浸镀过程存在 Fe-Zn 合金相的漂浮脱落以及锌浴和锌锅内壁的反应，随着时间的延长，锌渣不断积累并逐渐沉积到锌锅底部。这些锌渣（ζ 相）必须用锌渣抓斗从锌浴中清理出去，以确保锌锅内锌浴的工作容积量。

7）由于锌浴表面锌的氧化，造成锌浴中存在污染物，这不利于镀锌操作；因为这些污染物比 Zn 轻而漂浮在锌浴表面，在镀件离开锌浴时黏附在镀件表面，所以必须对其进行周期性清除。最好的方法是将含水的盐（易潮解盐）、脱氧盐（还原性盐）、精炼盐（精炼剂的组成盐）加入到锌浴中，或者是向锌浴中通入惰性气体。这种含水的盐及其他盐在锌浴中主要释放出水进而通过系列化学作用达到净化锌浴的作用。氮的作用是基于它的物理作用使较轻的氧化污染物漂浮聚集而作为锌灰收集掉。产生的锌灰的总量是所镀工件总质量的 0.5%~1%。

8）浸镀以后工件在空气中冷却。为了保护镀层免于产生白锈，要求镀件通风储存，可能的话将镀件存放在镀锌厂外的地方。在一些特殊情况下，镀件需要进行后处理，如磷化、钝化（小件热浸镀锌，如紧固件类等多采用后处理）。

小件镀锌时常采用离心处理的方法去除余锌，使配合孔能够安装配合、螺纹免于填充。这些小件在镀锌车间以批量的形式进行镀锌，当工件离开锌浴时，工件在离心篮里直接放入离心机处理。离心处理的转速根据工件的类型和重量（每篮的装料量）确定，多介于 400~1000r/min。

4.1.3　特殊的工艺

钢管热浸镀锌（DIN EN 10240[8]）在部分自动化操作车间的工艺流程类似于图 4-3 所示，工艺上主要的区别在于省略了助镀槽和烘干炉。因此，钢管浸入锌浴前其表面不存在干的助镀剂盐膜（"干法镀锌"），而是直接离开漂洗池以湿态穿过覆盖于锌浴表面的助镀剂层而进入锌浴（"湿法镀锌"）。

离开锌浴时（从锌浴表面未覆盖助镀剂层的区域）钢管通过一环形喷嘴将表面的余锌吹除。钢管通过喷嘴后立即进入内喷吹装置，钢管内腔的镀层经热水蒸气喷吹后变得平滑。若钢管用于饮用水设施，则必须注意以下几点：

1）钢管内部不能含有因焊接产生的毛刺。

2）考虑化学腐蚀和卫生的原因，镀锌层禁止含有杂质。

3）镀锌后钢管外表面沿纵向连续打标记。

4）须提供钢管的内外检测证明。

4.2　435~620℃区间热浸镀锌层的形成

4.2.1　基本概述

批量热浸镀锌时镀层形成过程的理论基础是 Zn 和 Fe 之间的反应，通过相互扩散形成 Fe–Zn 合金相。对此，文献［9］中 Horstmann 给出了全面的叙述，他假设 Fe 和 Zn 之间的反应总是趋向于图 4-5 所示的热力学平衡，图 4-5 给出了化学组成和温度之间的关系。

到了 1940 年，Bablk 对热浸镀锌层进行了仔细观察[10]，他注意到，在 430~490℃区间镀锌时（当时的镀锌基材通常为沸腾钢）镀层在钢基体上的生长遵循式（4-1）的下降抛物线规律，超过 490℃时遵循式（4-2）的线性生长规律，超过 530℃时又遵循抛物线生长规律。

$$S_d = k_1 k_2 t \tag{4-1}$$

式中　S_d——镀层厚度；

k_1、k_2——常量；

t——镀锌时间。

$$S_d = bt \tag{4-2}$$

式中　b——与钢相关的常量。

据文献［9］的叙述，温度对镀层生长产生强烈影响的原因（除了其他因素以外）是 α–Fe 和 Zn 之间发生作用，当温度高达 490℃时会在铁基（α–Fe）上形成致密的合金层。合金层包括薄薄的难以观察到的 Γ 相，其向外为较厚的 δ_1 相，与 δ_1 相邻的是 ζ 相，一些合金相（细小的 ζ 相）会从 ζ 相溶出且游离在锌浴中。在一定的浸镀温度下镀层的最外表是 η 相,它对应于锌浴的成分。

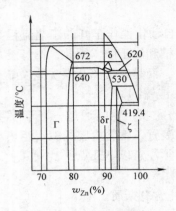

图 4-5　Fe-Zn 相图的一角

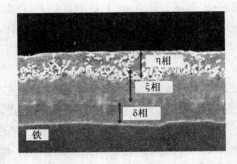

图 4-6　热浸镀锌层的组织结构

在 490~530℃ 之间,因为在基体表面不再形成致密的 δ_1 相,造成反应类型发生改变,导致镀层呈线性生长。超过 530℃ 时,因为 δ_1 相是稳定和致密的,镀层的生长又变回到抛物线方式的扩散和长大。

除了浸镀时间、温度,镀层的生长还与钢铁基材的类型(牌号)有关。一个明显的主要因素就是 Si 含量,此外,相似的影响还有 P 的影响。Katzung 近期的研究表明[11]:当 Si 的质量分数≤0.035% 时 P 的影响作用比较明显,这在解释镀锌行为时必须加以考虑。但是,当钢中 P 的质量分数为 0.015% ~0.020% 时,它的影响可忽略不计。

对钢中元素 Si 的影响给出了第一次详细叙述的是 Bablik[12]、Sandelin[13]、Sebisty[14],他们发现 Si 激发促进了镀层按线性规律生长,但是抛物线生长阶段除外,也就是镀锌温度高于 450℃ 时在 Sebisty 区产生抑制层,在文献中这通常被称为"Sebisty"效应。图 4-7 表明此效应的影响区呈线性生长特征[9]。

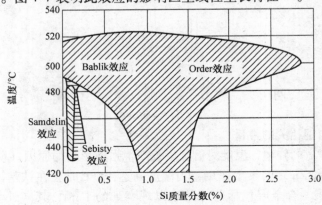

图 4-7　镀层的线性生长区域[9]

通过高精度的 SEM（扫描电子显微镜）分析，Schuber 和 Schulz[15] 确定钢中 Si 的含量与工件浸镀时释放氢气（酸洗工序工件吸氢）的方式有关（图4-8）。考虑到 Si 影响氢扩散这一事实，作者对热浸镀锌过程（浸镀温度为440～460℃，锌浴中 Pb、Fe 饱和）建立了以下假设。

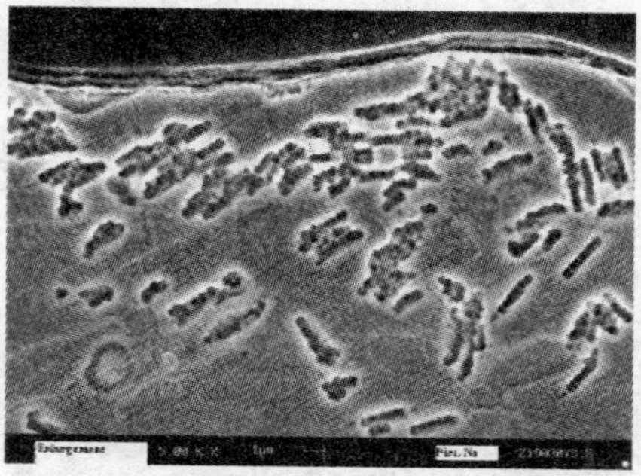

图 4-8　SEM 显示因吸氢镀层中的连接孔链

1. 低 Si 区（$w_{Si} < 0.035\%$）

沸腾钢表面较纯的不含气体的 $\alpha - Fe$ 表面在锌浴中与 Zn 有着较高的反应活性，导致很快就形成了 δ_1 层。反应过程中，基体表面钢和 δ_1 相的结合界面中断而在镀层和基体表面之间产生间隙（图4-17）；这严重阻碍了质量传输，且镀层生长速率降低。出现这种情况的原因是致密的 δ_1 相不能变成相界；或者是气体（如氢）越靠近表面时其扩散速率下降，且产生应力集中，当其扩散逸出时对具有一定硬度和厚度的 δ_1 相与基体之间的结合产生不利影响。在继续镀锌过程中，间隙保留下来，且在抛物线生长阶段也比较明显。

低 Si 铝镇静钢没有 $\alpha - Fe$ 表面，但是也存在相似的关系。因为 Al 的存在增强了氢在钢中的向外扩散，加热时，形成低氢的表面层，紧接着形成镀层[16、17]。

2. Sandelin 区（$w_{Si} 0.035\% \sim 0.12\%$）

因为缺少含气量低的 $\alpha - Fe$ 表面层，镀层形成的开始阶段，致密的 δ_1 相和间隙则不会形成并出现。镀层以线性规律平齐地快速生长（Sandelin 效应）。同时，工件浸入锌浴后钢中的氢立即释放出来，氢的逸出造成位于钢和镀层反应区的 Fe - Zn 合金层快速脱落，且造成镀层组织疏松。温度对镀层的厚度有着较大的影响，随着温度的降低，析出的氢减少而致使 Sandelin 峰消失。这样合金粒子的迁移被延迟，进而形成致密的合金层。

3. Sebisty 区（$w_{Si} 0.12\% \sim 0.28\%$）

在 Sebisty 区，温度和镀层形成之间的关系非常重要。从图4-7 与图4-13 中更能清晰地发现，随着浸镀温度的提高，镀层增长速率（厚度增加的速率）下降，460℃时的镀层厚度约为440℃时镀层厚度的25%。从450℃开始，在相位限制区出现了 δ_1 相和间隙，这阻碍了钢和镀层之间的物质传输。原因可能是，钢中 Si 的一定含量使得钢内部氢的外逸不能够补偿钢表面氢的外逸，在浸镀之前形成一个贫氢层，至少在一个短暂的时间内它具有高的活性而与锌作用形成了致密的 δ_1 层[17]。

4. 高 Si 区（$w_{Si} > 0.28\%$）

随着钢中 Si 含量的增加，钢表面氢的逸出倾向强烈下降。这样，在高 Si 区镀层的结构不再受氢逸出的影响（下面将进行解释）。

在后来的研究中，文献［17］的作者将研究的温度范围放宽为435～620℃，并将其描述为正常温度镀锌（NT）和高温镀锌（HT），后者从 530℃ 开始。下面的内容中将给出一些研究结果及推导的镀锌理论，详细的研究内容请参考其原始文献。除其他研究者以外，Schulz 和 Thiele 在文献［18］中对涉及实际应用的一系列问题和建议给出了详细、全面的评述。

下面描述的与钢成分相关的情况参见表 4-1。

表 4-1   钢中 Si 和 P 的质量分数（热轧）

钢种等级	低 Si 钢	Sandelin 钢	Sebisty 钢	高 Si 钢
基体厚度	10mm	3mm	10mm	12mm
w_{Si}（%）	<0.01	0.08	0.17	0.32
w_P（%）	<0.015	<0.025	<0.015	<0.015

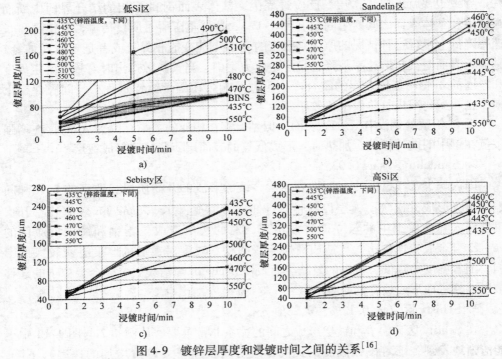

图 4-9   镀锌层厚度和浸镀时间之间的关系[16]

a）低 Si 钢（w_{Si} <0.035%）   b）Sandelin 钢（w_{Si} =0.035% ~0.12%）

c）Sebisty 钢（w_{Si} =0.12% ~0.28%）   d）高 Si 钢（w_{Si} >0.28%）

4.2.2 锌浴温度和浸镀时间对镀层厚度的影响

图 4-9[17]所示为镀层厚度和浸镀时间之间的关系。低 Si 钢（参见表 4-1），w_{Si} <0.035%（图 4-9a），500℃ 时例外，它的镀层均匀地按抛物线规律生长为 120μm 以下的薄镀层。浸镀温度达到 460℃ 左右时，镀层的厚度均在 100μm 以下。值得注意的是，大约在 500℃ 时镀层呈规则的线性规律生长，且生长速度是正常镀

锌温度时的三倍还要高。在较短浸镀时间如 1min 时，镀层的厚度均在 80μm 以下，这时可以忽略温度对镀层厚度的影响，研究的所有钢材都存在这一情况。

图 4-9b 所示为 Sandelin 钢（$w_{Si} = 0.035\% \sim 0.12\%$）镀锌层的生长特征。正常镀锌温度 450～470℃之间镀层的生长速率最高，在 460℃时大约为 45μm/min（Sandelin 效应）。除去低温 435℃和高温 550℃，其他温度镀锌时镀层呈线性生长；这意味着没有阻碍或限制的因素或条件抑制 Fe、Zn 之间的反应。在 550℃时，镀层厚度仅有约 40μm，且不受浸镀时间的影响，这一现象在其他活性钢中没有发现。这种现象通常会在 530℃以上高温镀锌时发现。

在 Sebisty 区（$w_{Si} = 0.12\% \sim 0.28\%$），惊奇地发现最厚的镀层产生在最低的镀锌温度（435℃和 445℃）时（图 4-9c），且随着锌浴温度的增加镀层的厚度反而下降（Sebisty 效应）。仅在 500℃时镀层生长又呈现明显的线性规律。在 550℃的高温时镀层的生长快速下降，镀层的厚度约为 70μm。

图 4-9d 所示为高 Si 钢（$w_{Si} > 0.28\%$）的情况。460℃时存在最高的镀层生长速率，达到 40μm/min，稍低于 Sandelin 钢的值。除了高温区，镀层的生长遵循线性规律；高温时镀层的生长遵循抛物线规律，这导致高于 530℃时镀层的厚度值较小，约为 60μm。

图 4-10 所示为 500℃镀锌时不同含 Si 量钢的镀层厚度和浸镀时间之间的关系。对于四种含 Si 量不同的钢，镀层随时间的生长均遵循线性规律，Sandelin 钢的生长速率明显要高些。考虑镀层形成时的"逸氢"理论，产生以上情况的原因应该是在 Sandelin 区稳定"逸氢"和过多"逸氢"所致。从图 4-10 中可以得出，被研究的所有钢的反应动力在 500℃时是相似的，也就是说待镀的结构钢遵循相同的镀层生产规律，即线性生产规律。

镀层生长除了随时间变化外，与温度还有着必然的联系，图 4-11 所示为镀层厚度和锌浴温度之间的关系。从图 4-11a 中明显可见，低 Si 钢在 490～510℃之间反应活性显著增加；当浸镀时间很短时（1min），镀层的厚度随温度变化不大。另一个显著的特征就是在正常浸镀温度 435～460℃区间镀层的厚度变化与浸镀温度几乎没有关系。

图 4-11b 所示为 Sandelin 钢镀层生长与浸镀温度之间的关系。突出的特征就是在 460℃时出现了 Sandelin 峰且在此位置具有非常高的生长速率，短时浸镀时这种影响效果降至最低，只有浸镀时间超过 5min 时才会出现明显的 Sandelin 峰。550℃浸镀时，几种不同浸镀时间的镀层厚度都比较薄，且厚度几乎相等。

图 4-11c 所示为 Sebisty 钢镀层生长与浸镀温度之间的关系。浸镀时间为 10min 时，正常镀锌温度下出现显著的 Sebisty 效应；在 450～470℃区间，镀层厚度显著下降；在 500～550℃区间，不同浸镀时间时镀层的厚度与浸镀温度之间的关系要分开讨论，因为此时镀层呈现不同的生长规律。所有的镀层出现明显的 Sebisty 效应时所对应的浸镀时间均超过 5min。

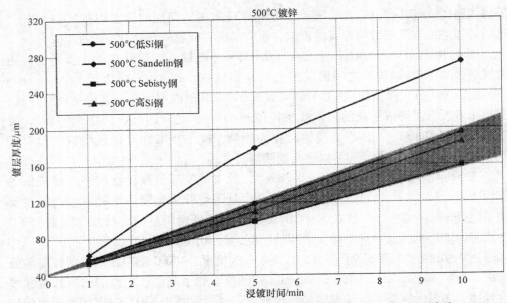

图 4-10 500℃镀锌时不同含 Si 量钢的镀层厚度和浸镀时间之间的关系[16]

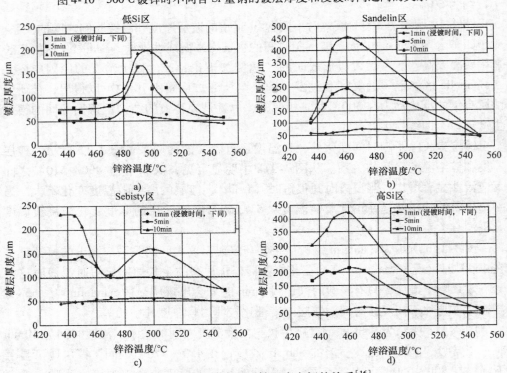

图 4-11 镀层厚度和浸镀温度之间的关系[16]

a）低 Si 钢（$w_{Si} < 0.035\%$） b）Sandelin 钢（$w_{Si} = 0.035\% \sim 0.12\%$）

c）Sebisty 钢（$w_{Si} = 0.12\% \sim 0.28\%$） d）高 Si 钢（$w_{Si} > 0.28\%$）

不考虑镀层厚度，高 Si 钢的镀层生长规律（图 4-11d）同 Sandelin 钢相似。以下将讨论它们之间的显著区别及原因。

浸镀时间为 10min 时镀层厚度和钢中含 Si 量之间的关系如图 4-12 所示。从图中可以注意到，这些钢的镀层生长行为与含 Si 量之间的关系遵循不同的机理，据一些数据点的静态统计，这些机理呈四种不同的状态特征且不能够用连续的曲线加以描述。事实上的情况是，虽然做了研究工作，但考虑到实践目的，不可能存在其他的情况，当单独分析四种状态之一时应当采用连续模拟的方法。

四种含 Si 量钢试样的镀层生长行为只有在 500℃ 和高温 550℃ 时区别很小。

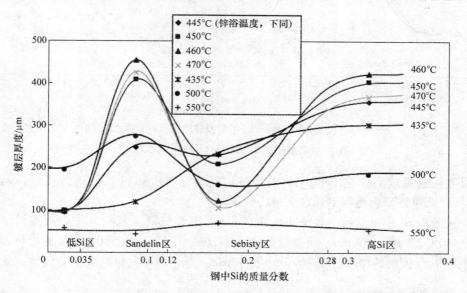

图 4-12 浸镀时间为 10min 时镀层厚度和钢中含 Si 量之间的关系[16]

在正常镀锌温度区，特别是 435℃ 和 460℃ 时，我们所熟知的 Sandelin 峰、Sebisty 效应这些钢的镀层生长典型特征占主导地位（详细情况如图 4-13 所示）。从图 4-13 中还发现，低 Si 区镀层的厚度不受温度的影响，且在高 Si 区获得的都是比较厚的镀层。

4.2.3 钢的热处理对镀锌（镀层生长）的影响

酸洗后钢的热处理使钢中的扩散氢排出。即使退火热处理的能量低，但潜在的氢聚集是可以预期到的，其中结合在一起的氢将释放出来而使钢基体内部变得均匀。这两种效应的程度取决于热处理的温度和加热持续的时间。如果是回火钢镀锌，当氢影响镀层形成时，将改变镀层的生长行为。在文献 [19] 和 [20] 中就报道过通过浸镀前的退火来降低含 Si 量钢的镀层厚度。如果氢的逸出影响镀层的生长和 Sebisty 效应，从实际镀锌工艺入手是可以消除这种影响的。所以，提高退

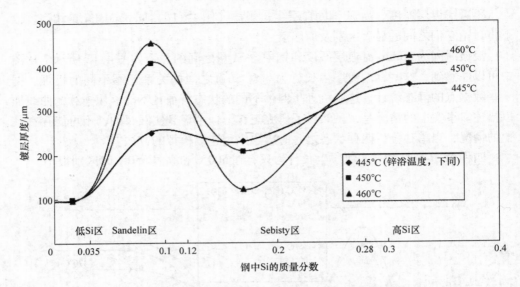

图 4-13 浸镀时间 10min 时正常镀锌温度区间镀层厚度和
含 Si 量之间的关系（图 4-12 的详细图）[16]

火温度使氢释放后，在 Sebisty 区高于 450℃ 镀锌时可以得到较薄的镀层，若在 450℃ 以下镀锌反而还得不到这么薄的镀层。

从图 4-14 中可以看出，Sebisty 钢在 470℃ 惰性气氛（氮气）中退火镀锌（温度：440℃，时间：10min）后镀层厚度减小 20% ~ 25%，在 550℃ 退火时镀层厚度减小 40% 且镀层的厚度小于 200μm 或 150μm。退火钢再次短时酸洗后因为钢表面

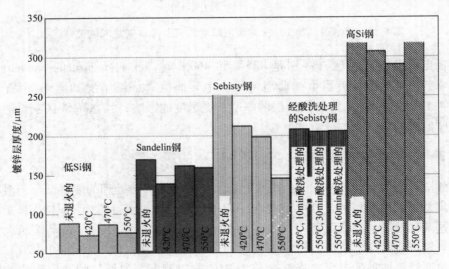

图 4-14 氮气气氛下保温 1h 镀层的厚度（浸镀温度为 440℃，时间为 10min）[16]

吸氢的原因，Sebisty 钢镀锌后又产生较厚的镀层。事实上可能为再次酸洗时原来未退火的 Sebisty 钢表面的初始层不存在了，可能导致热处理过程中氢的聚集，进而改变钢的组织。

以上结果表明，除了其他因素以外，热浸镀锌镀层形成时氢影响理论存在的正确性。它也说明了 Sebisty 效应的决定性因素不是浸镀温度，而是氢的逸出，如 470℃ 及以上温度的退火。

如果在 450℃ 及以上温度镀锌，退火对镀层的形成没有影响，因为提高浸镀温度时 Sebisty 效应不受影响而且照样发生。

4.2.4　530℃ 以上的高温镀锌

高温镀锌的温度范围起于 530℃，这是 ζ 相稳定存在的上限温度。这个因素也决定了高温镀锌及用来解释高温镀锌和正常温度镀锌时镀层生长的区别。在 620℃ 时达到 δ_1 相区的稳定温度上限，从 δ_1 相中析出高温的 δ 相[21]，造成镀层生长方式的改变。

在 4.2.2 节中曾提到高温镀锌通常在 550℃ 时浸镀。后续的叙述中浸镀温度要高于 550℃，目的是用来解释在 580℃ 和 620℃ 时四种类型钢镀锌层的生长特征。图 4-15 反映了镀层的厚度情况，从图中可明显看到镀层厚度和钢种类别及锌浴温度之间的关系。在低 Si 区和 Sandelin 区，镀层厚度随着温度的升高而下降；在 Sebisty 区和高 Si 区，镀层厚度随着温度的升高而增厚。

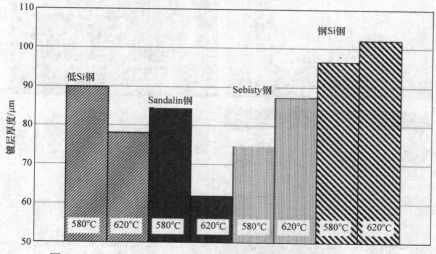

图 4-15　580℃ 和 620℃ 下浸镀 5min 时四种类型钢镀锌层的厚度

4.2.5　镀层的结构分析

以下的章节将分析镀锌层的晶体结构，以便于更加清晰地描述镀锌层的生长与钢的含 Si 量、浸镀温度、浸镀时间之间的关系。

1. 435～490℃区间镀锌层的晶体结构

通常，正常的热浸镀锌温度介于 440～460℃ 之间。已证明在此温度区间内镀锌层的生长和镀锌温度及钢的含 Si 量有着重要的联系，这也影响着镀锌层中的 Fe–Zn合金相的组织结构。

图 4-16a 所示为典型的低 Si 钢镀层组织，在致密的 δ_1 相层之上是 ζ 相层，部分 ζ 相的晶粒漂移到 η 相（纯锌层）中，δ_1 相和基体之间有一条细小的、清晰可见的间隙（图 4-17）。镀层中没有发现 Γ 相，而 Γ 相通常在长时间镀锌时才能形成。

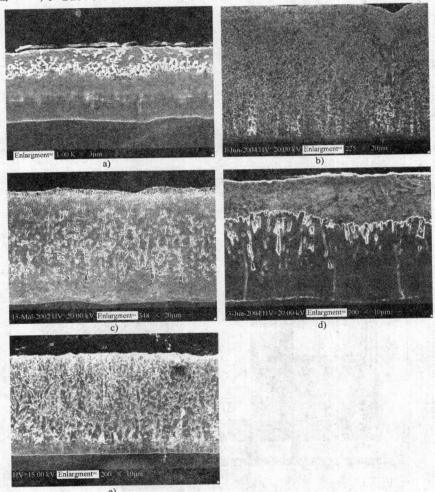

图 4-16　正常镀锌温度区间镀层的组织结构[16]

　　a）低 Si 钢表面的镀锌层结构（镀锌参数：460℃，10min）　　b）Sandelin 钢表面的镀锌层结构（镀锌参数：460℃，10min）　　c）Sebisty 钢表面的镀锌层结构（镀锌参数：445℃，5min）　　d）Sebisty 钢表面的镀锌层结构（镀锌参数：460℃，10min）　　e）高 Si 区钢表面的镀锌层结构（镀锌参数：445℃，5min）

图 4-16b 所示为 Sandelin 钢在同图 4-16a 相同镀锌参数时镀层的组织结构。镀层中存在的这许多小的圆形的 ζ 相粒子，且 ζ 相粒子嵌在已凝固的 η 相中；镀层中几乎没有形成 $δ_1$ 相。

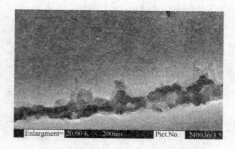

图 4-17　镀层和钢基体之间存在的间隙
（图 4-16a 的放大）

Sebisty 钢在 450℃ 以上或以下都产生 Sebisty 效应，且不同温度时镀层生长与浸镀时间的关系也不同，镀层生长遵循的规律也不同。在 450℃ 以下镀锌时，形成的镀层大部分或全部为合金化组织，且镀层的厚度超过 200μm（图 4-16c）。不规则分布的 $δ_1$ 相的厚度为 5 ~ 10μm，长的、柱状的 ζ 相粒子垂直于钢基体向外生长。

Sebisty 钢在 450 ~ 480℃ 下镀锌，镀层结构同低 Si 钢的镀层结构相似。这样，在 460℃ 下浸镀 10min 所获得的典型镀层结构与低 Si 钢的情况几乎难以区分，如图 4-16d 所示。$δ_1$ 相至少有 25μm 的厚度，且组织较为致密。ζ 相比较致密，且与明显的 η 相层相邻。

新的致密的 $δ_1$ 相的形成是因为钢内部所含的氢的扩散被延迟，钢的边缘部位的氢扩散占主导地位，从而形成了含气量低的表面，这样在钢的表面与锌浴发生强烈的反应而形成致密的 $δ_1$ 相，后续的镀层生长过程、其他相的反应及生长同低 Si 钢的情况相似。

$w_{Si} > 0.28\%$ 的高 Si 钢表面生成的镀层主要含有 ζ 相，ζ 相呈现尺寸较大的边缘，且存在有尖角的晶粒状（图 4-16e）。在靠近基体处存在 $δ_1$ 相，$δ_1$ 相较为疏松，XRD 分析表明 $δ_1$ 相中混有部分 ζ 相。因为缺乏致密的 $δ_1$ 相层，镀层以线性规律强烈生长。

2. 490 ~ 530℃ 区间镀层的晶体结构

此温度区间内，不同含 Si 量的钢获得的镀层组织几乎相同。500℃ 时，镀层包括均匀的、细小的 $δ_1 + ζ$ 相；在组织形貌上同 460℃ 时 Sandelin 区获得的镀层结构相似。在正常镀锌温度区间（490 ~ 530℃），影响镀层生长特征的一些因素如"氢逸出"、添加合金元素及微观组织不再起作用。此温度区间典型的镀层组织结构如图 4-18 所示。

图 4-18　500℃ 下浸镀 10min 时镀层的组织结构

3. 高温区（530～620℃）

因为超过530℃时ζ相存在热力学上的不稳定性，镀层中形成薄的δ_1相层。因此，各种钢的镀层生长遵循抛物线规律，且形成的镀层厚度薄。不过，图4-19清晰地表明随着钢中含Si量的增加，镀层的脆性增高。

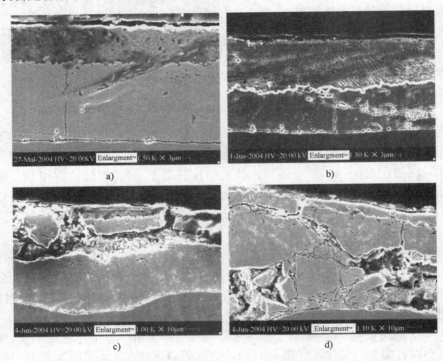

a)　　　　　　　　　　　　　　　b)

c)　　　　　　　　　　　　　　　d)

图4-19　550℃下镀锌时镀层的组织结构[16]

a）低Si钢表面的镀层结构（镀锌参数：550℃，10min）

b）Sandelin钢表面的镀层结构（镀锌参数：550℃，10min）

c）Sebisty钢表面的镀层结构（镀锌参数：550℃，10min）

d）高Si钢表面的镀层结构（镀锌参数：550℃，10min）

脆性增高的原因是，在高温区因钢中含Si量的不同会形成两种不同的相区范围。在低Si钢区域，镀层仅由纯的、致密的、未被破坏的δ_1相组成（图4-19a、b）。随着含Si量的增加，镀层逐渐变为由$\delta_1 + L$（锌浴熔体）组成。在热浸镀锌冷却过程中因为相变产生体积变化是不可避免的，所以室温下$\delta_1 + L$（锌浴熔体）在热力学上是不稳定的，且产生脆性（图4-20）。

在高温区约600℃时锌浴温度也影响镀层的厚度。图4-15表明，在低Si区和Sandelin区δ_1相的强烈生长，引起物质传输的抑制效应，导致随着浸镀温度的升高镀层厚度反而下降；但在Sebisty区和高Si区，因为生成了$\delta_1 + L$（锌浴熔体）混合相，其中δ_1晶粒之间的液态Zn会促进镀层的生长，所以导致随着温度的升高镀

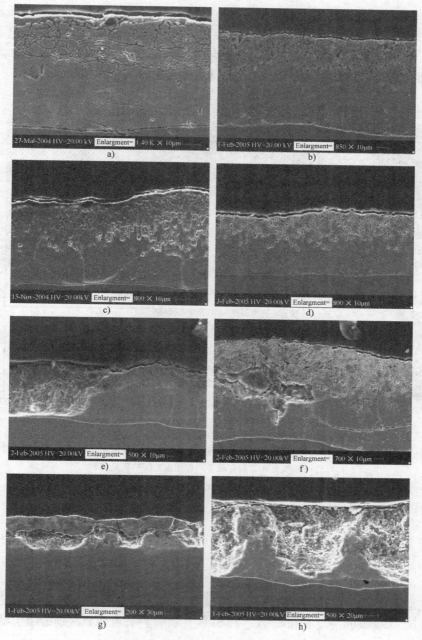

图 4-20 580℃和 620℃下镀锌时镀层的组织结构[16]

a) 低 Si 钢表面的镀层结构 (镀锌参数:580℃,10min)   b) 低 Si 钢表面的镀层结构 (镀锌参数:620℃,10min)

c) Sandelin 钢表面的镀层结构 (镀锌参数:580℃,10min)   d) Sandelin 钢表面的镀层结构 (镀锌参数:620℃,10min)

e) Sebisty 钢表面的镀层结构 (镀锌参数:580℃,10min)   f) Sebisty 钢表面的镀层结构 (镀锌参数:620℃,10min)

g) 高 Si 钢表面的镀层结构 (镀锌参数:580℃,10min)   h) 高 Si 钢表面的镀层结构 (镀锌参数:620℃,10min)

层厚度增加。镀层的断面金相（图4-19）强调了锌浴温度对镀层脆性的影响。实际上这是可以预测的，因为增加锌浴温度有利于形成纯的 δ_1 相，大多数情况下保留了 δ_1 相破碎的自由度。然而这种影响是有限的。在高 Si 区，温度为530℃、580℃和620℃时，这种 δ_1 相的破碎现象是不可避免的。

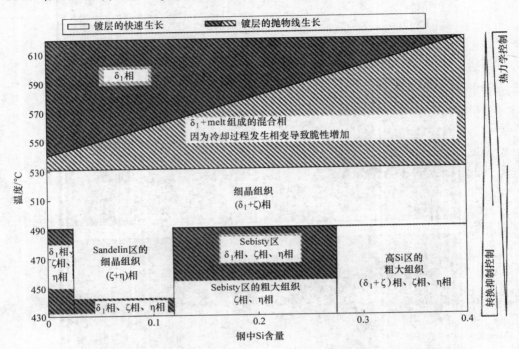

图4-21　低 P 结构钢在传统锌浴（浸镀时间 >5min）后获得镀层的组织结构的全面概述

注：实际中，存在着不同相组织之间的转变。

4.2.6　形层的整体理论

以上叙述遵循批量热浸镀锌在 435～620℃ 温度区间铁和铅饱和的锌浴中镀层形成的完整理论。

1. 435～490℃的正常镀锌温度区间

在此温度阶段镀层的生长与钢的含 Si 量有着强烈的关联，四种典型成分的钢（低 Si 区、Sandelin 区、Sebisty 区、高 Si 区）镀锌后有着明显区别的镀层厚度和组织结构。

镀锌层的生长和组织结构受氢的影响，氢在钢中向外扩散，其过程受钢中含 Si 量的影响。Si 能阻碍氢的扩散并决定着钢边缘地区的微观组织和某些性能。P 在钢中因偏析行为而聚集在边缘区且阻止致密的 δ_1 相层的形成，尤其是钢中再含有一定量的 Si 时，将导致镀层强烈、快速地生长。

在低 Si 区和 Sebisty 区，温度高于 450℃时，氢不会直接阻碍镀层的生长，原因是锌浴和钢的边缘区发生反应而抑制了氢的外逸和扩散，形成了致密的 δ_1 相层。在低 Si 钢基体和镀锌层之间会形成明显的间隙，450℃以上时因为外逸的氢干扰相界的结合而阻碍了镀锌层的生长，所以 Sebisty 区形成的间隙略少一些。因为这个原因，就可以设想在这两个区内镀层成抛物线规律均匀地生长了。

特别是在 Sandelin 区，镀层生长时几乎不形成 δ_1 相，界面也没有致密的 δ_1 相层，因为钢基体和锌浴的反应界面保持稳定的活性，氢的外逸将促进镀层的生长。

在高 Si 区，氢对镀层生长的影响不明显。因为界面反应的原因使 Si 聚集在相界，将导致反应区 Fe 的供应量减少，因此连续的 δ_1 相层生长不可能持续，与 Sebisty 钢相比高 Si 钢呈强烈的反应性生长。

2. 490～530℃的温度区间

此温度区间内镀层生长不受钢中含 Si 量的影响，四种不同含 Si 量钢的镀层均为包括 δ_1 相和 ζ 相的细晶组织。四种钢表面镀层的厚度相差不大，镀层的形成均遵循线性生长规律。

因为浸镀温度为 500℃时（稍低于 ζ 相的极限稳定存在温度）热力学成为影响镀层生长行为的主导因素，主要表现为不同的温度对应不同的形核率和长大速率[22]。形成 δ_1 相和 ζ 相晶粒的数目取决于不同结晶温度下的形核率和长大速率。因为形核率比晶核长大更需要反应能量，所以随着温度的提高形核率比晶核长大速率增加更强烈。形成细小的 $\delta_1 + \zeta$ 组织的原因是要具有高的形核率，尤其是 ζ 相的形核率；ζ 相的形核率在温度稍低于相区极限温度 530℃时达到最大值。晶粒长大速率与温度之间的关系不像形核率与温度之间的关系那样强烈。形成细晶组织（类似于 Sandelin 钢在正常镀锌温度区间形成的镀层组织）不会产生对镀层生长的抑制效应，因为 $\delta_1 + \zeta$ 不具备致密的组织结构。

3. 530～620℃的高温区间

在 530～620℃区间，只有 δ_1 相具有热力学上的稳定性；它的致密性生长主要发生在低 Si 钢，生长层的厚度为 40～50μm，因为钢的表面存在不含杂质的 α – Fe 表层，此位置具有高的反应活性。随着钢中含 Si 量的增加，非致密的混合物相不断增加，主要是因为在镀锌形层时 δ_1 相嵌在锌熔体中。图 4-22 所示为 Fe – Zn 相图的富 Zn 部分，两种可能的相形成混合物椭圆区域，在图中用斑点阴影表示。

当 δ_1 相层刚形成时，假定钢种为低 Si 钢，且镀锌冷却过程中镀层中相的组织结构不发生变化，那么最终会形成高质量的镀锌层。图 4-22 中左边的箭头指出了这种可能的情况。但对于高 Si 钢来说，在 530～620℃之间形成 $\delta_1 + L$ 混合相，后面的冷却过程将发生相变，这种情况如图 4-22 中右边的箭头所示，从 $\delta_1 + melt$ 可以演变为 $\delta_1 + \zeta$、ζ 或 $\zeta + \eta$。所有可能发生的相变都将导致体积的变化，冷却时在镀层内部将产生机械应力。温度的提高有助于促进致密 δ_1 相的形成，将导致 $\delta_1 + L$ 相区发生移动。所以，对于低 Si 钢，在可能采用的最高温度下镀锌仍可获得最好

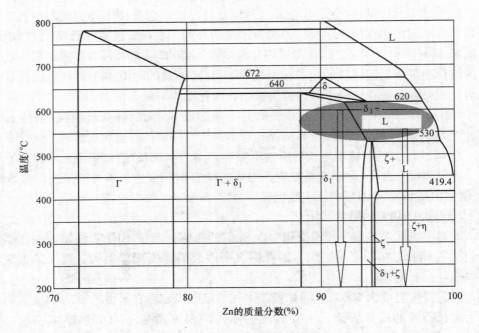

图 4-22　Fe - Zn 相图的富锌角

注：图中的阴影区为 530～620℃之间的镀锌温度区间。

质量的镀层。

4.2.7　锌浴中合金元素对镀层形成的影响

1. 传统的锌浴

传统的锌浴包括纯锌浴，在热浸镀锌发展的初始几年里人们在锌浴中添加 Pb，纯锌原材料获取方便，而添加 Pb 主要是因为技术方面的原因。在镀锌过程中锌浴中的含 Fe 量饱和，锌浴中还会包括少量的金属杂质，如铜等。

随着热浸镀锌技术的发展，因为考虑到镀层的外观因素（光泽性、锌花等），少量的 Sn 和 Al 被添加到锌浴中。到了 20 世纪 60 年代，这种锌浴几乎在所有的镀锌厂使用。在过去的几十年，行业的要求并没有涉及钢的成分，而高的亮度、镀层厚度减薄、增强耐蚀性逐渐提上日程，这导致一些专用合金得到应用，虽然增加了公司的运营成本，但在一定程度上证明了这些合金的实际应用价值[23]。

2. 合金锌浴

在 20 世纪 70 年代，法国的热浸镀锌业界通过试验向锌浴中添加 Al、Mg 和 Sn 而得到了均匀的、附着性好的薄镀层，且这种工艺不受钢中含 Si 量的影响（这种合金锌浴被称为 Polygalva 合金[24]）。在加拿大，热浸镀锌业界通过向锌浴中添加 V 和 Ti 达到相同的目的[25]。在英国，发展并应用了 $w_{Ni} = 0.07\%～0.08\%$ 的合金

（被称为 Technigalva[26]）。在德国，Ni 的添加量通常为 0.040% ~ 0.055%[27]。在 2000 年的国际镀锌论坛（Intergalva）上，报道了 Galveco 合金[28]，它含有 Ni、Sn、Bi，这种合金不仅能够降低镀层的厚度，而且无害的 Bi 可以代替原来所添加的有毒的 Pb。有关锌浴合金的其他信息可参考出版的 2006 年国际镀锌论坛（Intergalva）论文集[29]。在连续热浸镀锌领域，相关的合金主要有 Al 质量分数分别为 5% 和 23% 的合金。从应用角度出发，无 Pb 的 $w_{Al} = 5\%$ 的合金（被称为 Microzinc）在传统的连续镀锌行业应用广泛；它的优点是可以稍微降低镀锌温度，镀层薄且耐蚀性好，但在 EN ISO 1461 的相关内容中并没有涉及该种合金镀层。

表 4-2 中包括了锌浴中通常添加的合金元素，其中也给出了 Zn 和 Pb 的相关数据以作对比。这些添加元素的特征，如熔点、质量分数以及它们在镀层内的偏析程度等经验数据均在表 4-2 中列出。在实践中，这些数据会在一定范围内变动。

表 4-2　锌浴中常添加的合金元素[18]

元素	熔点/℃	质量分数（%）	在镀层内的偏析程度（%）
Zn	419	~99	99 ~ 100
Pb	327	~1	最高 90
Bi	271	<0.1	最高 6
Sn	231	<1.2	5 ~ 40
Ni	1453	<0.06	0.5 ~ 1.5
Ti	1727	<0.3	<4
V	1919	<0.05	0.3 ~ 2
Al	660	<0.03	$FeAl_3/Fe_2Al_5$

表 4-2 列出了几种不同类别的合金元素。Pb、Bi、Sn 为熔点较低的合金元素，它们的熔点低于锌的熔点。如果在锌浴中同时添加几种合金元素（这在实际中也经常采用），可进一步降低锌浴的熔点[30]。Pb 和 Sn 的添加量可达 1%（质量分数）左右，Bi 的添加量明显要少。这些元素的添加会导致它们在镀层中强烈的局部偏析，可能部分区域含量超过 10%（质量分数）。由于它们的熔点低以及它们在凝固镀层中的溶解度有限，在冷却过程中这些元素因为沉淀析出而倾向于富集在相界。Pb 会在镀层中的不同位置析出，特别是在靠近镀层表面的位置以尺寸为 1 ~ 5μm 的小滴状形式析出。Sn 往往在 ζ 相层的外端（靠近漂移层）栅状晶之间的晶界析出。如果在锌浴中再添加 Bi，栅状晶之间的 Sn、Bi、Pb 混合物渗透到镀层中的 δ_1 相层，使 δ_1 相层变得疏松。

另一类合金元素如 Ni、Ti、V 具有高的熔点，它们的熔点分别为 1453℃、1727℃、1919℃。它们的添加量都很少，如 Ni 的添加量约为 0.05%（质量分数）。虽然添加量少，但它们也会在镀层中偏析，Ni 最大的局部偏析程度达到 0.5% ~ 1.5%；与低熔点合金元素相比，高熔点合金元素的局部偏析不那么明显，它的偏析在整个镀层内部都存在。

在 660℃ 的锌浴中仅添加质量分数为万分之几的 Al 就能减薄镀层厚度[31、32]。据文献［9］介绍，这是因为在锌浴中钢基体表面形成了 $FeAl_3$ 或 Fe_2Al_5 薄的金属化合物层，至少在镀层中相形成的初始阶段这一合金层是稳定的，它可以在短暂的时间内抑制镀层的生长。

在热浸镀锌时所添加的各种合金元素对镀层形成的影响是不相同的。Pb 在锌浴中最大的溶解度约为 1%，对镀层的形成过程没有直接的影响，因为它添加后多以小滴状存在于镀层表面，而不存在于镀层的某一相层中。因为 Pb 的比重较大，它加入锌浴后下沉在锌锅底部，有利于锌锅底部的捞渣。同时这也保护了锌锅底部免于受到直接冲击。另一方面，Pb 的添加降低了锌浴的表面张力，有利于镀层表面平滑（图 4-23）。

当锌浴中添加质量分数为 0.1% 的 Bi 时可以将锌浴的表面张力从 750 降至 600mJ/m² （dyn/cm），而要达到相同的效果则 Pb 的添加量为 Bi 添加量的五倍。但是，Pb 和 Bi 对锌浴的黏度几乎没有影响。

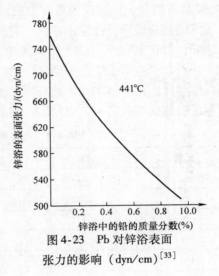

图 4-23　Pb 对锌浴表面
张力的影响 （dyn/cm）[33]

相反，Sn 可以降低含 Si 钢的镀层厚度[28、31、34]，表 4-3 显示了 Sn 的添加对镀层厚度影响的典型例子。表 4-3 中的四种钢对应着不同含 Si 量的四类钢（低 Si 钢、Sandelin 钢、Sebisity 钢、高 Si 钢）。

表 4-3　锌浴（445℃，15min）中添加 Ni 或 Sn 镀层厚度的减薄情况[27]

w_{Si} （%）	w_P （%）	不同锌浴获得的镀层厚度/μm		
		Fe 和 Pb 饱和	添加 0.05% （质量分数）的 Ni	添加 2.67% （质量分数）的 Sn
0.02	0.0095	104	96	109
0.08	0.0130	538	124	237
0.17	0.0040	317	168	135
0.32	0.0032	530	611	157

Ni 尤其是可以降低 Sandelin 钢的镀层厚度[23、25、26、35、36]，但对于 Sebisty 钢 Ni 降低镀锌层厚度的程度要稍差一些；然而，对于高 Si 钢，添加 Ni 后镀层的厚度很可能增加。

如图 4-24 所示，Sandelin 钢经传统锌浴镀锌后镀层厚度为 190μm （图 4-24a），

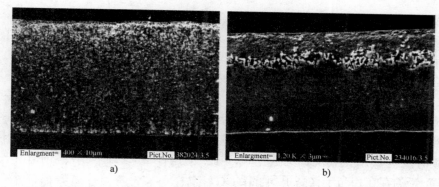

图 4-24　热浸镀 Sandelin 钢（$w_{Si} = 0.008\%$）时，在锌浴中添加质量分数为

0.054% 的 Ni 以降低镀层的厚度（镀锌参数：445℃，5min）

a）传统锌浴　b）添加 Ni 的锌浴

添加 Ni 后镀层的厚度减薄至 60μm（图 4-24b）。添加 Ni 后镀层的组织结构也发生明显的改变，获得的镀层组织类似于传统锌浴低 Si 钢表面获得的镀层。这也说明了钢的化学成分不是唯一决定镀层厚度和组织的因素，其他的镀锌工艺参数也必须加以考虑。

V 对镀层的影响类似于 Ni，但 V 的添加多用于高 Si 钢的镀锌[37]。

文献［35］中根据 Fe–Zn–Ni 和 Fe–Zn–Ti 相图的很大相似度解释了 Ti 和 Ni 对镀层影响的相似性。在锌浴中添加 Ti 能抑制 Sandelin 效应，但当镀层中含 Si 量更高时，镀层厚度也增加。

在锌浴中添加 Al 时，对所有含 Si 量的钢来说都不会降低镀层的厚度，加 Al 后含 Si 沸腾钢的镀层生长特征与添加 Ni 和 Ti 时也不相同。钢中 Si、P 含量越高，加 Al 后对镀层影响的效果越不明显[32]。

4.3　液态金属致脆性（LME）

带有机械应力的工件在锌浴中浸镀时存在液态金属引起脆性的风险。LME 的发生取决于是否存在特殊的混凝土材料或系统参数。最近的一篇综述文章[38]中提到：参照整个腐蚀体系，LME 破坏发生要具备以下先决条件：裂纹的产生和扩展、韧性下降、抗振性下降。当存在足够大的静态或动态拉伸载荷、弯曲载荷或扭转应力（载荷引起的应力和内部应力）时，LME 发生的条件有：①腐蚀作用在液态金属合金上；②固体金属具有 LME 敏感性；③环境温度位于临界温度区间。

其他能促进 LME 的条件有：①金属之间具有互溶性；②固体金属在液态金属中的润湿性好；③它们之间不会形成高温、致密的金属间化合物。

据文献［39］分析，整个反应的速率由易形成裂纹的相决定，当 LME 发生时，与易成裂纹相关的固体金属的局部位置受到液态金属的冲击作用加强。后来，裂纹的扩张程度主要取决于液态金属在固体金属晶界的毛细作用的强弱程度，通常在很短的时间内固体金属就丧失了韧性。文献［39］的作者将此过程描述如下：

1）液态金属的吸附原子在固态金属表面溶解。

2）溶解的原子沿着固态金属的晶界渗透入固态金属，固态金属韧性变差。

Rädecker[40,41]发现纯锌浴或锌－铅浴中热浸镀电工钢（energized steel，也称硅钢片）时易发生 LME[42]，且文献［43］证实了在锌、铅、锡、铋等锌浴中施镀电工钢时发生 LME 的情况，文献［40，41］的作者还发现：

1）铅的存在相当于提高了 Si 的含量。

2）Ni 不会产生影响。

3）Bi 含量达到 0.1%（质量分数）不会产生影响。

4）Ti 含量达到 0.2%（质量分数）不会对 LME 产生影响，但超过 0.3% 后会增加发生 LME 的概率。

另外，值得注意的是，冷加工成形的材料比热加工成形的材料更容易发生 LME。另外还发现，工件快速、连续地浸入锌浴可以减少发生热应变或低效 LME 的风险。

结构或与钢相关的影响 LME 的其他情况是最近 Feldmann 和他的同事们的研究热点[44]，他们主要是证明了以上提及的观点。

出于实践目的的考虑，一些建议恰恰证明所有的材料或工件可以在这些锌浴中施镀。在任何情况下，锌浴所添加的合金元素量越少，材料或工件产生的应力也就越小。

参 考 文 献

1 DIN EN ISO (February 1999) 1461. *Hot Dip Galvanized Coatings on Fabricated Iron and Steel Articles (Batch Galvanizing)–Specifications and Test Methods.*

2 DIN EN (September 2006) 10143. *Continuously Hot-Dip Coated Steel Sheet and Strip–Tolerances on Dimensions and Shape.*

3 DIN EN (March 2005) 10292. *Continuously Hot-Dip Coated Steel Strip and Sheet with Higher Yield Strength for Cold Forming; Technical Terms of Delivery.*

4 DIN EN (September 2004) 10326. *Continuously Hot-Dip Coated Strip and Sheet of Structural Steels–Technical Terms of Delivery.*

5 DIN EN (September 2004) 10327. *Continuously Hot-Dip Coated Strip and Sheet of Low-Carbon Steels for Cold Forming.*

6 DIN EN (October 2005) 10336. *Continuously Hot-Dip Coated and Electrolytically Coated Strip and Sheet of Multiphase Steels for Cold Forming; Technical Delivery Conditions.*

7 Kleingarn, J.-P. Feuerverzinken von Einzelteilen aus Stahl; Stückverzinken. Bulletin of the consultancy Feuerverzinken.

8 DIN EN (February 1998) 10240. *Internal and/or External Protective Coatings for Steel Tubes–Specification for Hot Dip Galvanized Coatings Applied in Automatic Plants.*

9 Horstmann, D. (1991) Zum Ablauf der Eisen-Zink-Reaktionen. Bulletin VII of the GAV e. V., Düsseldorf, p. 11–30.

10 Bablik, H., and Götzl, F. (1940) *Metallwirtschaft*, **19**, 1141–1143.

11 Katzung, W., and Rittig, R. (1997) *Mat.-wiss. und Werkstofftechnik*, **28**, 575.

12 Bablik, H., and Merz, A. (1941) *Metallwirtschaft*, **20**, 1097.

13 Sandelin, R.W. (1940) Galvanizing characteristics of different types of steel. *Wire Prod.*, **15** (11), 655/76 (part 1) and 15 (1940) 12, p. 721/49 (part 2) as well as 16 (1941) 1, p. 28/35 (part 3).

14 Sebisty, J.J. (1973) *Discussion Statements, 11*, Intergalva, Stresa.

15 Schubert, P., and Schulz, W. (2001) Zum Mechanismus des Verzinkens von Baustählen in Abhängigkeit von deren Si-Gehalt. *Metall*, **55** (12), 743–748.

16 Thiele, M., Schulz, W.-D., and Schubert, P. (2006) Schichtbildung beim Feuerverzinken zwischen 435 °C und 620 °C in konventionellen Zinkschmelzen – eine ganzheitliche Darstellung. *Mater. Corrosion*, **57** (11), 852–867.

17 Thiele, M., and Schulz, W.-D. (2006) *Coating Formation during Hot Dip Galvanizing between 435°C and 620°C in Conventional Zinc Melt – General Description. 21*, Intergalva, Neapel.

18 Schulz, W.-D., and Thiele, M. (2007) *Feuerverzinken von Stückgut; die Schichtbildung in Theorie und Praxis*, Leuze-Verlag, Saulgau.

19 Dreulle, P., Dreulle, N., and Vacher, J.C. (1980) *Metall*, **34**, 834.

20 Böttcher, J.H. (1991) *Jahrbuch Oberflächentechnik*, **38**, 299. Berlin/ Heidelberg: Metall-Verlag.

21 Horstmann, D. (1974) *Der Ablauf der Reaktion zwischen Eisen und Zink*, Schrift 1 des Gemeinschaftsausschusses Verzinken e. V., Düsseldorf.

22 Schwabe, K., and Kelm, H. (1986) *Physikalische Chemie*, vol. 1, Akademie-Verlag, Berlin, pp.474–476.

23 Hänsel, G. (1997) Einfluss von Legierungs-/Begleitelementen in der Zinkschmelze auf den Verzinkungsvorgang. Lecture at a seminar of the Berg- und Hüttenschule Clausthal-Zellerfeld on October 20th/21st.

24 Dreulle, N., Dreulle, P., and Vacher, J.C. (1980) Das Problem der Feuerverzinkung von siliziumhaltigen Stählen. *Metall*, **34** (9), 834–838.

25 Adams, G.R., and Zervoudis, J. (1997) Eine neue Legierung zum Feuerverzinken reaktiver Stähle. Proceedings Intergalva 1997, Birmingham.

26 Taylor, M., and Murphy, S. (1997) Ein Jahrzehnt mit Technigalva. Proceedings Intergalva Birmingham 1997, EGGA, London.

27 Schubert, P., and Schulz, W.-D. (2002) Zur Wirkung von Zusätzen zur Zinkschmelze auf die Schichtbildung beim Feuerverzinken. *Mater. Corrosion*, **53**, p. 663–672.

28 Beguin, P., Bosschaerts, M., Dhaussy, D., Pankert, R., and Gilles, M. (2000) GALVECO, eine Lösung für die Feuerverzinkung von reaktivem Stahl. Proceedings Intergalva Berlin 2000, EGGA, London.

29 (2006) INTERGALVA 2006 Edited Proceedings 21. International Galvanizing Conference, Naples 2006, EGGA, London.

30 Schumann, H. (1980) *Metallographie*, Deutscher Verlag für Grundstoffindustrie, Leipzig, p. 17.

31 Schulz, W.-D., Schubert, P., Katzung, W., and Rittig, R. (2001) Ermittlung des Einflusses der Verzinkungsbedingungen, insbesondere der Zusammensetzung der Zinkschmelze (Pb, Ni, Sn, Al), der Tauchdauer und des Abkühlverlaufes, auf die Haftfestigkeit und das Bruchverhalten von Zinküberzügen nach DIN EN ISO 1461. Research report of the Institute for Corrosion Protection Dresden and the Institute for Steel Construction Leipzig on 23/01/2001.

32 Katzung, W., Rittig, R., and Gelhaar, A. (1996) Einfluss der Legierungselemente Al, Pb und Sn in der Zinkschmelze auf das Verzinkungsverhalten von Stählen. *Metall*, **50** (1), 34–38.

33 Krepski, R.P. (1986) The influence of lead in after-fabrication hot-dip galvanizing. 14. Internationale Verzinkertagung, Munich 1985, Proceedings, Zinc Development Association, London, pp. 6/6–6/12.

34 Gilles, M., and Sokolowski, R. (1997) The zinc-tin galvanizing alloy:unique zinc alloy for galvanizing any reactive steel grade. Proceedings Intergalva Birmingham 1997, EGGA, London.

35 Reumont, G., Foct, J., and Perrot, P. (2000) Neue Möglichkeiten für die Feuerverzinkung: Zugabe von Mangan und Titan zum Zinkbad. Proceedings Intergalva Berlin 2000, EGGA, London.

36 Fratesi, R., Ruffini, N., and Mohrenschildt, A. (2000) Use of Zn-Bi-Ni alloy to improve zinc coating appearance and decrease zinc consumption in hot-dip galvanizing. Proceedings Intergalva Berlin 2000, EGGA, London.

37 Zervoudis, J. (2000) Feuerverzinkung von reaktivem Stahl mit Zn-Sn-V-(Ni)-Legierungen. Proceedings Intergalva Berlin 2000.

38 Katzung, W., and Schulz, W.-D. (2005) Zum Feuerverzinken von Stahlkonstruktionen – Ursachen und Lösungsvorschläge zum Problem der Rissbildung. *Stahlbau*, **74** (4), 258–273.

39 Hasselmann, U., and Speckhardt, H. (1997) Flüssigmetall induzierte Rissbildung bei der Feuerverzinkung hochfester Schrauben großer Abmessungen infolge thermisch bedingter Zugeigenspannungen. *Mat.-wiss. u. Werkstofftechnik*, **28**, p. 588–598.

40 Rädecker, W. (1953) Die Erzeugung von Spannungsrissen in Stahl durch flüssiges Zink. *Stahl und Eisen*, **73**, p. 654–658.

41 Rädecker, W. (1973) Der interkristalline Angriff von Metallschmelzen auf Stahl. *Werkstoffe und Korrosion*, **24**, p. 851–859.

42 Landow, M., Harsalia, A., and Breyer, N.N. (1989) Liquid metal embrittlement. *J. Mater. Energy Syst*, **2**, p.50.

43 Poag, G., and Zervoudis, J. (2003) Influence of various parameters on steel cracking. AGA Techn. Forum, Oct. 8. 2003. Kansas City, Missouri.

44 Feldmann, M., Pinger, T., and Tschickardt, D. (2006) Cracking in large steel structures during hot dip galvanizing. Proceedings Intergalva Neapel 2006, EGGA, London.

45 DIN (January 1988) 267-10. *Mechanical Fasteners; Technical Delivery Conditions, Hot Dip Galvanized Parts.*

第5章 热浸镀锌工艺及设备

R. Mintert and Peter Peißker

5.1 初步规划

5.1.1 初步研究

在热浸镀锌厂建厂的初步规划时必须要计算以下参数：锌锅尺寸和每小时镀锌加工量。在估计每小时加工量时要进行市场调研分析，要估计到新的客户。初步研究工作最好由熟悉热浸镀锌厂设计的工程顾问来承担。

5.1.2 细化设计

在此阶段，各组成部分的精确尺寸、安装布局、物质流、各分隔间的尺寸都应明确。总的建设成本包括以下三部分：

1）初期的测量，土方施工，车间结构和地下室或通道，加热及供电装置。

2）主要组成车间或部分工作系统，如预处理车间和镀锌车间，起重系统和其他形式的传输系统。

3）开炉的操作材料（第一次施镀运行所需要的材料）。

在成本的第一部分委托有关的建筑事务所是非常有效的。可由熟悉热浸镀锌企业的规划公司、咨询公司和建筑事务所共同准备报批的相关申请文件。

5.1.3 报批的申请文件

在准备全面地报批申请文件之前，应当准备一份初步的调查报告提供给相关部门，如工业督查办公室，以清楚热浸镀锌厂可否通过审批。与所有的相关联邦政府机构部门就热浸镀锌厂的建设进行讨论是非常有利的，这有助于缩短审批时间，避免针对申请文件进行不必要的查询、修改、补充。除非特殊声明，否则申请文件的格式在德意志联邦共和国各州是标准统一的。很显然，生产过程所涉及的所有物质都必须明确，并给予物质守恒的基本原理：所有进入生产过程的物质将以另外一种方式离开生产过程。

$$Q_{黑件材料} + Q_{操作过程的材料} + Q_{能源} = Q_{镀件材料} + Q_{排放的气体} + Q_{回收的物料} + Q_{待处理的材料}$$

5.2　车间布局

　　针对预处理和镀锌工序，存在几种不同的布局方案，它们包括干燥炉、镀锌炉、冷却池。结构条件因素常导致生产率低下的布局。基于这一点，以下将根据 TA Luft《德国空气卫生技术指导手册》讨论两种传统的车间布局：直线式布局和 U 形布局。

5.2.1　直线式布局

　　批量热浸镀锌车间的直线式生产线布局如图 5-1 所示，材料的输入端和流出端分别分布在生产线的相对两端。员工分布在生产线宽度的两侧，员工之间保持一定的距离。为了保证生产线上工件的传输线路尽可能的短，所有的槽、炉子按横跨车间长度轴线布局。考虑到当前 TA Luft《德国空气卫生技术指导手册》对锌锅在大多数情况下设置隔间的要求，则直线式分布时锌锅的布局可能会产生一些问题，这将在 5.7.1 节和 5.7.2 节中详细讨论。

5.2.2　U 形布局

　　在 U 形布局中，材料的输入端和流出端位于车间的同一端（图 5-2 和图 5-3）。烘干炉与车间长度轴线方向横向分布，镀锌炉（在烘干炉之后）与车间长度轴线方向横向或纵向分布。如果锌锅隔间纵向布置，这在操作上是没有问题的。否则，锌锅设计为横向布置，这时采用行

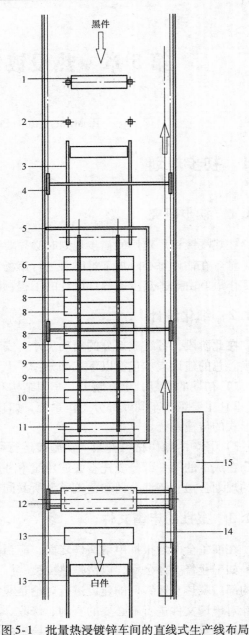

图 5-1　批量热浸镀锌车间的直线式生产线布局
1—挂具　2—挂具的起重平台　3—链式输送机
4—桥式起重机（行车）　5—内置酸洗操作间
6—脱脂槽　7—热漂洗槽　8—酸洗槽
9—漂洗槽　10—助镀槽　11—三室干燥炉
12—锌锅操作间（随行车移动）　13—水洗槽（冷却槽）
14—挂具返回系统　15—过滤系统

车移动式锌锅隔间是可行的。当然，也许还存在其他具有优点的布局方法。如果待加工的是量比较大的护栏、钢格栅、脚手架配件，可以优化设计为自动化生产车间（图 5-4）。但是，批量热浸镀锌所加工的工件大部分为不规则的结构件。高效的热

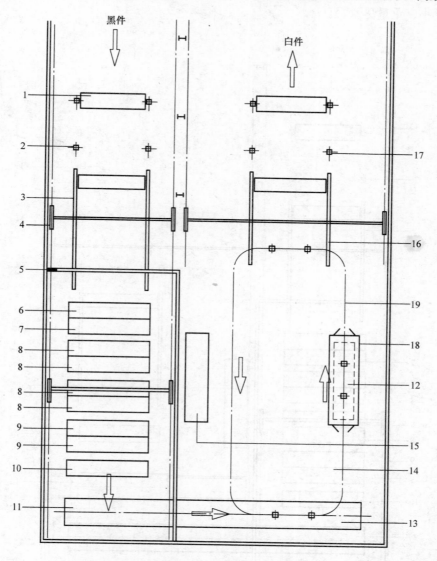

图 5-2　批量热浸镀锌车间的 U 形生产线布局（锌锅纵向分布）

1—挂具　2—挂具的起重平台　3—链式输送机　4—桥式起重机（行车）　5—内置的酸洗操作间
6—脱脂槽　7—热漂洗槽　8—酸洗槽　9—漂洗槽　10—助镀槽　11—连续烘干炉　12—镀锌炉
13—随行车移动的锌锅隔间　14—水浴槽（冷却池）　15—过滤系统　16—链式输送机
17—挂具的起吊平台　18—双轨电动葫芦　19—环形轨道

浸镀锌意味着节省时间，因为预处理的时间不能缩减，所以材料的物流时间需要优化。设计优化的目标是选择标准的挂具，它可以吊挂大部分种类的待镀锌钢件，且间隔分布的挂钩材料容易更换。考虑到脱锌造成的损失，挂具的挂架和挂钩的尺寸应尽量小，重量尽量轻。

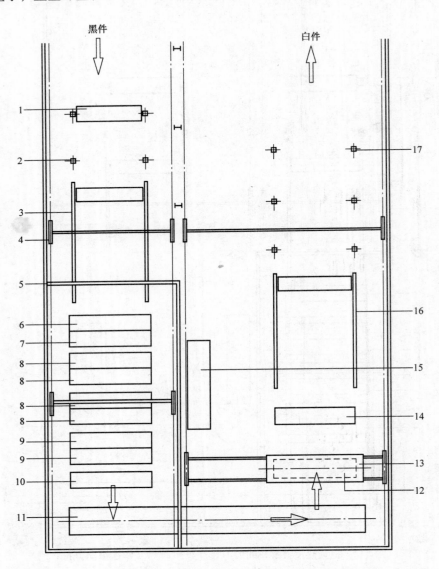

图 5-3　批量热浸镀锌车间的 U 形生产线布局（锌锅横向分布）

1—挂具　2—挂具的起重平台　3—链式输送机　4—桥式起重机（行车）　5—内置的酸洗操作间

6—脱脂槽　7—热漂洗槽　8—酸洗槽　9—漂洗槽　10—助镀槽　11—连续烘干炉　12—镀锌炉

13—随行车移动的锌锅隔间　14—水浴槽（冷却池）　15—过滤系统　16—链式输送机　17—挂具的起吊平台

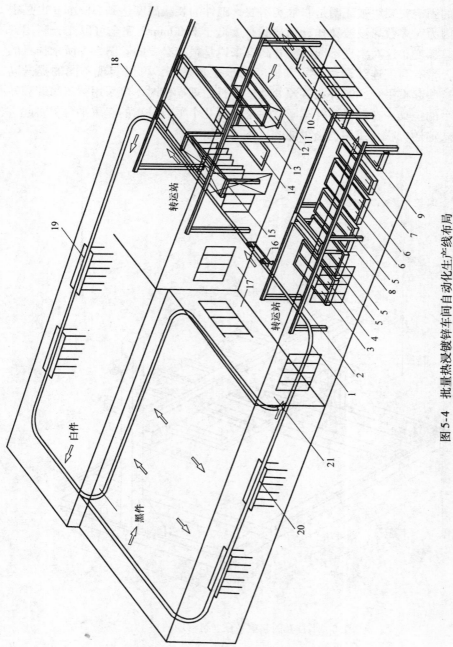

图 5-4　批量热浸镀锌车间自动化生产线布局

1—单轨环形轨道　2—龙门吊架　3—脱脂槽　4—热漂洗槽　5—酸漂洗槽　6—漂洗槽　7—助镀槽　8—龙门吊架自动控制系统Ⅰ　9—连续烘干炉
10—连续烘干炉的静置段　11—镀锌炉　12—锌锅两侧的固定栏　13—带有龙门吊架控制系统Ⅱ的锌锅隔间　14—水浴槽（冷却池）　15—挂具支承
16—单轨传输单元　17—独立分离的酸洗车间　18—龙门吊架控制系统Ⅲ　19—卸料站　20—装料站　21—隔门开关

5.2.3　操作空间

　　挂具的固定安装块被证明是非常实用的，工件的装载高度达到 2000mm 也是很容易的。因为大多数热浸镀锌挂具的装载高度低于 2000mm，完全可以充分利用锌浴的有效总深度，这对实现不同的提升高度来说是很有必要的。图 5-5 所示挂具的起重平台，带有高度连续调整装置和速度同步控制系统，可以实现不同的提升高度。对于这些起重平台，工件在各预处理槽进行处理操作时，可采用行车吊装和转运起重平台的挂具。在热浸镀锌车间，除了设置几个平行分布的起重平台，将起重平台和链式输送机联合使用也是可能的（图 5-6）。

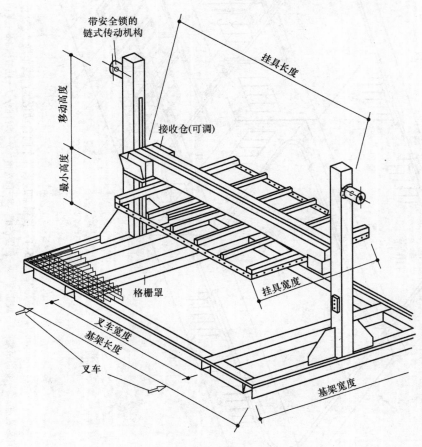

图 5-5　挂具的起重平台（可移动的）

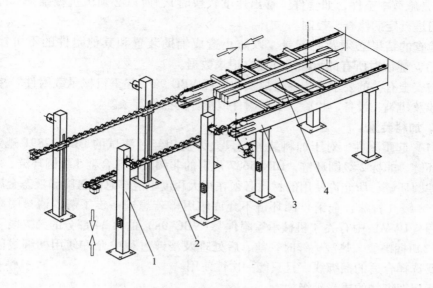

图 5-6　起重平台和链式输送机的联合使用
1—起重平台　2—辊式输送机　3—链式输送机　4—挂具

5.2.4　挂架、挂具、辅助装置

　　大多数热浸镀锌厂所承接的待镀工件具有各种不同的形状、重量和尺寸。特别重要的是车间内部总的材料物流系统能够满足范围广泛、种类众多的产品的运输，且实现镀锌的经济性。然而，借助合适的辅助装置来分类放置和装载不同批次的工件，是实现车间内现代化高效物流的唯一方法。

　　决定是否采用辅助工具的依据是工厂车间内的布局和镀锌项目的总体情况。因为影响因素众多，所以建立一个统一的普遍接受的方案是不可能的。因此，以下的建议和考虑仅作为思考和尝试的引子。

　　辅助装置必须满足以下基本要求，且在施工和安装期间就必须加以考虑：

　　1）热浸镀锌所用的辅助装置应当具有较小的表面积，以减少酸洗时因带出液而造成的损失。不过这一要求可以通过采用圆形材料或棒材实现。另外，制作辅助装置的材料应避免使用高活性钢和电极材料。

　　2）在设计热浸镀锌所有的辅助装置时，应保证装载情况下它放在各轮式处理槽中的安全性。

　　3）设计和制作辅助装置时必须注意一些磨损件或易损件，在一定的镀锌加工量服役期内，必须保证它们在安全条件下能承受一定的载荷。

　　4）在许多公司，辅助装置往往不受重视，结果导致辅助装置产生较高的应力

（尤其是施镀中空件，如管件，移出速度较快时），所以必须由机械维修部门或主管部门进行定期检查、控制。

检查的结果必须及时记录，以防止造成辅助装置和其他附件的不可控应用（滥用）。建议对所有的承载附件建立记录数据。

与安全有关的要求是指在事故预防规程 VBG 9a "起重机械承载附件" 中所列出的涉及建筑、设备、检验、承载附件或配件的操作等条款。

1. 加料装置

（1）起重附件　对于加料装置，只允许使用经过测试的 DIN 32891 规定的 2 级圆环链、非标 2 级圆环链，DIN 5687 规定的非调质特殊合金 5 级圆环链、5 级中等公差圆环链。所允许使用的材质必须在很大程度上能够忍耐氢脆和液态金属诱发脆性。8 级（特殊合金钢）圆环链不允许使用〔若想进一步了解，请参阅事故预防规程（UVV）中有关 "机械承重附件"（VBG 9a）的第 34 部分的第二段〕。

（2）捆绑线　热浸镀锌时，前、后处理及浸镀过程中允许使用捆绑线固定工件。要选择合适的捆绑线，且只能一次性使用。

所用捆绑线的质量等级为：

1）DIN 1652 规定的裸绑线，冷拉拔、退火态，材质钢等级符合 DIN 17100 "普通结构用及等级要求"。ST 33/ST37 – 2 抗拉强度：$300 \sim 450 MPa$，断后伸长率（$L_0 = 5d_0$）：25%，组织中不能存在粗晶。倾斜的工件至少需要一根连续的捆绑线（至少 8 个绕组）固定。

2）镀锌捆绑线，退火态，表层镀锌，材质钢等级符合 DIN 17100：ST 33/ST37 – 2，断后伸长率（$L_0 = 100d_0$）：15%。倾斜的工件至少需要一根连续的捆绑线（至少 8 个绕组）固定。在储存区的转运必须依照事故预防规程（UVV）中有关 "其中机械承重附件"（VBG 9a）部分执行。

2. 挂架的典型实例

在热浸镀锌厂，有大量的不同设计规格的挂架、挂具和辅助装置用于吊装种类不同的工件。以下为几种常用的典型实例。

（1）用于半成品棒材的挂架　有很多不同的挂架用于浸镀长 $6 \sim 12m$ 的棒材，它们在基本结构上非常相似（图 5-7a）。这类挂架的优点是：

1）可以实现大的装载量。

2）它们的自重不会对待镀结构产生强烈的应力。

3）对不同尺寸工件镀锌时应用灵活。

缺点是：

1）装载工件时需要两名操作工（浪费时间）。

2）有时锌灰难以去除。

3）易产生接触点（接触位置可能漏镀）。

4）对于开放（不封闭）的挂具不可能恢复原位置。

5）密密麻麻的挂具内部有热量集中的风险。

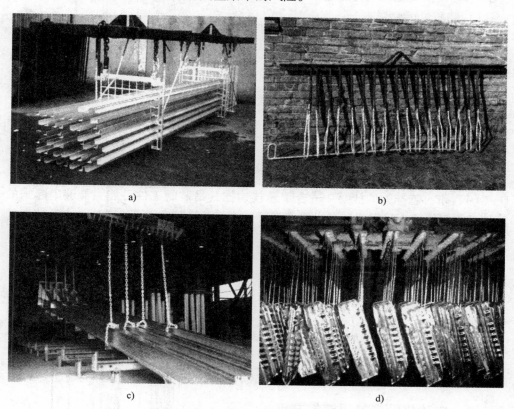

a)　　　　　　　　　　　　　　　b)

c)　　　　　　　　　　　　　　　d)

图 5-7　挂架和挂具的典型实例（VDF，杜塞尔多夫）
a）用于半成品棒材的挂架　b）由螺杆构成的支承挂架
c）带有悬链的可滑动挂架　d）带有悬挂钩的挂架

（2）由螺杆构成的挂架　同样，在实践中有很多不同设计规格的由螺杆构成的挂架（图 5-7b）。这类挂架的优点是：

1）容易装料。

2）挂架的表面积小。

3）工件和挂架之间的接触点少。

4）可以作为长挂具使用。

5）具有高装载速度的浮动保护。

缺点是：

1）有时装载工件耗时，这与待镀工件的类型有关。

2）通常需要利用基础的挂具进行预分类。

（3）可滑动带悬链的挂架　这类挂架常用于在重载荷情况下吊装钢结构件

（图 5-7c）。这类挂架的优点是：

1）装载量可控。

2）可快速装载。

3）用途广泛。

4）制作成本低。

5）表面积小。

6）锌灰容易去除。

缺点是：

1）工件之间的接触点不可避免。

2）需要防滑落脱出机构或装置。

（4）带有悬挂钩的挂架 适合于悬挂钩挂具吊装的工件可能为能够串起来的工件，如钢格栅，只需要一名操作工就可以将其悬挂起来（图 5-7d）。这类挂架的优点是：

1）装载量高。

2）应用灵活。

3）在不同的吊装高度都可用。

缺点是：

1）工件必须有孔与挂钩连接。

2）有时妨碍锌浴表面打灰操作。

3）由于为人工操作，且工件的重量较轻，所以不可能实现工件的高速拆卸。

5.2.5 自动化批量热浸镀锌车间

自动化批量热浸镀锌车间在 5.2.2 节中已经提到，它是解决大批量工件如钢格栅、护栏、脚手架配件等进行热浸镀锌非常有效的方法（图 5-4）。

如果工件制造完成后紧接着就进行热浸镀锌处理，这时需要检查确定刚制造的工件是否能够通过链式输送机或挂具等直接由制造车间转运到热浸镀锌车间，这也避免了转运、储存、转运等额外的处理。若工件不能直接由制造车间转运到热浸镀锌车间，那么应当防止工件在挂架或运输小车上等待。运输小车然后转运至环形轨道的装料单元，装料完成后工件将被转运至单轨运输系统。自动化热浸镀锌车间基本上包括 3 个龙门起重机、1 条链式输送机、带有 10 个单轨传输单元的环形轨道、4 个下降站、2 个弹簧开关门以及主机、显示器、操作终端和控制系统。下面将按照工艺操作流程介绍 Mannesmann – Demag、Salzburg 设计的自动化车间[1]。环形轨道覆盖了悬挂区的操作半径，运输小车将挂具转移到龙门起重机的区域，运输小车从龙门起重机 3 接收挂具的区域，以及低位置处卸载的区域。龙门起重机 1 覆盖了整个预处理区域的操作半径，它从环形轨道输送系统接管挂具，经预处理后将挂具传送至连续烘干炉。龙门起重机 2 覆盖了从连续烘干炉接收挂具的操作半径，浸镀操作区，水冷却区；龙门起重机 2 配备有可移动的锌锅罩。龙门起重机 3 覆盖了挂具在水冷却区的操作半径，将挂具转给链式输送机并沿着环形轨道运行。龙门起重机由主机控制，并配有从自动到手动的紧急切换功能。在酸洗车间，操作者通过操作锁或栓驱动从缓冲区移动过来的运输单元，这样，悬挂的一批钢件材料运行至酸洗车间的末端。与所悬挂的工件批量大小密切相关的参数有工件的停留时间（在酸洗液中）、起吊后的滴流时间、起吊后滴流时的悬停高度。这时，自动操作开始，龙门起重机 2 到达镀锌炉上方，控制台的操作员根据 "TEACH" 信号的存在与否做出下一步操作。如果有 "TEACH" 信号输入，龙门起重机下降，则工件根据预设的速度–距离关系浸入锌浴内。如果程序中没有 "TEACH" 信号输入，则 "TEACH – IN" 程序通过钥匙开关启动。浸入速度的预设采用多位开关转换是可以实现的。当钥匙开关关闭时，数据被传输到执行计算机存储。

龙门起重机 3 将挂具传输给链式输送机，当环形轨道空闲时，龙门起重机 3 直接将挂具传输到环形轨道。如果链式输送机上挂具已满，则从链式输送机的最后一个位置传输到环形轨道。当挂具通过锁栓位置时自动传输完成。环形轨道上移动单元的悬挂开关将引导挂具运行到降低站。

5.3　预处理车间

5.3.1　预处理单元

尺寸（长 × 宽 × 高）为 26.0m × 2.8m × 2.8m 的塑料槽已应用多年，证明了它的实际应用价值。所有的制造商们竞相提供结构基本相似的钢结构槽，它们涂覆有外涂层和内衬里，但是它们在结构上还是存在一些区别（图 5-8）。特别需要注意的是槽子的边缘部分，因为这些部位易遭到损伤，所以槽子的边缘部位尽量不要出现管状或线状结构。车间现场制作的双层槽子（或称为处理池）是较为便捷的选择。

根据联邦清水法（Federal Water Act，见 WHG 的 19.1 部分）的要求，槽子必须安装防泄漏收集槽。为了避免在安装、吊运时的互混，应将各种槽子分成以下分组分别安装：①脱脂槽 + 热漂洗槽；②酸洗槽 + 漂洗槽；③助镀槽。

应该注意的是，每一个泄漏收集槽都应当配有泵井和液下泵。所有的泄漏收集槽必须有足够的空间以保证能从外部检修。各槽子的操作高度应在地面以上1000mm 左右。

5.3.2　酸洗间

德国工程师协会（VDI）指南 2579 中提到，盐酸酸洗液上方气体氯化氢的量决定于盐酸溶液的温度和浓度。在实践中，操作参数（温度和 HCl 的质量分数）

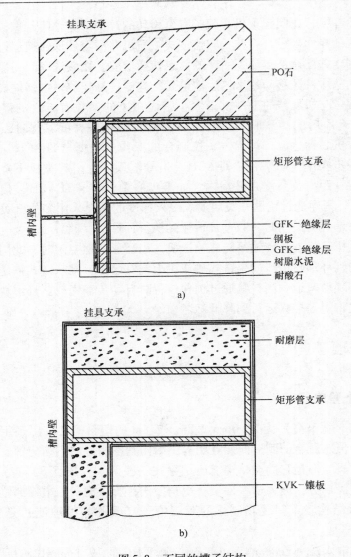

图 5-8　不同的槽子结构

a）德国 SKO Oberahr 公司产品　b）Körner Chemieanlagenbau 公司产品

不能超过临界值，应位于图 5-9 中的虚线范围内[2]，也就是温度 <20℃，HCl 的质量分数 <15%。

　　在最先进的热浸镀锌厂，完整的预处理单元被设置在一个紧凑的隔间内。在老的热浸镀锌车间，可能是由于槽子或尺子以及锌锅尺寸较小（长度只有 4~5m）的原因，隔间可以后面安装。在一些新建的热浸镀锌厂，如 U 形布局的车间，链式输送机可运行到酸洗单元，且酸洗起重机可从链式输送机上取下挂具。在安装链式输送机时，通过对链式输送机一端安装位置的调整，可以满足链式输送机在输送过程从一端到另一端的高度变换。挂具通过干燥炉转运至镀锌区。酸洗隔间应该设有一定数量的辅助工具，如空气交换率为 5 ~ 8（DIN 2262）的空气交换器。如在一个镀锌车间内有四个 7.0m × 1.5m 的酸洗槽，车间或隔间的尺寸约为 15m × 32m × 6m，则排出的气体体积约为 15m × 32m × 6m × 8 = 23000m³；相应数量的新鲜空气通过橡胶条帘或其他通风孔进入酸洗隔间。在实践中，整个隔间的结构往往设计为塑料材质结构。

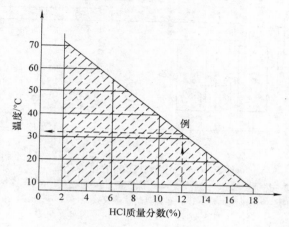

图 5-9　盐酸酸洗液操作参数的极限曲线

5.3.3　预处理槽的供热

在现代化的热浸镀锌车间内，所有的处理液和干燥设施都需进行加热。其优点是加快了工件在各处理液中的反应速度，提高了工件表面的预处理质量，助镀处理（助镀剂预热到 50℃ 左右）后的工件表面干燥更快。最有效的热能供应是利用热浸镀锌炉和冷却槽的废热。在任何时候，都应当考虑利用那些过量的废热，而不是排放到大气中（如用于卫生间或盥洗室的加热）。如果废热不足以满足使用要求（如在较冷的季节），可借助于其他热源（图 5-10）。

存在的热量沿着逆流热交换器传导，在换热器中热量传导至热交换器中的循环水中。逆流热交换器（每一个处理液槽内都安装有组合式热交换器）内热水的热量传导给处理液并实现循环加热。温度的控制可以通过泵开关或热交换器上的热水开关（这种控制方法是较好的选择）实现。

也可以通过直接在处理液中集成加热元件（如塑料管类）对处理液加热。但是，必须采取相应的措施以防加热元件受到机械损伤，如采用合适的防护介质或防冲击装置（如塑料板），如图 5-11 所示。

酸洗槽内要设置独立的加热循环系统，在夏季当不需要加热时可将其单独关闭。热交换器主要由螺旋塑料管组成，它需要的安装深度很小，采用塑料屏蔽罩进

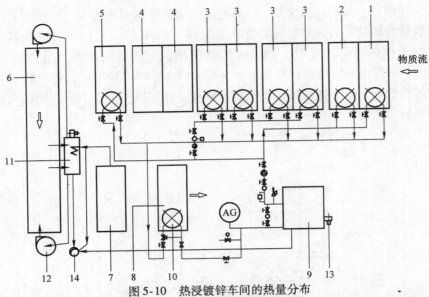

图 5-10 热浸镀锌车间的热量分布

1—脱脂槽 2—热漂洗槽 3—酸洗槽 4—漂洗槽 5—助镀槽 6—干燥炉 7—镀锌炉
8—水冷却槽 9—供热锅炉 10—螺旋盘管式热交换器 11—不锈钢管式热交换器
12—风扇 13—火炉 14—烟囱

行保护（图 5-11）[3]。

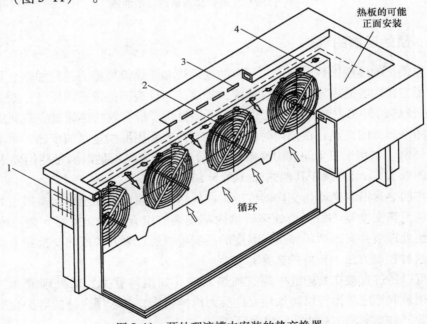

图 5-11 预处理液槽内安装的热交换器
1—供水和回水管道 2—热交换器 3—边缘排气孔 4—塑料屏蔽罩

这些热交换器可以后面安装且随时扩展。槽液的温度控制可以通过不需要额外消耗热能的温控单元来实现。

5.3.4　处理液槽罩盖

配有加热元件的液槽应进行罩盖处理（图 5-12），虽然在液槽罩盖方面一直存在着经济上的争论，但应该优先考虑改善操作者的工作环境。

图 5-12　液槽上方的罩盖

在市场上可购置高效的、精心设计的单片或两片的滑移式和铰链式罩盖，这些罩盖由绝对耐蚀的固体塑料材质组成，它们的驱动方式为气动、液压或电动。对于改善工作环境，在实践中还发现这些罩盖系统存在其他的一些优点：钢件进入下一个液槽的运输过程中发生的滴流不会造成污染；带有污染性的滴流在已镀工件表面上的冷凝水滴量明显减少。罩盖系统通过人工或自动控制可以实现短暂的打开或闭合，只有当工件浸入或移出处理液槽时罩盖系统才打开。如果酸洗间长时间关闭，处理液槽上方的罩盖系统可以省略不用，从长期考虑来看，可降低车间基础和配件的维护费用[4]。

5.4　干燥炉

干燥炉的设计取决于安装参数。不带运输装置的多室干燥炉、带有运输装置的连续干燥炉（图 5-13，图 5-14）、位于地面之上的工件悬挂于吊装单元使用的干燥炉等这些为目前行业的普遍选择。在批量热浸镀锌中，因为所处理的工件批次、类别等不相同，所以很难确定空气流动的最佳方向。相对较长的干燥炉可以保证空气从不同的方向吹入，这样循环的空气可以到达被覆盖的、悬挂的工件表面。在多室干燥炉内，罩盖等妨碍了空气直接吹到工件表面。干燥炉最好按照车间的要求进行个性化设计。当工件悬挂在挂具上时，一定要注意工件不要因悬挂位置因素而出现凹卷边。在干燥时一定要保证足够的循环空气，每小时循环空气量的推荐参考值为

$$循环空气量 = 750 \times 炉子工作体积$$

充分的流通空气和稍低的温度比空气不流通和高温度时要干燥得快（衣服洗后晾在晾衣绳上，在 0℃ 和空气流通较好时要比在 30℃ 空气不流通时干燥要快得多）。当然，在操作时不断地更换部分循环空气是非常重要的，更换量一般为 10% ~ 15%，排放掉一部分工作气氛，补充一定量的新鲜空气。如果只是一定范围

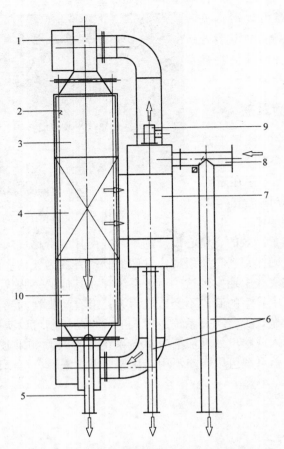

图 5-13　连续干燥炉（纵向分布挂具传输）
1—循环空气用径流式风扇　2—带滚轮的输送链　3—挂具上料区　4—可锁定的固定盖板
5—排气管　6—连接到烟囱的排气管道　7—热交换器　8—来自于镀锌炉的排气管道
9—额外燃烧器　10—挂具卸载区（由滑移式或铰链式罩盖锁定）

内的空气内循环，则将在短时间内产生洗衣房内的气氛效应，影响烘干效果。

在考虑干燥炉的加热时，必须考虑应用热浸镀锌炉子的废热（废气带走的热量），其应用是借助于热交换器实现的，它通过逆流的方式加热循环气体，应当避免将废气直接导入流通的循环气流中。当采用天然气加热干燥时，燃烧产生的废气湿度较高，易造成洗衣房效应。废气旁通可以确保在无工件干燥时直接导入烟囱。现代化车间内可以通过执行结构控制烟气挡板的翻转。通常所采用的循环气流的温度为 80～100℃，干燥时间一般约为 20min。

干燥炉的壳体（或炉体）可以为钢筋混凝土（现浇混凝土）结构或附有绝缘层的钢结构，其内部或外部防护层应为耐酸的涂层。大尺寸传动链以及设置于两侧的轨道被证明为非常实用的传输单元，驱动平台和装载平台安装在干燥炉的外面。

链条上的每个挂具与各自独立的限位开关关联，以确保挂具可停止在确切的位置。链条装载或卸载时可以通过滑块或铰链打开锁扣实现。

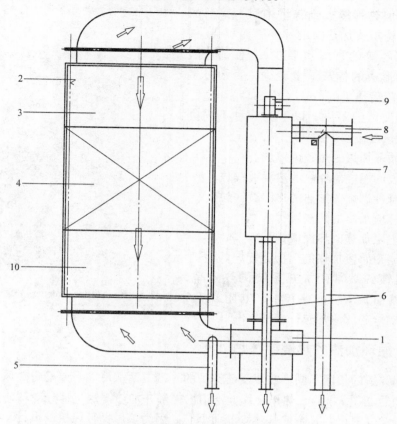

图 5-14　连续干燥炉（横向分布挂具传输）

1—循环空气用径流式风扇　2—带滚轮的输送链　3—挂具上料区　4—可锁定的固定盖板　5—排气管
6—连接到烟囱的排气管道　7—热交换器　8—来自于镀锌炉的排气管道　9—额外燃烧器
10—挂具卸载区（由滑移式或铰链式罩盖锁定）

5.5　热浸镀锌炉

5.5.1　浸入式燃烧器（用于锌或锌-铝合金的陶瓷锅加热）

为了达到能效最大化，人们发明了浸入式燃烧器，燃烧器浸入到锌浴中，热量直接传递给熔融金属。当热源为燃气时，能耗成本要明显低于电加热元件的能耗成本。

燃烧器的加热管由碳化硅组成，其材质具有优异的导热性能、耐高温性能和较好的耐磨性。在一些应用厂家，这些加热管的使用寿命达到了八年甚至九年之久，这明显降低了工艺运行的投资和维护成本。

当将加热管浸入到锌浴中时，锌浴的表面积比炉罩式加热时的锌浴表面积要小，需要升温的锌的总量也要少一些。另外，锌浴表面形成的锌灰量也较少，否则过多的锌灰将阻碍热量的传导（图5-15）。

根据设计的不同，以下为几种不同类型的钢质热浸镀锌炉：

1）循环加热的热浸镀锌炉。
2）表面燃烧器加热的热浸镀锌炉。
3）脉冲燃烧器加热的热浸镀锌炉。
4）感应加热的热浸镀锌炉。
5）电阻加热的热浸镀锌炉。
6）通道感应加热的热浸镀锌炉。

热浸镀锌炉常用加热系统的热效率：燃气或燃油加热，$\eta \approx 70\%$；电阻加热，$\eta \approx 90\%$；电磁感应加热，$\eta \approx 95\%$。

图5-15　"Tauchbrenner"式燃烧器

5.5.2　循环加热的热浸镀锌炉

根据锌锅的长度不同，在热浸镀锌炉的一端或两端可能需要配备热风循环的风机和燃烧器（图5-16）。热风在纵向通道内循环并加热锌锅。部分冷却的逆流的废气与新鲜空气混合，其余的气体则流向烟囱。因为热风循环风机的设计，这类热浸镀锌炉的两端正面需要相对大的安装布置空间[5]。

5.5.3　表面加热的热浸镀锌炉

根据锌锅的长度、深度和加工效率，可设计安装为表面式加热热浸镀锌炉（图5-17）。由于燃烧器为砖砌方式，燃气依附在炉壁的内侧表面传递热量给锌锅，热传导的方式主要是辐射传热，可以在锌锅锅壁上获得较为恒定的温度。按目前最先进的工艺，所生产和销售的热浸镀锌炉在设计上结构更加紧凑，并衬有陶瓷纤维毡。因为锌锅在热浸镀锌炉内是独立的，故可以实现快速更换。在目前的加热炉行业，热浸镀锌炉通常装配有自动控温和记录单元、温度异常报警系统、锌泄漏信号报警系统。根据热浸镀锌炉制造商的建议，应安装有刚性或柔性的锌锅壁支承[5]。

5.5.4　脉冲燃烧器加热的热浸镀锌炉

其结构与5.5.2所述的循环加热的热浸镀锌炉结构相似。根据锌锅的长度、深

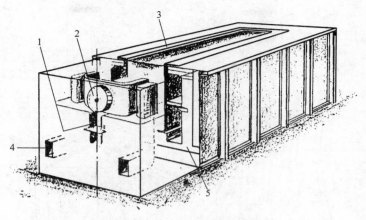

图 5-16　循环加热的热浸镀锌炉
1—燃烧器　2—风扇　3—锌锅　4—排气管　5—砖砌体

度和加工效率等参数，脉冲燃烧器安装于端面偏离中心的某一位置（图5-18）。对于这种镀锌炉，采用碳化硅＋钢管复合材料的高速燃烧器尤其值得关注，燃气的速度可高达约150m/s。依照目前最先进的工艺和技术，这类镀锌炉往往设计成紧凑炉型。在热浸镀锌领域，表面燃烧器加热和脉冲燃烧器加热可以在车间内进行功能测试。脉冲燃烧器加热的热浸镀锌炉的燃烧加热介质为轻油或天然气[6]。

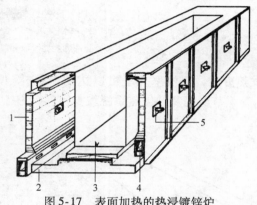

图 5-17　表面加热的热浸镀锌炉
1—纤维垫衬　2—底部绝缘层　3—锌锅
4—排气通道　5—表面燃烧器

5.5.5　感应加热的热浸镀锌炉

感应加热时，锌锅壁上的感应线圈（图5-19）因电磁感应产生电流。在锌锅壁上，电能直接转换成热能。此过程中，在锌锅壁外侧穿透深度约7mm的位置面上产生最大能量的热量（趋肤效应）。热量在热传导的作用下流入锌浴。感应加热可得到很好的均匀分布的温度和高达约95％的能量利用率[7]。

5.5.6　电阻加热的热浸镀锌炉

电阻加热时，热能由流过导体的电流产生（图5-20）。目前，因陶瓷纤维具有良好的尺寸稳定性而被应用于加热模块；陶瓷纤维具有高的热绝缘性，故这种加热模块成了炉壁表面主要的绝缘层构成部分。因为这种加热模块易受到应力的影响，故加热导体被做成内空或安装在蜿蜒型装置中。采取这种加热方式可以获得均匀的

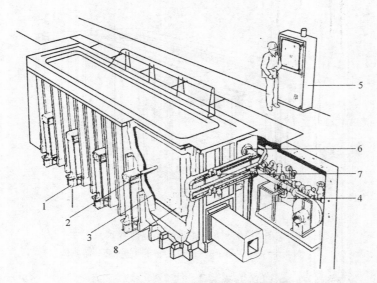

图5-18　脉冲燃烧器加热的热浸镀锌炉
1—钢结构支承　2—锌锅支承　3—绝缘层　4—控制单元　5—控制柜
6—脉冲燃烧器　7—气压控制阀　8—锌锅

发热方式，热效率几乎可以达到100%。但因为高的电能成本，这种加热系统和5.5.5节所提及的加热系统较少得到采用[8]。

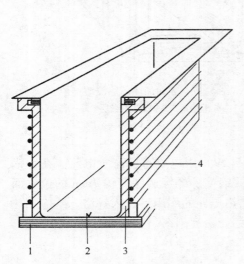

图5-19　感应加热的热浸镀锌炉
1—锅底绝缘层　2—锌锅　3—锅壁绝缘层
4—感应线圈

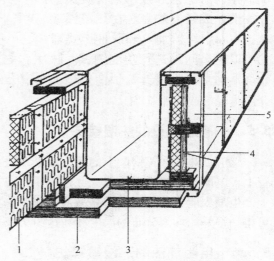

图5-20　电阻加热的热浸镀锌炉
1—加热板　2—底部绝缘层　3—锌锅
4—其他绝缘层　5—电气设备间

5.5.7　通道感应加热的热浸镀锌炉[9]

理论上，这种加热方式的操作与 5.5.5 节所提及的热浸镀锌炉是相似的。由初级线圈产生的磁场给通道中的锌传送电动势，使锌中产生电流。电流的平方和通道电阻的乘积是通道内感应加热的功率[10]。

这种加热方式的应用场合有批量热浸镀锌和离心镀锌，锌浴温度可高达 650℃。

热浸镀锌炉的深度最大可达到 3000mm，热效率约为 95%。例如：离心镀锌车间的毛加工量（工件 + 篮子）为 2500kg/h，熔锌量为 2200mm × 1200mm × 1400mm（锌浴质量约为 23t），锌浴温度为 560℃，一般所要求的能耗为 330kW（图 5-21）。

这种热浸镀锌炉所需要的废气排放通道和烟囱所占用的空间很小。

与表面加热的热浸镀锌炉（图 5-17）对比（加热表面面积约 11m²，锌锅内锌的质量约 98t），所需要的能耗通常为 900kW。

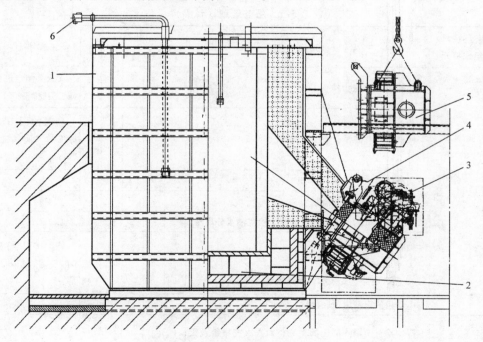

图 5-21　通道感应加热的热浸镀锌炉

1—钢结构　2—陶瓷衬里　3—电磁感应装置　4—悬挂式感应器　5—更换的感应器　6—燃气口加热装置

5.5.8　服务规划（锌锅）

热浸镀锌厂所用的设备或装置在服役过程中要经受严重的磨损、疲劳；尤其是锌锅的工作区域除了受到运行过程的化学应力外，还受到热应力的影响。因此，对车间内和锌锅周边的设备及装置开展定期检查和维护是必不可少的，这样可以防止损失较大的突然停工或短期停产。

当组件或构件失效时再进行修理往往使费用高昂和维修复杂化，且在大多数情况下会造成整套设备或装置的失效。另外，有规划的定期保养是必要的，保养的过程必须是经过规划、组织的，且要采用合适的方法。保修时，每项措施及时间的先后顺序需要列出清单。以下的服务规划也许是有益的。

另外，将设备或装置的组件细分，列出必要的工作和测试项目，在一定的时间段内必须实施这些保养措施。在这些清单列出的前提下，每家热浸镀锌厂都要规划并决定在一定时间段内自家所需要开展的保养项目及工作。对每一道维修工序都要确定维修人员的职责和组件或构件维修的优先等级。

表5-1中不可能将所有的项目一一列出，但所提到的保养周期也是行业内的经验数值，在一些个别的情况下它们可能发生一些变动。在发生疑问的情况下，要借鉴组件或构件生产厂家的维修数据。

表 5-1 服务规划（锌锅）

热浸镀锌炉组成单元	措施	期限					注意/责任
		1	2	3	4	5	
1）风扇、通风机、压缩机	功能和 V 带张力检查		*				（永久制定班长或工头控制制度）
	检查，若有需要，清洗进气过滤片				*		参照德国 UVV 标准的"通风机"部分
	润滑风扇		*				
	清洁轴承，补充润滑脂				*		
	检查压缩机的油位，如有必要，检查油水分离器		*				
	检查电动机①电接触情况②循环电路、安装和调整速度感应开关		*				德国 UVV 标准的"通风机"部分
	电动机的重新定位和检修				*		
2）镀锌炉	探伤检查，爆炸卸压阀检查，检查火灾报警及灭火装置	*					
	检查警报系统		*				
	炉膛压力及功能检查	*					
	烟囱、烟道检查				*		
	检查所有的油气管道及泄漏情况	*					
	检查油气的消耗量	*					

（续）

热浸镀锌炉组成单元	措施	期限					注意/责任
		1	2	3	4	5	
2）镀锌炉	检查燃烧器			*			
	清洗燃烧器			*			
	检查锌的排出，进行功能检测		*				
	检查锌泄漏探测器		*				
	检查镀锌炉的砖体、锌锅壁，若有必要检查挡火板			*			
	检查执行器	*					
	清洁整个车间			*			
	扫描锌锅内壁的锌渣和焊缝的位置			*			
	检查锌锅壁支承结构的伸长			*			
	检查热电偶的功能			*			
	检查热电偶保护套管的壁厚		*				
	燃气阀的功能检查			*			
	燃气的定性检测			*			
	检查气体嗅探器			*			
	电磁阀的功能检查		*				
	点火检测装置的功能检查		*				
	记录装置及显示屏的功能检查	*					
	检查，若有必要，更换打火电极		*				
	温控检查					*	
	检查并调控 CO_2 含量和烟尘的水平			*			
	燃料的检查：空气所占比例					*	
其他措施 3）以油为燃料的镀锌炉	炉膛、燃烧器检查（燃料中空气比例及火焰的检查）	*					
	无泄漏情况下的油压检查	*					
	清洁燃油滤清器		*				
	油罐和油槽检查				*		
	燃烧器的拆卸，空气滤清器和注油泵的清洗，燃烧器的安装固定		*				
	清洗检验眼镜，若有必要，更换新的检验镜，或去除检验眼镜上的火花溅射污渍，清洗管路	*					
	防泄漏报警系统的功能检查			*			
	拔出并清洗打火电极（距离为 8mm）		*				
	火焰探测器紫外灯管的检查	*					

（续）

热浸镀锌炉组成单元	措施	期限					注意/责任
		1	2	3	4	5	
4）废气热量回收利用系统	检查调节挡板	*					
	检查热电偶	*					
	系统的功能检查			*			
	按照制造商的指导书进行清洗					*	
5）炉嘴控制机构	摩擦环的保养			*			
	摩擦环的更换				*		
6）离心机	采用热轴承润滑脂润滑					*	
	检查罩盖锁栓装置			*			
	检查 V 带张紧装置		*				
	急停装置的检查		*				
7）干燥炉	破损篮子回收的检查		*				
	离心甩篮的检查（机械安全情况）	*					
	操作安全性的检查	*					
	温度的检查（包括记录装置）	*					
	油耗（或能耗）测量系统的功能检查			*			
	输送单元、罩盖和门的保养		*				
8）其他照明设备	检查，若有必要，全车间检修，应急照明的检修及检查	*					
9）厂内的电控设备及电网	检查，若有必要，全场检修				*		参照德国 VDE 标准（法规、规程及指南）

注：1—每天，2—每周，3—每月，4—每年，5—根据操作现场工况而定。

5.6 锌锅

目前热浸镀锌厂所用的锌锅是用低碳、低硅特殊材质钢制造的高质量锌锅，制造锌锅所用钢板的厚度为 50mm。锌锅是由中间的 U 形部分和两端的弯曲成形部分采用电渣焊组装而成的。当前的锌锅质量要归功于锌锅和镀锌炉制造商之间的密切协调，锌锅的平均服役寿命达到 6 年以上。

5.7 锌浴罩

浸镀时锌锅表面产生的含有氯化铵、氯化氢的废气需要排放；另外，因为锌锅周边有浸镀时熔融金属的飞溅（锌的飞溅详见 6.1、6.2 节），需要保护。

根据镀锌炉的安排布置不同，有以下三种可能的锌浴罩：

1）固定式横向布置的锌浴罩。

2）行车移动式横向布置的锌浴罩。

3）纵向布置的锌浴罩。

图 5-22 ~ 图 5-24 所示为常见的锌浴罩。图 5-22b 和图 5-22c 所示的锌浴罩（Belu Tec 公司的锌浴罩）可长达 24m，设有横向进出料口。

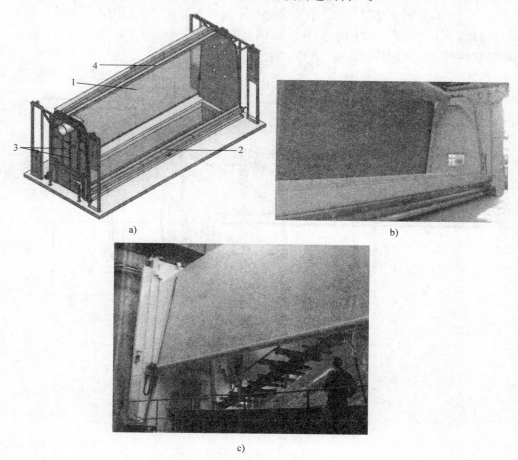

a)

b)

c)

图 5-22　横向进出料锌浴罩[11]

1—卷闸门　2—卷闸门（打开状态）　3—门　4—密封橡胶条

5.7.1　固定式横向布置的锌浴罩

带有铰链或移动盖的锌浴罩如图 5-23 所示。对于这种结构的锌浴罩，工件从顶部进入或移出。根据最高挂钩的位置和驱动提升高度，纵向隔离门可以向下或向上打开；锌浴罩从上面通过铰链或移动盖关闭，抽风时要借助支承轴承实现，围栏高度至少要达到 1000mm。

"Belu Tec 锌浴罩"（图 5-22a、b）允许工件如同没有锌浴罩时那样畅通快速地进入锌锅。带有灵活卷伸侧翼的一对卷闸门形成一个封闭的、隧道形的内罩。由特殊橡胶材质组成的卷闸门对 450℃ 时锌灰的挥发及锌滴的飞溅具有良好的阻挡作用；因为其重量轻，可以达到高达 1m/s 的打开或闭合速度。这种锌浴罩也适合施镀那些较长的工件，且可以纵向驱动，在这种情况下可能要建造长度达 24m 的锌浴罩。为了与此系统协同一致，表面预处理车间可能要建成全封闭式。目前，基于这类锌浴罩工作原理并应用于长 16m 锌锅上方的几种锌浴罩都在成功应用，这证明了它们的实际应用价值。

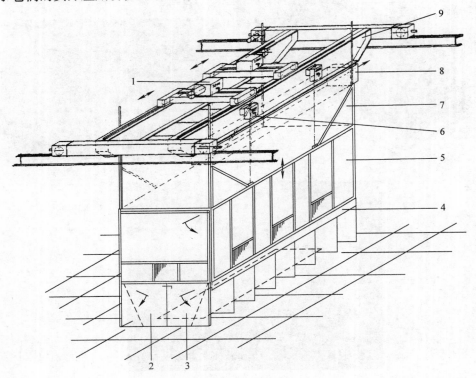

图 5-23　行车移动式锌浴罩[12]

1—起吊系统　2—固定的侧挡翼　3—锌锅　4——定高度的围栏（固定的）
5—中间部分（可上下移动）　6—链式电葫芦　7—上部（固定在行车上）　8—抽风通道　9—双梁式行车

5.7.2　横向布置的锌浴罩（通过行车移动）

这种通过行车移动而变换位置的锌浴罩，其底部 1000mm 高度以下设置并固定在镀锌炉上，中间部分悬挂在行车上，上部固定并安装在车间的屋顶，锌浴罩由这三部分构成。这种锌浴罩的优点是中间可移动部分的重量较轻。锌浴罩的应用需要借助于专用的起重单元，所用的起重单元不能用于其他物品的起吊。对于新建的车间，锌浴罩的中间和上部可设计成移动式的。但应用这种锌浴罩时，应采用相应的管式连接支承，以便于实现烟尘与过滤车间的连通。

当然，这种锌浴罩可有多种设计结构，例如：可以安装两个可移动的中间部分，并使一部分在另一部分上面移动，这可以确保挂具交接并传递给链式输送机；还有侧面可以安装铰链连接的侧门。

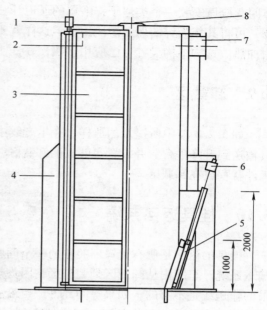

图 5-24　纵向布置的锌浴罩[12]
1—旋转驱动装置　2—卤素射灯　3—铰链门
4—矩形管角柱　5—提升门　6—电动链式葫芦
7—连接件　8—密封刷

5.7.3　纵向布置的锌浴罩

针对纵向布置的锌锅，对于锌浴罩的设计和安装也是不成问题的，可采用优化设计的升降装置（安全距离达 500mm）。铰链连接的前门可向外或向内（沿着挂具移动的方向）打开，纵向操作门可以向上或向下打开。纵向门向下打开意味着处于打开状态的起重装置横置在锌锅前 1000mm 左右的护栏上。与向上打开的起重门对比，向下打开的情况下不需要脱轨保护。根据制造商和客户的要求，可以选择电动机驱动、环链电葫芦驱动、气动或液压驱动来操作起重门和铰链门。在通过槽处采用橡胶条进行遮盖。

在纵向升降门上安装一块透视板就可以观察工件的浸镀过程，这块透视板通过平焊固定，通风（或抽风）管道被安装在上部位置。锌浴罩在尺寸设计上要考虑能够安装锌灰放置箱。关于锌浴罩的尺寸设计，必须确保镀锌炉和锌浴罩之间要有足够的间隙，以保证锌浴罩容易移走而方便更换锌锅。另外，锌浴罩内应配有良好的照明系统。

5.8　后处理

前面的 5.3.3 节中已经提及，可利用的热量分别用于加热预处理液槽（或池）。后处理液槽也多采用衬有绝缘层的常规钢槽。因为在处理液槽表面会汇集有一定浓度的水蒸气，所以建议安装至少一个以上的周边式抽吸装置。在纵向布局的车间，应该安装一个类似于锌浴罩的通道开关。另外一种解决方案是设计一个冷却槽，可将其作为锌的保温炉使用；但这样就要求安装第二个炉子，实践中多采用电阻加热。这种结构设计也已应用多次，并证明了它的应用价值。

5.9　卸载区

如5.2.3节中所提及的那样，在生产线中要设置一条或多条链式输送机，将挂具输送到升降平台；并设置足够大的卸载区，对于一些新建的车间或工厂，镀完的工件就存放在卸载区。

5.10　挂具返回系统

挂具的返回是所有镀锌厂关注的一个问题，为达到此目的通常需要提供单独的输送系统。车间内从卸载区到装载区，因为热浸镀锌生产的不连续性，只配有龙门吊的输送线是不够的。如果空间允许，可沿着车间顶部一次安装单轨输送轨道，这样挂具可自动输送到装载区。配有地面制导或不制导的交通工具、转向架的装载区，可在同一时间将多个挂具输送到装载平台，然后借助龙门吊进行装载。U形生产线布局则不存在挂具的回收问题，因为挂具在生产线上又回到开始端。

5.11　起重单元

如图5-1和图5-4所示，镀锌车间的物流借助于支架式起重机、刚性连接的双支座桥式起重机、环形轨道、门式起重机、单脚起重机、链式输送机、起吊平台、龙门起重机和单轨起重机。过去，在批量热浸镀锌厂环形轨道的应用比较少见，目前许多热浸镀锌厂都采用这种技术。有时，一些热浸镀锌厂认为纵向布置锌浴罩是比较简单的方案，不得不选用这种环形轨道。环形轨道或单轨输送系统覆盖了车间内的干燥炉、镀锌炉、链式输送机的卸载区域。起吊单元可实现最大程度的自动化，通过自锁钩的控制挂具可离开干燥炉，进入锌浴罩。锌浴罩上铰链门、操作门的打开、关闭以及锌浴罩内通风过滤装置的启停（风机的启停）可以实现PLC控制。装载的挂具到卸载区域的连续输送过程，到干燥炉的卸载电动机驱动等均可以实现PLC控制。

维修罩是起吊装备维修的理想工具，采用升降阶梯和维修平台可达到事半功倍的效果。另外，也可将维修部分并入环形轨道管理部分。环形轨道的优点是在其运行端部挂具可实现90°转弯，然后在车间内挂具可通过链式输送机横向传输至卸载区卸载。当进行起吊系统设计时，要尽可能地减少机械锁固系统的数量。生产过程中，起吊系统出现问题可能造成损失较大规模的停工。除去常规的人工控制，起吊系统也可以配置无线电遥控，这种控制方法在热浸镀锌领域已表现出一定的应用价值。

5.11.1 热浸镀锌用起吊系统的调整、维护

在所有的热浸镀锌厂传输系统均暴露在高的腐蚀环境下。因为恶劣的操作条件和大的材料传输量，传输系统承受着繁重的机械载荷，所以选择耐用设计以满足承载的需要是非常重要的。下面的列表给出了一些热浸镀锌过程系统中调整或维护的情况，辅助性设备有助于避免传输系统的损坏，使传输系统遭受最小的功能性损伤和磨损。如果车间内的通风设施及隔离罩等配备齐全，则以下列出的各项具体要求可酌情调整。

根据所采用的起吊及传输系统的不同，必要时需要结合实际情况进行进一步的调整，甚至调整的措施可能会偏离下面推荐的具体措施。不过，下面的列表内容有助于对比不同竞争供应商所提供的技术参数或规范。

5.11.2 设备概述

起重单元设备见表 5-2。

表 5-2 起重单元设备

编号	组成	措施
1	材质/结构件	
1.1	钢结构	喷砂（或喷丸）Sa2.5 级，涂层按 DIN 55928 的第 5 部分执行，或者采用双涂层体系，如环氧涂层或 PVC 涂层（必须参照 9.2.2.1 部分的腐蚀类别 C5 – 1 执行），此两种情况下涂层的总厚度至少达到 $240\mu m$
1.2	螺钉	1.4571（德国不锈钢牌号：X10CrNiMoTi1810，相当于我国牌号 06Cr17Ni12Mo2Ti）
1.3	轮子	合适的热塑性塑料
1.4	底盘	1.4571 连接螺栓，氯丁橡胶润滑装置，合适的尺寸，任意的截面
1.5	驱动轮轮胎	
2	道岔（轨道岔口）	
2.1	导轨	青铜
2.2	杆、轴、弹簧	不锈钢，如 1.4571
3	电力系统	
3.1	导线	单芯导线
3.2	轨道距离	可扩展
3.3	缩放仪	采用耐酸弹簧，带有石墨电极的缩放仪
3.4	隔离物	垫片（非铝材质）
3.5	挡块	气动部分、轨道端部分别悬挂固定
3.6	拖缆	轨道小车用耐酸控制电缆

（续）

编号	组成	措施
4	安装	
4.1	接线盒	不锈钢，如 1.4301 材质（德国牌号：X5CrNi1810，相当于我国牌号 06Cr19Ni10）
4.2	开关面板、电控箱	安装在单独的房间内，不锈钢箱体，热处理、耐酸处理过的螺栓
4.3	电缆连接器	耐酸处理
4.4	电缆接入口	底部接入，另加硅胶密封
5	电气设备	
5.1	光栅	耐酸涂层或不锈钢隔离罩保护
5.2	触头	德国 IFM 产品或相当规格产品
5.3	开关面板	不锈钢，如 1.4571
5.4	电缆盘	耐酸涂层，弹簧材质 1.4571
5.5	中控台	热处理不锈钢，按钮带有特殊项圈
5.6	控制按钮	耐热的密封盖，电线接头硅胶密封，不锈钢应变弹性条，耐酸处理，不锈钢张紧
5.7	电子设备	安装区域可能需要特殊、质量好的密封，最好在独立的房间安装和固定
6	控制部分	
6.1	低压部分	需要安装隔离变压器
6.2	安全断电装置	继电保护
6.3	距离控制	配备额外的导线
7	发动机	
7.1	制动盘	不锈钢，如 1.4571
7.2	密封	辅助的密封措施
7.3	内部涂层	电动机内部涂覆处理
8	葫芦吊	
8.1	电动机	见 5.7
8.2	钢丝绳卷筒和未涂覆的裸露部分	耐酸保护
8.3	隔离罩位置控制开关	IP65 防护等级
8.4	导绳装置	耐酸设计，危险较大的斜拉特殊设计
8.5	钢丝绳	耐酸润滑脂保护
8.6	吊钩	耐冲击涂覆釉层保护
8.7	涂层	见 1.1
9	服务	

（续）

编号	组成	措施
9.1	维护	根据维修计划或维修指南的维护： • 维护周期 • 清洗措施 • 润滑 • 更换备件
9.2	维护的其他辅助	在维护的各液槽部分，当周边的一些走道（过道）不能使用时，在可用行车的情况下将这些走道或过道周边进行维护、清理
9.3	耐磨件或备件	耐磨件或备件要根据生产商的建议储存

5.12 过滤设备

图 5-25 和图 5-26 所示的过滤设备在结构上是相似的。这些过滤设备的外观几乎相同，唯一的区别在于它们的安装高度，也就是过滤器软管的长度。过滤设备配

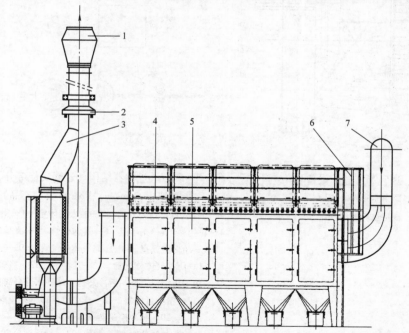

图 5-25 紧凑型过滤设备（德国 Niederhausen，Voerde 公司产品）

1—净气出口 2—防雨罩 3—净化后的空气通道 4—检查门（顶部）
5—检查门（正面） 6—阶梯 7—进气管（抽入的）

有压缩空气自动净化单元。选择过滤设备时，应选择稍大一些尺寸规格的设备，因为借助于变频器可随时调整实际的气体排放量。在空气干燥室内应安装换气扇、冷空气干燥剂、压缩机、消声器，如图 5-27 所示（可参考第 6 章）。

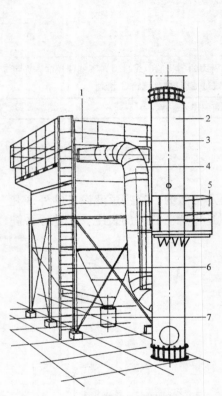

图 5-26 过滤设备
（德国 hosokawa mikro pul,
cologne 公司产品）

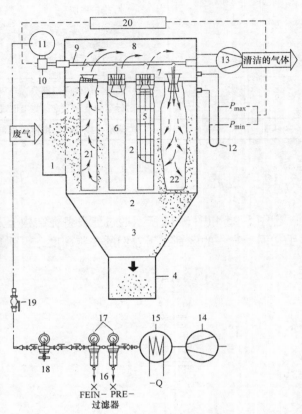

图 5-27 过滤器结构（过滤功能部分，
德国 Niederhausen, Voerde 公司产品）

1—所抽入气体压力开关 2—抽入气体室 3—集尘漏斗
4—粉尘箱 5—支承篮 6—过滤软管 7—文丘里喷嘴
8—净化空气室 9—压缩气体吹气管 10—磁阀
11—压缩气体分流管 12—压力表 13—换气扇
14—压缩机 15—后冷却器 16—水分分离机
17—精细过滤器 18—压力计 19—截止阀
20—脉冲控制器 21—灰尘分离
22—过滤软管充气过程 23—凝析油分离

5.13 小件半自动化热浸镀锌生产线

图5-28所示为需离心处理的小件热浸镀锌生产线的典型布局。在大多数情况下小件预处理时以小批量处理（大约200kg），然后装入离心篮内。从干燥炉到冷却槽的操作步骤可借助于PLC控制的电动葫芦实现。这样可以随时人为编译程序实现操作控制。空篮子返回到干燥炉位置也是自动化控制的（见图5-28）。

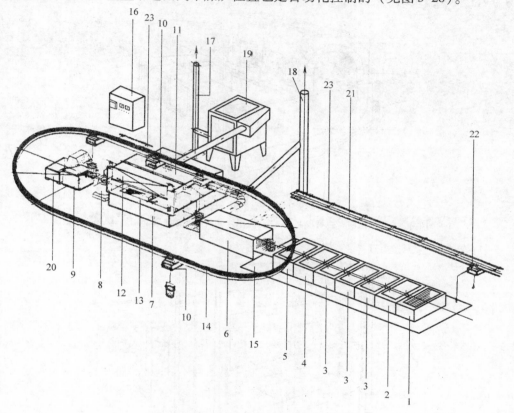

图5-28 需离心处理的小件热浸镀锌生产线的典型布局

1—脱脂槽 2—热漂洗槽 3—酸洗槽 4—漂洗槽 5—助镀槽 6—干燥炉 7—锌浴炉 8—离心机
9—冷却槽 10—PLC控制的电动链葫芦 11—锌浴罩 12—提升门 13—锌浴锅 14—环形单轨
15—耐蚀地板盖板 16—控制柜 17、18—排气管 19—过滤装置 20—运输容器
21—单轨轨道 22—电动链式葫芦 23—电源轨道（电缆桥架）

5.14 采用陶瓷锅的热浸镀锌炉

这种热浸镀锌炉的一个显著特征就是有一个存放熔融锌的陶瓷锅（图5-29）。与钢质镀锌锅相比，陶瓷锅几乎具备无限长的服役寿命。隔板将锌浴分成加热区和

工作区两部分，另外隔板可以阻止冷气体进入加热室，防止热气体从加热室外泄。在加热区，锌浴表面设置有加热罩，其尺寸由预订的加工产量和锌浴温度决定。燃烧器安装在两个端面，锌浴通过辐射和对流加热，操作时温度可高达600℃（高温镀锌）。加热罩的服役寿命如同陶瓷锅那样长久。锌浴温度和加热温度可以由连接有热电偶的自动控温单元控制。如图5-30所示，采用陶瓷锅的热浸镀锌炉的锌浴罩的操控相对比较简单。因为提升门通常比较小，可以人工操作提升门的开关（提升门配有平衡块）。

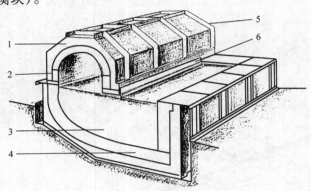

图 5-29   陶瓷锅的热浸镀锌炉

1—加热罩 2—绝缘层 3—锌浴 4—陶瓷锅 5—前后两端安装的燃烧器 6—隔板

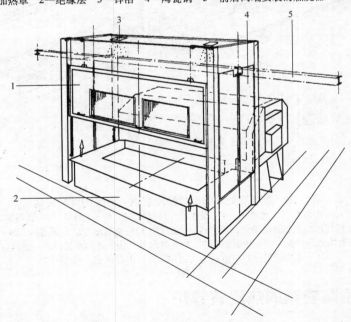

图 5-30   陶瓷锅镀锌炉的锌浴罩

1—提升门（人工控制或电控） 2—镀锌炉 3—卤素射灯 4—铰链门 5—环形单轨轨道

5.15　用于小件的自动化热浸镀锌生产线

5.15.1　高精度螺栓的全自动热浸镀锌生产线

　　如紧固件、螺栓等这些小件镀锌时可完全实现自动化操作。这些自动化设备以每篮或每筐为单位快速处理，它们每小时产量可高达到5t。小件镀锌设备如图5-31所示。

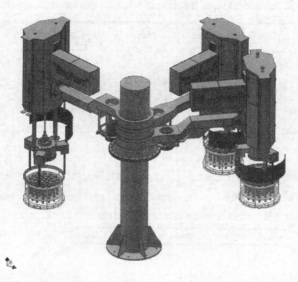

图 5-31　Gestellverzinckung 公司的 Zinc Elephant 小件镀锌设备

　　生产时所有的操作工序都是自动化的，从篮内或筐内工件的酸洗、锌浴中的浸镀、离心处理，到冷却槽内冷却都是自动化的。基于预定程序，监控所有设备的状态和每个篮内的负载状态，生产线的控制系统控制生产线上的设备动作；这可以保证追踪、控制每批工件。以浸镀时间等参数作为过程控制参数，生产线上的各种设备可以保证工件表面获得均匀的镀锌层。

　　在篮子浸入锌浴之前以及工件浸入锌浴内液态锌沸腾后，锌浴表面自动打灰（因为篮子的刮擦作用）。这样确保了镀件表面免于锌浴表面锌灰等杂物的污染。

　　因为工件在处理过程中没有严重的撞击，可以将操作损伤降为最低，所以带螺纹的螺栓和类似件镀后不需要回攻（攻螺纹）。特别是用高强钢制造的工件，其在海洋领域的应用不断增加，在预处理时应采用非酸洗液处理，这可以避免工件的氢脆或其他脆性断裂。

　　蓄热式燃烧嘴比传统的燃烧嘴可节约20%的热量。蓄热式燃烧嘴工作时空气不会过剩，这样产生的锌灰量可减少高达70%；这既降低了锌耗，又减少了打灰的工作量。

工作原理（图5-32）：工件借助输送带到达自动装料站，在装料站镀锌篮内完成自动装料和称重，然后链式输送机将镀锌篮运输至干燥炉。完成干燥后，镀锌篮在全自动热浸镀锌生产线的开始端定位，自动机6将镀锌篮浸入锌浴中并悬挂在由特殊材料制造的挂架上，移位装置7推动镀锌篮在锌浴中沿着挂具移动至镀锌炉的另一端。加工产量由浸镀的时间（工件浸镀后锌液沸腾的时间）决定，最大镀锌

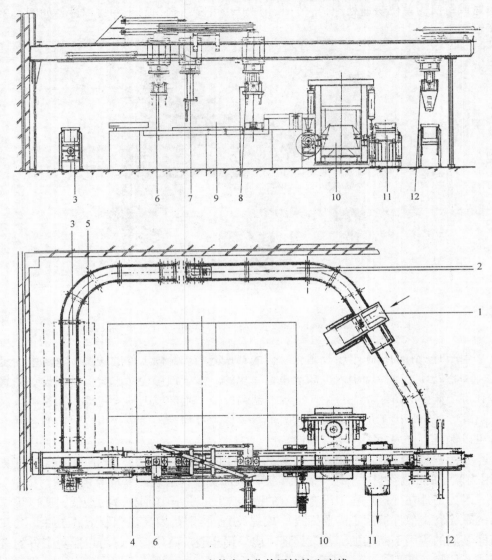

图5-32 小件自动化热浸镀锌生产线

1—装料站 2—链式输送机 3—镀锌篮 4—镀锌炉 5—干燥炉 6、8、12—自动机
7—移位装置 9—镀锌篮挂架 10—离心机 11—冷却槽

加工量可达每小时 100 篮。自动机 8 将镀锌篮缓慢由锌浴中移出，当镀锌篮离开锌浴、自动机 8 刚到达离心机上方时，镀锌篮快速插入离心机，随着离心机盖子关闭离心机开始工作，离心处理的时间是可调的。当离心处理完成时，离心机盖子打开，自动机 12 将镀锌篮移至冷却槽，将镀锌篮内的工件倾倒出，空的镀锌篮返回到它的起始位置。然后空的镀锌篮被链式输送机 2 传输至装料站 1。当每篮的装料量为 25kg 时，则每小时的最大加工量为 2500kg。整条生产线可一个人操作，所要求的占地面积不超过 100m^2，当然这条生产线是全自动化控制的[13]。

5.15.2　自动化机器人离心处理的小件热浸镀锌生产线

工作原理（图 5-33）：机器人 5 将已经装载一定重量工件的离心篮移动到达镀锌炉 9，并浸入锌浴。离心篮在浸入和离开锌浴之前，锌浴表面自动完成锌灰清理。然后，机器人 5 沿着最短的路径将离心篮装入安装在锌浴上方的离心机 7 内。空闲的机器人 5 移动到离心篮的交接点。离心处理完成后，机器人 4 在冷却槽上方将离心篮倾倒空，收回空的离心篮并将离心篮收集在回收和转移中心 3。在这里，离心篮通过振动输送机 2 装载。生产线为自动控制，机器人为程序控制，可避免机器人之间的相互碰撞[12,14]。

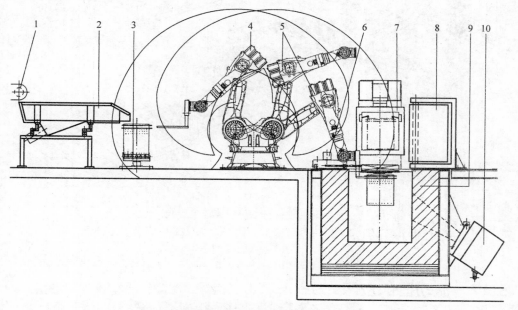

图 5-33　机器人操作离心处理的热浸镀锌生产线

1—装料传输带　2—振动输送机（带有称重功能）　3—离心篮回收和转移中心

4、5—机器人　6—打灰机构　7—离心机　8—离心机外罩　9—镀锌炉（带有感应加热通道）

10—感应通道

5.16　管材热浸镀锌生产线

　　管材热浸镀锌的前提条件是管材表面存在清洁的金属表面，这可以采用化学方法批量处理。预处理后，每根钢管被导入镀锌线按设定的工序流程进行镀锌处理（图5-34）。首先它通过干燥设备（湿法镀锌的情况除外）干燥处理，然后浸入锌浴，一定浸镀时间后，钢管被人工或移出装置移离锌浴至一个横向排列的撤离轨道（或通道）中，在这个轨道（或通道）上钢管通过一个环形喷嘴，环形喷嘴喷出的压缩空气吹掉钢管外壁多余的锌，同时保证钢管外壁的光滑。然后，钢管到达内喷吹位置，钢管内部多余的锌被吹掉，喷吹后钢管内部变得光滑，吹掉的多余锌或锌粉被分离掉。喷吹后钢管到达冷却槽，冷却后进入下面的工序[15]。

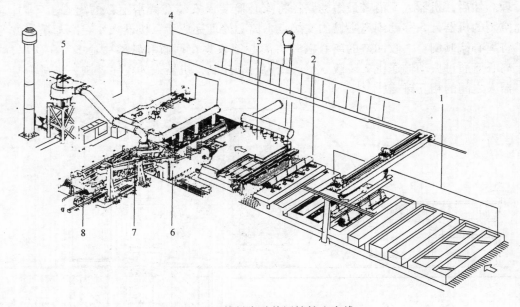

图 5-34　管材自动热浸镀锌生产线
1—预处理工序　2—管材装料装置　3—干燥炉　4—控制路径　5—过滤装置
6—镀锌炉　7—管外喷吹机构　8—蒸汽喷吹站

5.17　振动器的应用

　　大量热浸镀锌企业在热浸镀锌生产的不同工序应用振动器（图5-35）。就振动器的应用，技术委员会合理化建议小组专门组织会议讨论此话题并给出以下建议。应用振动器引起挂具和挂架振动、摇摆，将引发处理液和锌液流动方式的改变。目前，振动器几乎均安装在行车挂钩和镀锌挂具（或挂架）之间，或安装在单独的挂具上。一般来讲，振动器由两台电动机驱动，它们同步以相反的方向旋转。这种独特的设置能够消除横向振动，从而仅产生垂直方向的振动。

图 5-35　振动器（德国 CH – Lostorf 的 VARD 振动器）

振动器并不都是有利的，是否使用振动器由操作条件和待镀件的类型而定。在大多数情况下，应用振动器可提高镀件质量和节省返工成本。振动器可应用于热浸镀锌过程的不同工序。

1）预处理阶段。工件移出液槽、滴流快结束时的短时振动可保证处理液更多地滴流，这样可以节省时间，减少处理液的带出。

2）在锌浴中。振动有助于锌浴内锌灰和工件表面助镀剂残留产物的漂浮，这可能会减少干燥时间和降低镀锌层的厚度，提高镀锌层质量；工件之间以及工件和挂具之间不可避免的接触点经振动可降至最少。

3）锌浴上方。振动有利于工件表面的锌液回流，避免工件表面锌的聚集；有利于防止锌条或锌瘤的形成，避免因锌条或锌瘤而形成锌刺；降低了工件与工件之间粘接的可能性；防止一些小孔内发生锌堵塞；孔和内螺纹变得更加干净。

4）在除渣时。配有振动器的渣斗有利于捞渣；渣斗在液面以下从锌浴移出以及渣斗移出后开斗过程中的振动有利于捞渣彻底和除渣干净。

从根本上讲，振动器更适合应用于尺寸小、重量轻的工件，不适合应用于较重的大件。当然，振动器的应用也可能会引起一些缺陷，原因主要是：

1）振动时间太长或在本不要求发生振动的工序中产生振动。

2）待镀件安装固定方式不正确（用线材吊挂并固定小件，易引起共振）。

无论在什么场合，只要应用了振动器，即使安装有阻尼器也会使吊装系统产生更大的应力。因此，对于吊装单元，必须要核对评估其是否能够承受过多的载荷。

根据振动器的结构尺寸估计，大概要占用约 50cm 的吊装高度空间。在一些特殊的场合，可将振动器集成在吊具的吊钩上，这样可以保持原吊钩及吊装的空间高度。关于振动器的操作，为满足预期效果，所采用的振动器频率并不是一成不变的。鉴于此，许多操作者倾向于选择几个小的操作频率，这样在生产过程中可能造成漏掉一些有效的振动频率。应用几个短的振动周期通常变通为一个长的振动周期。

5.18　能量平衡

　　根据文献［16］中 Wübbenhorst 的叙述，稳态时（锌浴温度恒定，不包括加热和冷却过程）加热系统所提供的总的热能等于每一部分所排放热量的总和。在这种状态下，锌浴的温度意味着热量的供给和排放处于平衡状态。

　　图 5-36 所示为一锌锭在锌锅内的堆垛情况。锌浴表面的辐射散热（在整个镀锌过程中其热量值基本保持恒定）对热平衡有明显的副作用。随着产量的增加，辐射散热在总热量损失中的占比也增加。对于中等加工量的锌锅而言，当锌浴仅保温而未实施浸镀时，锌锅若采用燃料（燃气、燃油或燃煤）加热则辐射散热占热量消耗的大部分；锌锅若采用电加热，则辐射散热是热量消耗的全部。

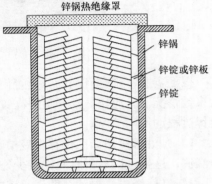

图 5-36　锌锭在锌锅内的堆垛情况

　　排出的热量基本可以分为以下三个部分：

Q_{use}——有益的热量，用于加热待镀件和锌浴。

Q_{L1}——散失的热量，锌浴表面和锅壁散失的热量。

Q_{L2}——排放的热量（可用于加热预处理槽等）。

　　热量的损失（与所排放废气的量和温度有关）可用热效率进行衡量（表 5-3）。

表 5-3　有关锌锅的一些标准热数据

	钢	锌
比热容（0～450℃）/［kJ/（kg·℃）］	0.54	0.67
焓/［kJ/（kg·℃）］	243	302
熔化热/［kJ/（kg·℃）］		115
氧化热/［kJ/（kg·℃）］		5342
密度（铸锭态）/（kg/dm³）		7.12
密度（熔态）/（kg/dm³）		6.6

$$Q_{tot} = Q_{use} + Q_{L1} + Q_{L2} \tag{5-1}$$

$$\eta = \frac{Q_{use} + Q_{L1}}{Q_{tot}} \tag{5-2}$$

　　所以

$$Q_{tot} = \frac{Q_{use} + Q_{L1}}{\eta} \tag{5-3}$$

5.19　锌锅的运行、停止、更换和操作方法

Pilling 公司在文献［17］中发表的《锌锅操作指南》囊括了所有可能出现的问题。因此，下面的章节仅讨论一些基本的应用操作规程。

5.19.1　锌锅和镀锌炉

锌锅里面盛放着熔融锌，锌锅由特殊材质的钢板制作而成，大多数情况下钢板的厚度达 50mm。锌锅在专用镀锌炉中可通过多种能源介质加热。在锌锅内壁，因受熔融锌的作用锌锅内壁钢板受到一定程度的侵蚀。

对锌锅的质量要求是，当加工量大时锌锅要具备较长的服役寿命。锌锅失效将导致增加高昂的成本，如待镀件不能加工生产、锌的泄漏消耗、锌的回收等。现在这些问题可以通过采用一些措施预防，如锌锅或镀锌炉的制造商采用合理的材质，选用合适的设计方法，采用低应力或无应力的制造方法，采用配置温度测量和控制仪器的恒温加热系统；热浸镀锌厂严格执行所确定的加热工艺参数（不能超过限制临界温度 490℃，不能超过临界加热强度 $24kW \cdot h/m^2$）。在这些前提条件下，现在的锌锅根据产量的要求可以做到长度达 17.5m 以上。

采用钢吊钩将锌锅吊起扫描焊缝的方法现在已不再使用，现在可以从点蚀和渣的形成来辨别锌锅内部的不均匀或凹凸不平现象，这具有较明显的成本节约优势，如可以消除生产停顿（通常因锌锅泄漏造成的生产停顿需要 3 天时间）、避免锌的损耗（通常因锌锅泄漏造成的锌耗为 5%～8%）、减少能耗以及节约工作时间。锌锅磨损量的增加往往归因于不正确的镀锌操作。锌锅的锅壁厚度应该是影响锌锅服役寿命的一个关键因素，在镀锌生产中（也就是锌锅内有锌浴的情况下），锌锅或镀锌炉制造商可以提供锅壁厚度的测量服务。但是，锌锅内壁凸出部位发生的腐蚀尤其是点蚀是难以检测到的。

在计算热量负荷时，加热待镀件所需要的热量，不断添加的锌锭熔化所需要的热量，锌锅锅壁或锌浴表面所散发的热量，浸镀过程中辅助工具如篮子、挂具等带走的热量等必须考虑进去。

在短暂性高的镀锌加工量时，锌浴内的热量损失暂时增大，为避免锌浴的温度产生较大的波动，要求锌浴必须起到温度缓冲作用。锌锅内的锌浴必须能够允许一定的热量排放并保障低于设定温度时的供热。因此，锌锅内的锌浴质量应该高于每小时镀锌加工量（假设一些辅助工具也浸入到锌浴中）镀件质量的 30～40 倍。大的温度波动也可以通过不同批次镀件的合理组合来避免，如施镀时将重型工件和轻型工件混合在一个镀锌批次。

5.19.2　锌锅的运行

在锌锅预热并加热至操作温度（450～455℃，温度的具体数值与待镀件的设计结构及基体的成分有关）的加热阶段，因液态金属诱发脆性而形成的裂纹是引起锌锅损坏的主要隐患。

拉应力会引起晶间裂纹，它的大小与锌锅加热的温度和加热时间有关，当温度在450℃时拉应力降低至100MPa以下。为了避免锌锅因产生裂纹而导致损坏，采用长时间的缓慢加热和冷却操作方式可将锌锅的温度波动降至最低。

锌锅内、外壁的温度存在约60K的温差，这会引起120～130MPa的应力，但这在引起裂纹的应力极限值之下。另外，锌浴的静水压力也会对锌锅产生应力，且它在锌锅底部达到最大值；这个部位也是新的锌锅点火开始运行阶段受影响最明显的区域。

新的镀锌炉在加热时应遵照制造商的操作指南（图5-37），加热、升温过程应缓慢、连续。这样能够确保在锌锅的任何一个区域都可以获得温度补偿。值得注意的是，锌锅内壁的最大温度不能超过490℃，锌锅锅壁和锅底之间的温差不能超过100K，锌锅侧壁上不同位置的温差不能超过50K。加热时间主要受锌锅尺寸和几何形状的影响。因为较长时间的加热需要获得温度补偿，所以与小尺寸锌锅相比，大尺寸锌锅需要更长的加热时间。

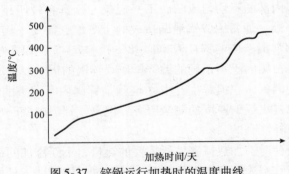

图5-37　锌锅运行加热时的温度曲线

最近几年，因受以下所提及的错误认识而影响锌锅破坏的情况不再频繁发生了。

1）新的锌锅运行时，锅壁上的渣层（锌-铁合金层，具有一定的保护作用）形成之前锅底铺铅保护。

2）对未饱和的含铅锌浴快速加热，导致晶间裂纹产生，尤其是增大了锌锅凸出位置处的裂纹风险。

3）锌锅在临界温度范围内运行，照样可能产生不同材料量（锌锅本身）的去除、局部侵蚀或穿透。但是在锅壁厚度较薄的位置因为温度高而导致材料（锌锅本身）的去除量增加。

4）为了将金属液态脆性的可能性降至最低，锌锅首次运行时应选用锌的质量分数大于99%的锌锭，这样可以确保获得不含铅、铁的锌浴。往锌锅内装填锌锭时应使锌锭紧贴锌锅内壁，以保证锅壁和锌锭之间发生良好的热传导，加热时避免超过临界温度［会产生大的材料（锌锅本身）去除量、局部侵蚀或穿透的危险］。加铅作为预防措施时，只有当所有的锌熔化后且锌浴表面清理（捞渣）后才能向锌浴中添加铅。为了避免锌锅侧壁承受过大的压力，锅内的锌锭排放时应预留100mm 的间隙。

5.19.3 最佳的操作

假如镀锌炉和锌锅符合 5.19.1 节和 5.19.2 节的要求，那么锌锅的服役寿命很大程度上取决于锌锅的操作管理（锌锅内壁的临界温度 <490℃，临界加热强度 <24kW·h/m²。锌浴的温度变化受锌浴所流失的热量与锌浴所吸收的热量之间平衡的影响。如图 5-38 所示，因为锌锅侧壁的导热能力有限，则沿着热量传输的方向形成了一个温度梯度，温度梯度的数值受锌锅材质的热导率以及热量传输量的影响。

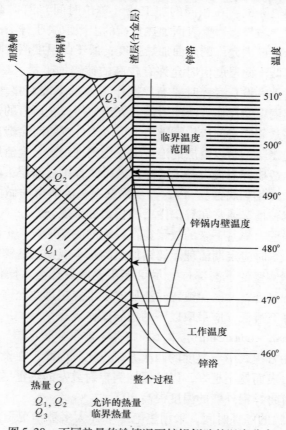

图 5-38 不同热量传输情况下锌锅侧壁的温度分布

5. 19. 4　高效率的能耗和锌锅的服役寿命

镀锌炉的制造商必须保证锌锅内壁（锌和铁反应形成的界面层）的温度尽可能稳定，且局部温度要低于490℃。当锌锅内壁温度达到490～530℃时，会产生高的铁腐蚀速率。锌锅最佳运行和服役寿命延长的先决条件是均匀供热，以及正常操作或全载镀锌时避免锌锅内壁温度出现极限峰值。试运行阶段，不镀锌或全载镀锌的情况可能需要测量锌锅内壁上的温度分布，然后对加热系统进行相应的调整。锌锅内壁的温度虽然不能直接测量，但是渣的产生情况能够反映出锌浴的操作温度是否在临界温度范围之内。锌渣不仅包括从镀件上剥离下来的ζ相，而且还包括从锌锅内壁上剥离下来的锌－铁合金相，后者受锅壁与锌浴界面温度的影响。如果对于相同的工件和镀锌量产生的渣量增多，那么极有可能是锌浴温度和加热强度超过了极限值。因此，应当随时控制渣的形成，必要时应取渣分析。

镀锌加工量应该满足锌锅的允许尺寸，其影响的决定因素是锅壁的表面积和锌锅的体积之比。相同的容锌量时，尺寸小的、深度大的锌锅比尺寸宽的、深度浅的锌锅具有更大的加热表面。在相同的加工量（单位时间）前提下，前者比后者需要更低的加热负荷。另外，锅壁表面加热负荷的上限取决于锌浴温度的数值。越接近此温度值，意味着最大允许的表面加热强度；低于此温度值意味着允许一定量的热量传输，也就是低于此温度值时允许有较高的镀锌加工量。举例来说，440℃镀锌时允许的加工量比460℃镀锌时要高。操作工人虽不能直接影响锅壁渣层的厚度，但其在很大程度上受操作方法的影响。无论如何，在所有的锅壁上渣层都不会无限生长，最外层紧邻锌浴的渣层会剥离下沉。工件浸镀时会造成锌浴的搅动，这会强烈促进渣层的飘落，所以渣层的连续生长受到抑制。合金渣层的过度飘落也会产生有害的影响，造成锌浴丧失一定的净化效果，保护性渣层去除且导致锌锅发生局部腐蚀（点蚀、非均匀腐蚀）。因此，从锅壁上去除渣层的做法是错误的，除非渣层沉积过厚，这种情况通常在锌锅内壁的拐角处出现。

从镀件上和锅壁上飘落下来的渣聚集在锌锅的底部形成一个渣层。当渣层厚度达到锌锅深度的1/5时应定期清理。锌锅加热的基本规则就是锌锅上有渣层形成的部位（锅底、锌锅侧壁的下端部位）尽可能不要散发热量。操作工人应该知道锅底渣层的最大允许厚度，并确保镀锌时渣层厚度不应超过此允许值。

为了将能耗降至最低，应采取以下的指导操作规程：

1）按照 stephan－boltzmann 定律（斯特藩－玻尔兹曼定律），5. 18 节所提到的辐射损失的热量在方程式中与温度的四次方成正比。因此，在设计锌锅尺寸时应使锌锅内锌浴的自由表面越小越好，以确保锌锅辐射散发的热量尽可能少。采用合适的隔热绝缘材料可将锌锅外壁的温度提高30℃。

2）在浸镀间隔的停顿时间，采用热绝缘罩（大多数情况下由镀锌炉或锌锅制造商提供）将锌浴表面罩盖，可使得锌浴表面的热辐射损失降至最低程度。在罩盖锌浴表面前应将锌浴的温度调低一些，这样可以减少停顿间隔阶段热量的供应，又能避免锌浴的温度超过临界温度。

3）在浸镀过程中，锌浴表面热量的辐射损失几乎是不可避免的，也是必须接受的。当锌锅处于未浸镀状态时没有镀锌过程发生（一批或下一批的交接、休息间隔等），此时锌浴表面若不罩盖，则锌浴表面散发的热量同浸镀时的情况相当。镀锌炉向锌锅所供热量的 40% 用于加热浸镀的工件，而剩余的 60% 用于补充热量的散失。

4）充分利用锌浴的表面积（因为锌浴表面会产生稳定的不可避免的热量损失）。如果做不到，那至少要将用不到的自由锌浴表面进行罩盖处理。

5）利用所排放的热量加热预处理液槽或其他预处理液。

6）挂具的优化及利用。

7）将浸入到锌浴中的起重附件的质量降至最小。

8）停机时（两次浸镀的间隔、操作间隙等）停止锌锅罩的通风。

5.19.5　停工

当更换锌锅或检修时要发生停工。对于容锌量较大的锌锅，将锌液泵入一定温度的预备锌锅是非常有意义的。预备锌锅可以向锌锅制造商购买或租赁。这种方法比将锌液泵出后铸锭要高效得多。新的锌锅调试运行参照 5.19 节执行。将锌浴抽入一定温度的预备锌锅内比抽出锌液后铸锭具有以下优点：

1）节省时间，可快速将锌液抽出，快速起动新的锌锅。起动时仅需熔化 10%~20% 的锌锭（这与原来锌液的总量、锌渣所占的比例、氧化渣的比例以及锌的损耗有关）。

2）减少因氧化和溢流所造成的锌的损耗。

3）没有铸锭模的制造成本。

4）解决了没有足够的空间存放铸锭的问题。

5）不需要长管道及其布局。

6）有利于工作环境的安全和人身健康。

注意事项：

1）当锌浴温度降至 440℃ 时进行清渣处理。

2）然后将锌浴加热至 465~470℃。

3）排除或避免出现潮湿情况，避免发生爆炸危险。

4）在用锌锅和预备锌锅之间的距离要尽量短。

5）将连接有管道的抽锌泵在锌浴上方 100mm 处进行预热，5min 后将锌泵叶轮缓慢浸入锌浴。15min 后叶轮轴必须能够手动旋转，然后可以开启电源开关。如果手动不能旋转叶轮轴，则锌泵有必要采取吹管的方式预热。

6）当锌液泵入预备锌锅内时，锌液和含氧气氛的接触要尽可能少。

7）应安排有备用锌泵。

8）面积为0.5m²的扁钢网格插入锌锅内剩余的锌液中（大约有100mm的深度），将拉杆、链条等一同铸在网格内的锌液中，当结晶冷却后这些拉杆、链条等可与吊钩相连。

5.19.6　锌锅的失效

与原来的燃煤加热时代相比，以目前的技术现状（镀锌炉、锌锅和温控系统）分析，锌锅的失效越来越少。目前，锌锅的失效主要归因于错误操作［不完善的温度控制、温度分布，超过临界温度490℃或临界表面加热强度、锌浴的临界组成（如高铝或其他元素）］。一旦锌锅发生失效，应着手立即做的事情就是处理锌液。若锌液在锌锅内凝固则再次使用时熔化困难，且需花费较长的工作时间。

预防措施和设计要点：

1）设置报警系统，在锌锅四壁和底部布置线圈，发生锌液泄漏时线圈和锌液接触将发出警报。

2）大容量锌锅应在锌锅纵向侧边备有铸锭模以用于盛放锌液，并备有一些一定形状的挂钩以便行车的挂钩吊运铸锭模中的锌锭。

3）开展故障预防教育，这有助于减小锌锅的损坏概率和降低经济损失。

4）备有可行的应急预案。

5）备有抽锌泵、连接管道、铸锭模、挂钩。

6）紧急情况下可能将锌液抽到车间地面，应采用砂子进行围挡（因为氧化而会使锌的损耗增加）。

参 考 文 献

1 Mannesmann-Demag, Salzburg/ Ing.-Büro R. Mintert, Halver Functional description of the automatic galvanizing plant of STAMA, Großräschen.

2 VDI-Guideline 2579 (October1988) *Auswurfbegrenzung/ Feuerverzinkungsanlagen*, Beuth-Verlag GmbH, Berlin und Köln.

3 Körner Chemieanlagenbau Wies/A., general information.

4 Scheer, G. Rietberg-Werke, oral message.

5 Zink Körner, Hagen, general information.

6 HASCO, England, general information.

7 Inducal, Göllingen, general information.

8 CIC, Holland, general information.

9 Zink Körner, Hagen (Germany), personal communication.

10 Industrielle Elektrowärme (1968) BBC Taschenbuch.

11 BeluTec Vertriebsgesellschaft mbH, Lingen.

12 Pneumotec, Issum.

13 van der Veer, J.H. CIC, Holland, Functional description of an automatic galvanizing plant for small parts.

14 Ing.-Büro R. Mintert, Halver.

15 Zink Körner, Hagen, general information.

16 Wübbenhorst, H. (1956) Beheizung, Leistung und Wärmeverbrauch von Verzinkungsöfen. *Stahl und Eisen*, 76 (14).

17 *Verzinkungskessel – Empfehlungen für den Betreiber*, W. Pilling Kesselfabrik GmbH u. Co KG.

18 Zink Körner, Hagen, general information.

19 Induga Industrieöfen, Cologne.

第6章　热浸镀锌厂的环境保护和职业安全

C. Kaβner

热浸镀锌厂的运行可能对环境产生如下的影响，但其必须控制在最小限度：

1）空气污染。参照联邦排放物控制法案第 3 章中的规定执行，特别是表面处理和锌锅所产生的污染气体。

2）噪声。机加工和车间物流所产生的噪声污染，参照联邦排放物控制法案；

3）处理含毒或有害物质的废水所产生的风险。参照联邦水法第 19 节[1] 和州法案中关于工厂操作的立法 VAWS[2]；

4）产生的有害废弃物。参照资源闭合循环和废物管理法案第 3 节[3] 和废弃物回收与处置记录条例[4]。

接下来的内容给出了一些涉及环境保护不同领域的陈述，毕竟有关环境保护的比较全面的知识描述已超出本书的内容范围。

6.1　控制大气污染的规则和方法

6.1.1　规则

排放物控制法案（BImSchG)[5] 是环境保护方面的主体法律。该法律颁布的目的在于保护人类和所处的环境免于受到有害环境的影响，并促进采取措施防止这种有害环境影响的发生。

关于控制空气污染的法律规定，在很多法案和行政规定中都有特别体现：

1）联邦污染防治法[5]：环境保护法的主体法律。

2）空气卫生的技术指导手册[6]：空气污染的限制、控制和监测。

3）排放物控制法案[7]：工厂要求认证的相关规章制度。

4）排放物控制法案[8]：授权流程的基本原则。

5）排放物控制法案[9]：关于危险事故的法定处理程序（基于赛维索事故后的指导方针）；危险事件影响的限制，这些要求主要的热浸镀锌厂都必须遵守。

6）UVPG（环境影响评价法)[10]：环境影响评价中新增的和做了更改的授权项。

根据联邦排放物控制法案[5] 在 2002 年的修订版本（重点针对老工厂的改造）和最近在 2006 年的修订本，影响环境、危及公众及周边安全的工厂要符合这些法律法规的要求[2]。当然，这其中也包括热浸镀锌厂。

现有工厂的基本改进和扩展也需要符合相关法律法规的要求。

此外，根据环境影响评估法[10]的要求，环境影响评估时进行初步的检测以及或简或繁的测试是授权流程中的强制内容。检测范围取决于授权程序的类型并由政府相关授权部门根据 UVPG（环境影响评价法）[10]决定批准。因此，对于热浸镀锌厂的新建或老厂的改造，其申请或报批的范围应该得到相关机关的批准。

热浸镀锌厂在新建或改造获批之前就必须满足环境保护要求，这些要求在空气卫生的技术指导手册[6]（2002 年进行了修订）中均给出了相关定义。这个行政法规包括以下几个主要部分：

1）第二部分：术语定义和指定计量单位。此部分主要是一些与空气相关的拓展术语，如空气污染、气体燃料、排放、排放率、排放极限值等。

2）第三部分：为获得批准、临时决策和授权等法律、法规原则而需做的早期工作。

3）第四部分：关于防止危险环境影响（超过排放极限）的要求。

4）第五部分：关于预防有害的环境影响的要求（排放极限、过滤装置、排放前的相关设施或设备）。

5）第六部分：后续补充的法规条例（当局部门发布后续的相关法规条例时）。

按照空气质量控制技术指南[6]，确定了热浸镀锌厂相关排放物质的极限值。根据条例 5.4.3.9.1，热浸镀锌厂排放的废气中的悬浮颗粒不得超过 $5mg/m^3$，排放的气态无机氯化物（比如氯化氢）不得超过 $10mg/m^3$。

排放造成的空气污染不仅局限于对危害性的评估，极其重要的是其对地表上离污染源一定距离的区域的影响[11]，也就是扩散影响。根据条例 5.4.3.9.1，空气卫生的技术指导手册[11]中包括了最大的扩散极限值，又细分为短期和长期的影响。根据最新的科学研究，若排放物中有害物的浓度低于这一极限值，则排放物不会对人、动物、植物和货物造成危险。

当工作场所排放气体、蒸气或粉尘的浓度不影响雇员的人身健康（即使雇员重复暴露或连续暴露在工作场所，如每天 8h 或每周 40h）时，这一浓度值成为最大允许的浓度值（MAK 值）[6]。MAK 值是持续控制的和不断补充更新的，它用来保证工作场所雇员的健康。对于评价工作场所排放物的浓度对人身健康是否有害，MAK 值是基本依据。

对于那些有毒的气体、蒸气、粉尘，到目前为止还没有确定对人身健康影响为安全时的最大浓度。

6.1.2 批准

法律、条例和技术规则性的行政法规、指南、标准是决定是否批准热浸镀锌厂申请的基本程序组成，这些对于热浸镀锌厂运行的监测和控制也是必需的，如果违反或者不遵守这些法律法规或规则条例将会受到应有的惩罚。

因为热浸镀锌厂需要申请批准[7]，根据联邦污染物防治法案规定，当向相关当局部门[8]（如政府机关、地区办公室、监管机构和商贸标准局等部门）申请批准时，申请和批准内容包括热浸镀锌厂的新建和运行。

在审批程序的流程框架中，除了达到空气卫生技术指导手册 TA Luft[6] 中提到的要求外，必须关注以下的相关规章制度：TA Lärm（噪声技术指南）[12]，Verordnung über Arbeitsstätten（ArbStättV）（工作健康与安全法）[13] 和 Betriebssicherheitsverordnung（工业安全规程）[14]、Störfallverordnung（危险事件条例）（12. BImSchV）[9]、Verordnung über gefährliche Stoffe（Gefahrstoff verordnung – GefStoffV）（有害物质条例）[15]、Kreislaufwirtschafts und ABfallgesetz（废弃物封闭循环管理法）[3]、Wasserflausllaltsgesetz（联邦水法）[1] 及各工厂的管理条例[2]。除了法律法规还有全面的技术法规指导，如对于有害物质（TRGS）和液态有害物质（TRWS）的处理。

联邦排放物控制法只允许已经申请且当局已批准了的公司生产运行。

批准包括了按 TA Luft 法规规定的以及所采取排放措施允许的排放物门槛值。

有害的粉尘根据它们可能造成的潜在威胁被细分。工作场所的有害气体、蒸气、粉尘的浓度参考 MAK 值[6] 或者其他法规指南给予限定和指导。

最后必须要强调的就是，经验告诉我们相关的审核部门应该及时确定需要审核批准的范围，最好在项目的开始规划阶段就确定。任何提高镀锌或酸洗能力或者其他对工厂影响即使不大的小的改变也要符合联邦污染防治法第 15 章的条款要求，并经过相关部门审批通过[5]；若热浸镀锌厂需要进行重要的或本质上的改变，则必须根据联邦污染防治法第 16 章提出申请[5]。授权的职能部门可以要求热浸镀锌厂根据 EIA（环评法规）提供初步检测结果或更全面的调查报告，这些同样适合并包括公众的参与。如果热浸镀锌厂产出 100t、200t 或者更多对环境造成具有危害特性的有害物质，如"危及环境和风险预警 R50 或 R50/53"或者"危及环境和风险预警 R50 或 R51/53"，则热浸镀锌厂必须满足并达到（12. 联邦污染防治法）[9] 法定程序增加的相关要求。

6.2　热浸镀锌企业的通风设备

工厂必须要装备和运行最先进的排放物控制设施。这些措施都应该能够降低工厂排放物的浓度、流量（或排放量），将空气污染物的产生控制在最小。

在热浸镀锌企业中，通风系统用来控制和减少排放量。热浸镀锌过程所产生的空气污染物必须通过监测后才能排放，如采用罩式装置。

为了达到空气卫生技术指导手册[6] 的相关排放要求，热浸镀锌厂需要配备排放抑制系统（如过滤分离装置）。

热浸镀锌过程不可避免地产生气体和颗粒的排放。在热浸镀锌厂的表面预处理操作区域（脱脂、漂洗、酸洗、漂洗、助镀、烘干），主要发生一些产生气体或蒸气的反应；如浸镀过程中会产生蒸气、气体、多成分构成的颗粒空气污染物。

图 6-1 中的框图和文字表达了批量热浸镀锌的基本流程以及每个工序的排放物情况，根据联邦排放物保护法案[5]，这些排放物对环境可能产生有害的影响，故要求使用通风设备控制或抑制排放物的排放。

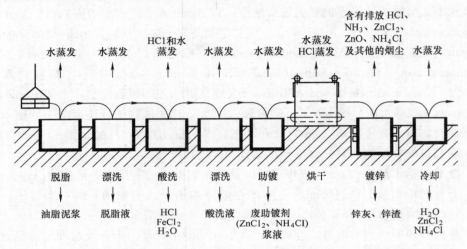

图 6-1　热浸镀锌生产线（批量热浸镀锌）的简图和各个工序可能的排放物

一方面，通风设备能够承担卫生健康任务，它确保了工人在工作场所的人身健康。另一方面，它的任务是控制和减少空气污染物。通风设备包括以下几个组成部分：①通风系统；②控制系统；③约束系统。

有关通风工程的 VDI 手册[16] 中已包含了成功案例、设计和设备或设施类型等，关于已实现事例的信息，具体包含在 VDI 手册中的加热、通风、空气调节、卫生工程的工作手册部分[17]。同样在加热和空调手册［19］部分也包含了 VDI 手册空气污染防治技术内容[18]。

1. 通风系统

通风系统应用于工厂的车间工作楼层（自然通风和设备通风）。一般来讲，工厂的通风工程基本可以划分为自然通风（通过空气的自动交换）和设备通风。这两种方式的主要特征是：

1）自然通风：空气是凭借厂房或车间的进、出口之间的温度差和气压差进行流通的。

2）排气：通过气体排放实现通风，由于低气压、自由气体的流动；在一个有限的空间内，通过鼓风实现通风；

3）通风：由此产生的超压气体防止自由的空气流入；将无污染的新鲜的空气限制在一定的空间体积内（废气的排放符合排放的极限值）。

4）透气和通风：通过鼓风和排放实现通风，通过空气的补充来补偿室内气体的排放（图6-2）；其唯一的优点就是空气中有害物质的含量低，采用了特殊的系统——空气幕门，用于门洞、炉子、锌锅。

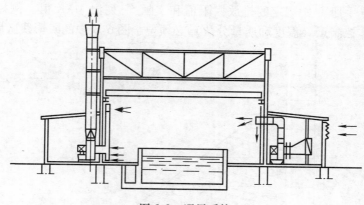

图6-2 通风系统

通风系统的独特功能远超出了此书的讲解范围，详细内容可以查阅相关的专业文献。

基本上有两种体系方法被作为评价基础用于计算所排放气体的量，也就是通过空气平衡原理或者根据计算的排气量来确定空气的量[16,19]。采用此方法可以计算空气交换之后所需要的补充空气量。

根据热浸镀锌厂的类别以及下列情况来确定所需要的空气体积流量：①每小时所需外部空气的交换量；②空气交换率；③冷负荷；④空气质量的恶化。

详细的参数和计算依据由 Recknagel、Sprenger 和 Hönmann 提供[19]。

注：必须考虑健康和安全符合工作法案（ArbStättV）[13]和工业安全法案的相关规定或要求。

2. 收集系统

空气污染物多在污染源地点采用各种不同的收集系统进行收集，如罩式除尘器、边缘分布式除尘器、隔离罩等类似系统或装置，这些系统或装置的选用要适合于现场的操作条件。

DVI 指导手册 3929[20]中提供了关于收集系统的类型和设计参考，并提供了一些实例。

边缘分布式排风罩和隔离罩式收集系统可以满足热浸镀锌生产的特殊需求，且在应用中已获得认可。在实际运用中，顶式排气罩、鼓风设备和排气墙（或壁）只获得了部分的成功应用（收集能力有限、所需处理的体积流量过大）。

作为热浸镀锌生产的特殊需求，热浸镀锌厂应建有锌锅隔离罩。对于新建的热浸镀锌厂，最好建有预处理（如酸洗工序）的隔离罩。在老的热浸镀锌厂，周边分布式排风罩仍在使用。对于预处理，目前开放的和密闭的预处理设计方案都在使用，它们的排气是通过气体分离器实现的，这里将参考图6-3进行相关的描述。

（1）周边分布式排风罩　实践经验表明，在表面处理领域同样不能超过空气卫生技术指导手册[6]中规定的排放极限值和文献[21]列出 MAK 值。例如：在用盐酸酸洗时操作控制点（温度和质量分数）必须位于图6-3中的阴影线区域[22]。

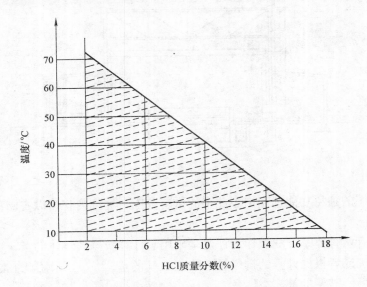

图6-3　用盐酸酸洗时操作控制点的极限曲线

　　正常的操作条件下，安装在容器（如液槽、液池、锌锅等）边缘的排气装置可以加快气体的排放，但这种情况只有当槽内或池内液体加热时才需要辅助排气装置工作。那么，采用边缘分布式抽风除尘装置是完全可以将酸洗液蒸气彻底收集的。为了不超过排放的极限值，在下游（烟气、烟尘上升的稍低位置）安装约束系统或装置（如湿气分离器）是非常必要的。针对材料表面蒸发的雾气的收集，此收集系统是不能够胜任的。

　　到现在为止，该种收集系统已应用于热浸镀锌锌锅中产生的烟气的收集。

　　当待镀件从处理液中移出时，边缘分布式抽风除尘系统就表现出了它的致命缺点。因为工件材料或中空类工件的平行悬挂以及热量的影响，空气污染物质在排放区是向上排放的。在辅助设备如带有吹雾阀的摆动翼的帮助下（图6-4），是可能提高边缘分布式收集系统的收集效率的。但在考虑环境保护以及排放效率的基础上，在技术上和经济上的最佳解决方案是将排放源与外部物质从各个方向隔离。所以，对于新建的热浸镀锌厂，只允许建设和使用完全隔离式的锌锅。

　　（2）锌锅的隔离　为了几乎全部收集热浸镀锌过程中产生的废气污染物，锌

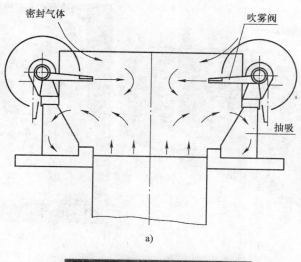

图 6-4　边缘分布式抽风除尘装置

a）工作示意图　b）实物图

锅的表面区域被罩在一个封闭隔离间内。这种隔离间的高度取决于待镀件的最大高度尺寸。

当计算出的最小容积的气体流量能够排出时，通过这种隔离罩式收集装置将包括外来物质的污染气体全部收集是可以实现的。图 6-5 所示为这种收集装置的实例，它的设计实现了锌锅纵向分布和横向分布（图 6-6）时锌锅四周的全封闭。

（3）评定基础

1）表面预处理工序中的边缘分布式抽风除尘装置。根据抽风缝隙的布局情况，边缘分布式抽风除尘装置被细分为：①不带法兰或每侧都带有法兰的单侧抽吸

a)   b)

图 6-5 锌锅隔离间（一）

a）锌锅隔离间 b）锌锅隔离间

图 6-6 锌锅隔离间（二）

式抽风除尘装置；②不带法兰或每侧都带有法兰的双侧抽吸式抽风除尘装置。

  根据文献［22］，再根据边缘分布式抽风除尘装置的吸气流量介于 5000 ～ 1000m³/(m²·h)、排放气体或废气的平均输入速度，将空气污染物收集时的平均输入速度定为 0.5m/s。在处理液需要加热的情况下，废气的输入速度以及吸气的体积流量将增加，见表 6-1。

表 6-1　表面预处理工序槽、池表面废气等排放的体积流量

（单位：$m^3 \cdot h^{-1}$）

容器类别 \ 液槽的宽长比	0.2	0.4	0.6	0.8	1.0
冷却槽	2000	2400	2600	2750	2900
酸洗槽					
室温	1550	1800	1950	2050	2150
加热	2600	3000	3250	3450	3600
脱脂槽	1300	1500	1600	1700	1800
漂洗槽					
非热水	1000	1200	1300	1400	1450
热水	2000	2400	2600	2700	2900

2）锌锅上的边缘分布式抽风除尘装置。根据文献［23］可知，假设静态环境中空气无横向流动，则锌浴的无锌灰表面将向周边大气中以约 $21kW \cdot m/s$ 的速率辐射热量。根据此热流量数值，可以计算出热体积流量的上浮速度[20,24]。根据文献［24］，上浮的速度约为 0.75m/s。

与表面预处理工序中的边缘分布式抽风除尘装置的应用相比，锌熔体表面产生的垂直热流（ <1m/s ）需要更高的输入速度且导致需要更高的体积排放流量，对于收集空气污染物可能要求高达 $6000m^3/(m^2 \cdot h)$ 的体积流量。当锌锅的宽度大于 2m 时，若要保证边缘分布式抽风除尘装置的收集效率，则需要一些辅助装置，如带有吹雾阀的摆动翼（图 6-4）。

3）锌锅上的隔离罩。隔离间的高度 H_E 和锌锅内锌浴的表面积 A_Z 决定了除尘收集的能力或隔离间的控制体积 E_V，当然这也取决于工作条件。

规划隔离间的隔离体积时可以根据下式进行粗略计算：

$$E_V = A_Z 2.12 H_E$$

各个面都封闭的隔离间的换气率 L_R 由隔离间的处理能力 E_V 决定，进行相关计算时要针对不同热浸镀锌厂的测量结果采用回归法进行相关计算。将计算结果绘制成图 6-7 所示的曲线。当隔离容积介于 $10 \sim 160m^3$ 采用半对数方法表示时，L_R 和 E_V 之间呈直线关系。为了保证空气污染物的安全收集和排放，换气率 L_R 需要控制在 $10 \sim 2min^{-1}$ 之间。可以根据以下公式计算所要排放的最小体积流量 V：

$$V = E_V L_R$$

含有所排废气的气体物质在隔离间的最高点排出并排入约束系统（如过滤分离器）进行净化处理。

3. 约束系统

不同设计和技术特征的约束系统（如分离器）被用来降低工艺过程中相关的

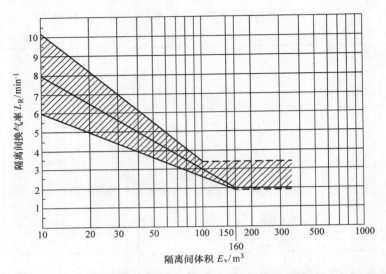

图 6-7　锌锅上方安装的隔离间换气率 L_R 和隔离间容积 E_V 之间的关系

空气污染物含量。它们的目的是将前面排放的空气污染物中所携带的固体、液体和气态物质完全分离。DVI 指导手册的 3677[25] 和 3679[26] 提供了各种不同约束系统的类型、设计参数等信息。

对于表面预处理工序排放的废气和热浸镀锌时排放的废气的净化，可以采用不同的约束系统。当 HCl 质量分数线与温度线的交点位于图 6-3[22] 中的阴影区域时，可以看出表面预处理工序的盐酸酸洗浓度极限值是 $10mg/m^3$[27]。如果在预处理时不按照这种极限浓度操作模式执行（即盐酸酸洗的操作浓度高于图 6-3 中的极限值），则要求采用完全封闭的隔离间式收集装置和湿式分离净化器。对于各种处理液中产生的蒸气或气雾，采用湿式分离器可以确保处理后的排放值不超过允许的极限值。

考虑到热浸镀锌生产过程中产生的空气污染物的 80% 均由极细的颗粒组成[28]，热浸镀锌企业主要采用表面过滤器特别是软管过滤器用于处理锌锅产生的废气，因为在表面预处理工序中应用湿式分离器不会引起其他问题。以下将重点叙述采用过滤分离器分离固体颗粒的情况及相关问题。

（1）过滤分离器　过滤分离器用于干式除尘器中，当待净化的气体通经过过滤介质时颗粒受限而不允许通过。过滤介质包括两层，一层为由纤维（毡、起绒布和纤维）构成的纤维层，另一层是粒状层。根据约束系统的结构设计和运行模式，过滤分离器可以细分为：深层过滤器或储存式过滤器（垫式过滤器）和表面过滤器（袋式过滤器、包式过滤器、滤筒式过滤器和填充床式过滤器）。它们可以设计成压力式或吸力式过滤器。

深层过滤器或储存式过滤器用于低颗粒浓度空气的净化。净化时通过纤维层的作用将固体颗粒分离。当过滤垫再也不具备储存能力，也就是过滤垫中的粉尘浓度达到饱和时，要及时更换新的过滤垫。采用专门的设计可以达到过滤元件的恢复使用。

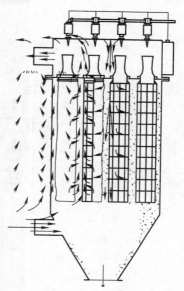

表面过滤器适用于粉尘浓度高达好几克每立方米的空气的净化。当待净化的气体流过一个或多个过滤元件（如包、袋、滤芯或者颗粒状填充床）后，达到净化效果。

粉尘的分离主要发生在过滤介质的表面（内表面或外表面），表面形成的粉尘层的情况实际上代表了过滤层的效率高低。随着过滤元件表面粉尘层厚度的增大，过滤阶段的压力损失增加。为了保持过滤器的过滤功能，过滤器的过滤介质需要周期性或间隔性地进行再生处理。目前市场上存在多种不同类型的过滤分离器。在热浸镀锌厂主要采用的约束系统有包式过滤器、滤筒式过滤器和袋式过滤器，在过滤阶段待过滤气体的流向是从过滤器介质的外侧流向内侧，使待净化的气体中的粉尘被分离在过滤介质的外表面上。这种过滤分离器（袋式和过滤筒式）的工作原理如图 6-8 和图 6-9 所示。

图 6-8　袋式除尘分离器的工作原理（过滤区域气流从过滤介质的外面流向内侧）

过滤元件（过滤袋或滤筒）的恢复处理是指在预定的压力作用下通过脉冲喷射而达到清洁目的。

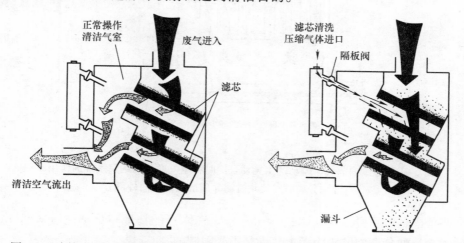

图 6-9　滤筒式除尘分离器的工作原理（过滤区域气流从过滤介质的外面流向内侧）

该清洁过程可以通过一个控制压力差的调节装置进行压力调节以提供不同的操作参数。与气体净化工作状态相比，过滤元件恢复处理的另一个显著不同就是气流是从过滤介质的内侧流向外侧。

过滤袋分离的空气清洁过程是通过内部气体流动产生晃动且同时将空气净化，这种约束系统的作用原理如图 6-10 所示。

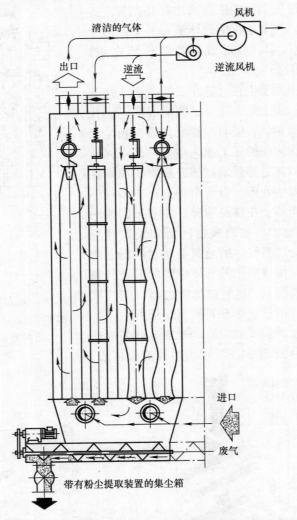

图 6-10 通过内部气体流动产生晃动且同时将空气净化的约束系统的作用原理
（过滤分离时气流从过滤介质的内部流向外部）

当考虑颗粒物质以及气体载体（待净化气体）的物理和化学性质来选择过滤介质时，过滤分离器的应用潜力几乎是不受限制的。

例如：在过滤分离时应当考虑粉尘是否具有吸湿性及含油或油脂的情况。2006年德国 NRW 的 EffizienzAgentur 与 LEOMA 有限公司合作开展的一项研究[29]结果表明，采用高效的脱脂技术完全可以将滤尘脱脂。当滤尘中的油脂含量达到 20g/kg

时，将会影响过滤介质的自净化功能，导致初期阶段过滤器的透气性降低。

约束系统（包式、滤筒式或袋式过滤器）的工艺设计对排放物质的排放量不会产生影响，但过滤介质和净化方法的选择对约束系统的功能及效果起着决定性的作用。过滤元件（过滤包、过滤袋或滤筒）的设计及恢复处理方法是过滤分离器的一个重要特征。

（2）过滤元件　实践中可采用不同类型的过滤元件，如过滤包、过滤袋、滤筒（图6-11）、过滤垫、滤芯等。

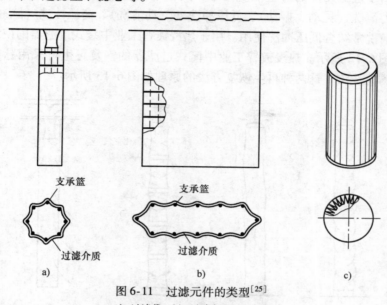

图 6-11　过滤元件的类型[25]

a）过滤袋　b）过滤包　c）滤筒

表 6-2　过滤元件的参数[28]

序号	过滤元件	新的过滤元件		材质（及处理工艺）
		克重/（g/m^2）	透气量[a]/[L/（dm^2·min）]	
1	袋式	180	120	聚酯织物
2	袋式	330	150	聚丙烯腈针毡（涂层）
3	袋式	350	350	聚丙烯针毡（压延）
4	袋式	500	150	聚丙烯针毡
5	筒式	180	72	微米纸（浸渍）

在表6-2中，这些过滤元件的参数已经被编制成技术参数成功地应用于热浸镀锌工业生产中，并将继续在此领域应用。可利用振动或辅助气流的作用对这些过滤元件进行清洁处理，清洁时气流由内侧流向外侧（运行编号为1、2和3）；此时的辅助外部气流如同其过滤分离排放气体时的压缩空气，只不过那时气流的流向是从

外侧流向内侧（运行编号为 4 和 5）。

（3）过滤元件的恢复处理　在工作时间内，为了保证约束系统的压力差、体积流量、分离效率尽可能保持一常量（或稳定值），应当采用各种恢复处理方法将过滤元件表面沉积的滤尘去除而实现清洁处理。

根据不同的约束系统种类，约束系统中所使用的过滤元件工作时气体流向有的是从过滤元件的外部流到内部，而有的是从过滤元件的内部流到外部。有多种不同的方法可用于过滤元件的再生恢复处理，其根本性的区别在于清洗方式不同，包括：机械力清洗（晃动、振动）、低压冲洗（气动清洗）、高压冲洗（脉冲清洗）。

机械清洗常结合低压冲洗使用。用于热浸镀锌工业中袋式过滤器的恢复再生方法原理如图 6-12 所示。热浸镀锌工业中筒式过滤器的恢复再生可采用脉冲清洗法或旋转喷嘴清洗法，这两种再生恢复方法的原理如图 6-13 所示。

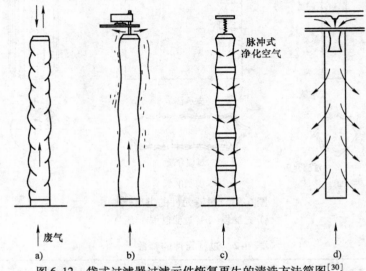

图 6-12　袋式过滤器过滤元件恢复再生的清洗方法简图[30]

图 6-13a 所示为脉冲清洗方法的原理图，图 6-13b 所示为采用旋转喷嘴的脉冲气流清洗方法的原理图。关于恢复再生，有以下两种情况：

1）再生过程中（清洗阶段），中断或减少的气流的供给，以保证粉尘颗粒不会进入过滤介质的内部或穿透过滤介质而到达过滤清洁气体的一侧。

2）冲洗过滤介质（采用逆流），而不用中断或降低过滤分离气体的流量。

在热浸镀锌工业中，主要采用脉冲气流使过滤介质恢复再生。通常当过滤介质内外达到预先调整压力差时就需要对过滤介质进行清洁处理，这时也造成体积流量一定程度的降低（部分负荷运行）。过滤元件不管是织物类还是针毡类，若分离工作时气流的流向是从内向外，常借助于惰性气体采用机械法对过滤元件进行清洗。为达到此目的可减小体积流量（部分负荷运行），这样待清洁恢复的过滤元件就和未净化气流隔开了。过滤元件清洁之后工作时残余压力损失随时间变化的曲线可以

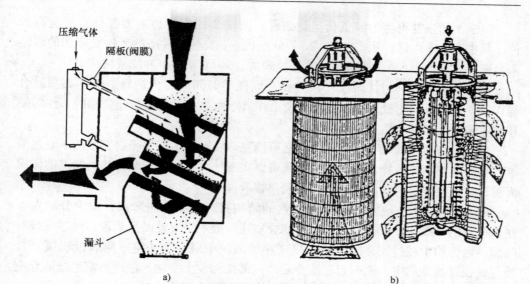

压缩气体

隔板(阀膜)

漏斗

a)　　　　　　　　　　　　　b)

图 6-13　筒式过滤器过滤元件恢复再生的清洗方法简图

表明过滤元件能够稳定工作，或者是变得更加堵塞而削弱了约束系统的功能。Gornisiewicz 的一项研究[31]表明了过滤阻力（存在压力差导致）增大和体积流量减小两者之间的关系。

实验室采用克重为 $500g/m^2$（新件状态下）的过滤介质（袋式）进行了对比测试试验[32]，测试了全负荷运行和部分负荷运行条件下的恢复再生情况。可以推断，在满负荷运行状况下分离净化时有相当数量的粉尘（$1074g/m^2 - 500g/m^2 = 574g/m^2$）沉积并聚集在过滤介质上。细小的粉尘渗透进入过滤介质并填充了过滤介质的孔隙，导致过滤介质的气透性降低；其结果导致过滤阻力增大，恢复再生效果变差[32]，在脏的气体载荷（满负荷运转）作用下恢复再生时这种影响会更加明显。

在部分负荷运行状况下，过滤介质被吹脱恢复再生时的恢复效果与全负荷运行状况下的情况存在明显的区别。满负荷运行时过滤介质吹脱处理后仍有 $409g/m^2$ 残留在过滤介质中，而部分负荷运行时过滤介质吹脱处理后只有 $46g/m^2$ 残留在过滤介质中（表 6-3）。

表 6-3　恢复再生方法对过滤元件恢复后可用性的影响[33]　（指气体流量和粉尘分离量）

清洗	过滤元件		新的过滤元件开始运行					
	克重/(g/m^2)	透气量 /$[L/(dm^2 \cdot min)]$	克重/(g/m^2)			透气量 /$[L/(dm^2 \cdot min)]$		
			1	2	3	1	2	3
1	500	150	1074	909	599	16	28	87
2	500	150	585	546	531	75	120	136

清洗 1 的恢复再生为满负荷运行条件；清洗 2 的恢复再生为部分负荷运行条件。其中表 6-3 中运行状态的 1、2、3 分别代表：交付条件下的元件（新用的、还未经恢复再生处理的）、压缩空气吹脱处理的、340℃ 条件下冲洗液清洗的。

恢复再生处理（过滤阶段）没必要在同样的时间周期内进行，但其必须适合操作条件。恢复再生处理的方法类别及工作效率由排放物分离净化处理的工作间隔和作业强度决定。

部分负荷运行状况下的恢复再生是可能在热浸镀锌工作间隔内实施的。通过采取各种措施控制排放物的排放体积流量可以实现针对不同操作条件的所要求的体积流量，如热浸镀锌时的浸镀阶段和间隔停顿阶段。

（4）过滤介质　过滤介质是透气性的结构材料，在最初阶段，粉尘分离发生在未覆盖的纤维层，在这种情况下过滤介质还一般不需要辅助后处理。经过一段时间后，因为粉尘在过滤介质上的沉积（初始的沉积层称为滤饼或附属沉积层）且被包裹在过滤介质中，而引起过滤介质的内部结构发生变化，进而影响了过滤介质及约束系统的过滤分离率、透气率（过滤前后的压力损失率）。

布料和纸是常见的平面过滤介质，针毡和起绒布是立体的过滤介质，它们可采用不同的基体材料（天然的和合成的纤维）制造。图 6-14 所示为针毡和过滤介质结构。

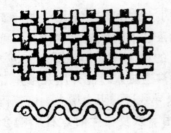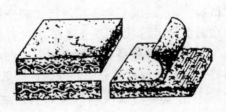

织物支承

a)　　　　　　　　　　　　　　　　　　b)

图 6-14　针毡和过滤介质结构
a）针毡（具有织物支承）　b）过滤介质的结构

钢铁零件的表面处理工艺及处理液类别、助镀工艺及助镀剂的类别、热浸镀锌的工艺方法（湿式镀锌或干式镀锌）等对于热浸镀锌行业过滤元件的选取是非常重要的。值得注意的是，待分离净化的可能包含有无机酸（盐酸），碱（NH_3、KOH），盐（氯化钙、氯化钠、氯化锌）和氧化性物质（氯化钾）。

表面预处理（脱脂和酸洗）时未去除的油脂颗粒、助镀剂（常规的传统助镀剂或低烟型助镀剂）的化学组成，以及最终不同热浸镀锌方法所产生的气体浓度（湿法热浸镀锌、助镀后的干法热浸镀锌）等将影响着所采用的过滤介质的使用功效。因此，高效脱脂预处理是过滤元件高效率过滤[27]的一个决定性因素。

选择合适的过滤介质基材（表6-4[31]）以及通过后处理工艺进行可能的改性，这些决定了过滤除尘器的过滤净化能力。这些过滤介质（织物或毡制品）具有不同的基本结构，这使得它们在应用中具有不同的最佳效果。采用辅助设备或后处理可以对过滤介质进行改性，如辅助设备或后处理将过滤介质的表面改性（平滑处理或涂覆处理），或基于化学物质或特殊纤维添加剂的过滤介质改性。辅助设备或后处理（机械、热或化学处理）可以提高过滤介质的过滤能力，从而可以满足热浸镀锌（干法和湿法镀锌）生产过程特殊操作条件的要求。出于成本的经济性考虑，热浸镀锌行业的过滤介质普遍采用聚丙烯（PP）材料。在热浸镀锌生产线机组上，因为具备较佳的表面预处理［脱脂、漂洗、酸洗、漂洗、助镀（熔剂化）、烘干］条件，也可以采用聚酯（PE）材料作过滤介质。空气污染物质的性质决定了过滤介质的选择。这里，还应考虑分离过滤过程是否造成粉尘的吸湿、粘油、粘脂等现象出现。

表6-4 过滤介质对锌锅周边排放气体中可能包括的化学物质的阻挡情况[31]

序号	材质名称	排放气体的组成							
		HCl	NH_4OH	NH_4Cl	KOH	$CaCl_2$	NaCl	$ZnCl_2$	KCl
1	聚酯	×	—	×	○	×	×	—	×
2	聚乙烯	×	×	×	×	×	×	×	×
3	聚丙烯	×	×	×	○	×	×	×	×
4	聚四氟乙烯	×	×	×	×	×	×	×	×
5	聚氯乙烯	×	×	×	×	×	×	×	×
6	纸	×	○	×	○	×	×	×	×

注：×代表阻挡，○代表部分阻挡，—代表不阻挡。

（5）评估基础

1）表面预处理工序的除尘系统。约束系统设计的核心要素首要的就是体积流量。若有需要，预处理槽（或池）表面的气体或蒸发物排放量可高达每平方米6000m^3/h[19]，此情况下必须设计采用约束系统（湿式分离净化器）。除了要排放的体积流量，基于投资和运行成本的分析，液体与空气的比例、分离器的压力损失以及这些因素环节等产生的能耗都必须考虑。图6-15所示为湿式分离器的设计实例和参数[34]。

2）用于热浸镀锌废气排放的约束系统。热浸镀锌的方法类别、污染气体的收集方式、待镀件的几何形状、工件助镀后表面的黏附量决定了待排放气体的体积流量。VDI指导手册2579第2.2段[22]所列举的排放气体体积流量的指导数值仅在理想条件下才能使用。热浸镀锌产生的空气污染物的80%都包括粉尘颗粒，因为它们的粒径大小不一致，故将它们统称为颗粒物质（图6-16）。

过滤面积载荷是指气体排放的体积流量和过滤面积之间的比值。在热浸镀锌行

类型	洗涤塔	涡流式清洗器	旋转式雾化器	文丘里管
	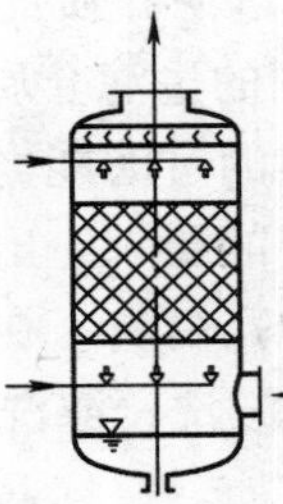 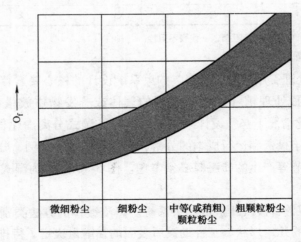	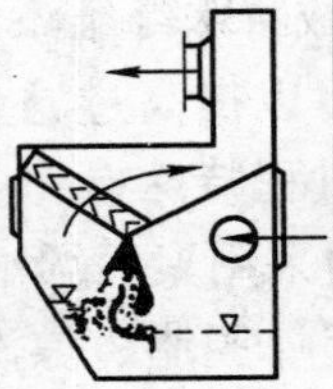	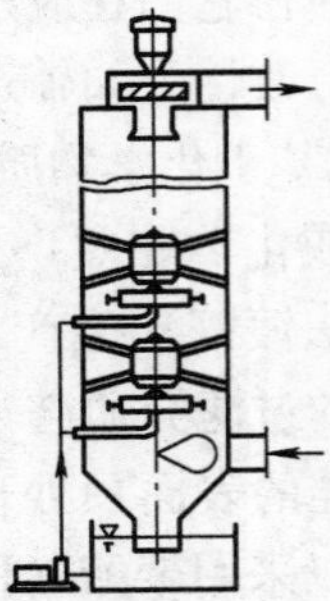	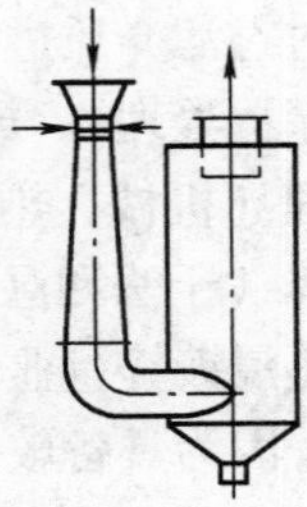
类网状材料	0.7～1.5	0.6～0.9	0.1～0.5	0.05～0.2
相对速度/(m/s)	1	8～20	25～70	40～150
压力损失m bar	2～25	15～28	4～10	30～200
液气比/(L/m³)	0.05～5	未指定	1～3	0.5～5
能耗/(W·h/1000m³)	0.2～1.5	1～2	2～6	1.5～6

图 6-15 湿式分离器的设计实例和参数[34]

图 6-16 气体过滤过程单位面积载荷 Q_f/[m³/(m²·h)] 和粉尘类别之间的关系

业中，当选用袋式过滤器时希望过滤面积负荷不超过 1.2m³/(m²·min)；当选用筒式过滤器时，希望过滤面积负载不超过 0.25m³/(m²·min)[28]。为了防止过滤介质损坏，过滤面积载荷偶尔高于之前所提及的建议值 25% 是允许的，但不能长时间超载工作，因为长时间的超载工作会引起过滤分离的失效。锌锅排出的污染气体中的粉尘含量取决于表面预处理的质量、镀锌方法、助熔剂组成，其含量通常为 $100 \sim 500 mg/m^3$ 不等[28]。

由于热浸镀锌厂产生的污染气体（原气）粉尘浓度较低（ $< 1g/m^3$ ），可以考虑采用低过滤面积载荷将微细粉尘过滤分离，这样在过滤面积上将产生低粉尘含量。

因此，初始阶段由于粉尘被过滤分离而在过滤介质表面形成初始沉积层（称为滤饼或附属沉积层），这有助于过滤介质可连续工作较长的时间，而不必经常性地清洗。过滤介质的清洗间隔和再生强度要与低粉尘排放量[35、36]相适应。

为了确保所安装的约束系统的功能全部发挥并持续稳定工作，需要准备有详细的维护计划[35]。特别要注意的是，在大修之前，若约束系统（除尘系统）长时间停机，则使用时需要仔细地清洗。

4. 引风机

收集系统（罩式、带有约束系统的入料口、烟囱）收集的污染气体的抽吸可通过采用引风机（通风机）实现。

由于批量热浸镀锌厂存在不同的工艺操作条件（满负载、部分负载、清洗阶段、镀锌间隔、停工），所以给约束系统配备抽风机及驱动是合理的，这样可以对不同工序的操作参数或规程进行连续调整。为适应不同的工作条件要求，主要采用以下三种不同的控制方法：

1）通过节流阀调节。

2）通过入口处进气叶片控制。

3）通过调节转速控制。

节流阀和进气叶片控制是低效的，因为在这两种情况下能量耗损较大。调节转速控制可以采用静态变频器控制三相电动机的转速，实现通风机的低能耗损耗控制。

恒转矩时可以通过调整电动机电压和电动机频率连续调整电动机的转速和风扇转速。图 6-17 给出了上述所提及的三种控制方法的对比，表示了 P/P_n 和体积比之间的关系，图中的 1 代表通过节流阀调节，2 代表通过入口处进气叶片控制，3 代表通过调节转速控制，4 代表变极电动机[37]。应用变频器时要求所选用发动机功率至少大于所要求的最大轴功率 10% 以上。变频器可细分为电压变频器（U 型变频器）和电流变频器（I 型变频器）。热浸镀锌工业中使用的频率器接线运行图如图 6-18 所示[38、39]，图中一个三相桥式连接变频器连接到供电网的 R、S 和 T 相位。变频器将交流电压转换成直流电压，所产生的直流电压通过测量电路供应给逆变器，逆变器再次将直流电转换成可变频的三相交流电压。风机驱动（或电动机）采用变频器的显著优势是：

1）在各个操作点都做到节能。

2）电动机在额定转速下运行。

3）在部分负荷区产生的噪声相当低。

4）轴承、带传动的承受负荷更小，使用寿命长，维护成本低。

5）在额定电流时发动机的输出载荷最大。

6）节省电力装置或设施。

5. 排放物的处置

净化过的气体通常通过烟囱排出。根据空气卫生的技术指导手册[6]要求，图6-19所示的列线图可用于确定理想分散状态下的烟囱最小高度。

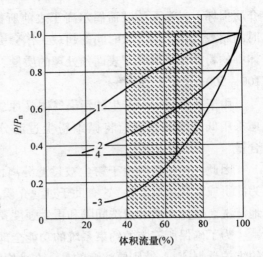

图 6-17 采用不同控制方法时所要求的功率[37]

P_n—电压100%时所要求的功率

P—电压≤100%时所要求的功率

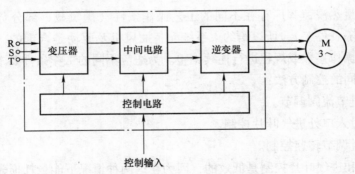

图 6-18 变频器的接线运行图

由于允许从热浸镀锌厂排放的低质量浓度（粉尘浓度＜5mg/m³、HCl浓度＜10mg/m³）以及低的质量流量，根据图6-19分析，选用最小烟囱高度为10m就足够了。

然而，考虑到镀锌车间屋顶高度、屋顶形式、倾角等，通常需要修正烟囱的高度（见空气卫生技术指导手册5.5.3中有关确定烟囱高度的列线图的第二段内容[6]），此处从列线图中确定的烟囱高度 H 需要增加一个额外高度 J。J值（单位为m）由空气卫生技术指导手册第2.4段[6]中的图（图6-20）确定。

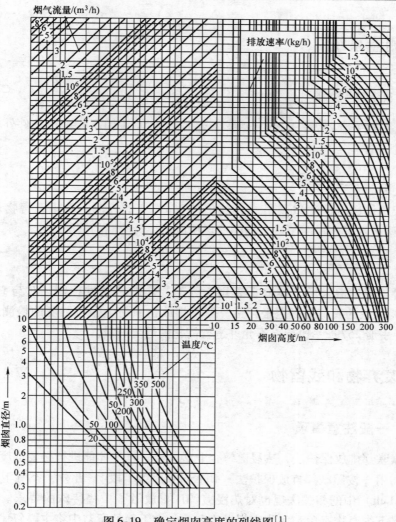

图 6-19　确定烟囱高度的列线图[1]

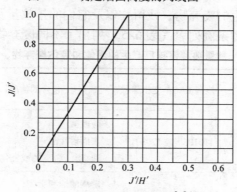

图 6-20　确定 J 值的图[1]

6.3 测量系统

6.3.1 排放的检测

VDI 指导手册 2579——热浸镀锌企业的减排[22]说明了除其他条件外检测条件和检测过程的情况。

6.3.2 工作区的检测

对于工作场所检测以及最高排放值即 MAK 值的控制，采用有害物质技术规则[12]，该技术规则说明了应当检测的场所以及计量检测的情况。

6.3.3 趋势测量

趋势测量是指采用气体分析管用于气态物质的选择性控制，对与 MAK 值和 MEK 值相联系的阈值进行定量评估。但是排放物中粉尘颗粒浓度的检测只能根据 VDI 指导手册 2579[22]执行。不允许进行简化的趋势测量。

6.4 废弃物和残留物

6.4.1 一般注意事项

根据联邦排放保护法，热浸镀锌企业必须经过批准才能进行必要的废弃物防止或回收利用［按照联邦排放保护法（BlmSchG）第 1 段］。此外，空气卫生指导手册（TA Luft）中的相关法规也对热浸镀锌厂排放做了一些特殊的要求。所以，在这种情况下废弃物避免和回收变得尤为重要。在下面的章节中将主要叙述热浸镀锌车间的不同工序所产生的废弃物、残留物以及它们的排放量及发展。对于种类不同的废弃物，根据废弃物条例列表（表 6-5）列出了不同废弃物的索引编号。

表 6-5 批量热浸镀锌厂产生的固体和液体废弃物、残留物

工序	废弃物、残留物	德国 LAGA 废物编号	包含的物质	是否属于危险废弃物
脱脂	废脱脂液、废酸、废碱	110105① 或 120301①	酸或碱 表面活性剂 油/脂（游离的或乳化的）	是
	分离的油和脂	130502①、130506①	游离的油和脂 脱脂液的成分	是

（续）

工序	废弃物、残留物	德国 LAGA 废物编号	包含的物质	是否属于危险废弃物
酸洗	酸洗废液（酸性的）	110105[①]	氯化亚铁 氯化锌 游离盐酸 带入的一些油/脂 待镀件酸洗掉的合金元素 AOX 或盐酸产品中的重金属	是
助镀处理	废助镀液	110504[①]	氯化铵 氯化锌 氯化钾	是
	氢氧化铁污泥	110110[①]	氯化亚铁 氢氧化铁 助镀液中的一些盐	否，建议分析
浸镀	锌渣、锌灰、飞溅锌	110501[①]锌渣、 110502[①]锌灰	锌 铁 氧化锌 铝	否
废气过滤	过滤粉尘（助镀烟雾、粉尘）	110504[①]锌灰	氯化铵 氯化锌 氯化钾 带入的一些油/脂	是
	过滤袋	150202[①]	合成纤维过滤介质上沉积的粉尘	是

① 按照参考文献［40］进行分类，在不同情况下分类可能存在差别。

若废弃物被归类为有害物质，则处置时必须依据废弃物回收条例[4]的处置标准流程。关于这一点，建议寻求与废弃物处置专家合作，因为专家可能会根据实际情况将处置标准流程做一些简化处理。处置标准流程的一个例外就是生产商自愿接收废酸（见废弃物回收管理法第 25 部分[3]）。

通常来讲，热浸镀锌厂（批量镀锌）是不产生污水的。至于个别情况所产生的与生产相关的废水排放，参照德国水资源法第 7a 条的附件 40 的废水管理法[41]执行。在酸洗工序区域，因为酸洗后的漂洗而产生漂洗废水的累积。因为锌锅的周边环境不能采用湿式清洗，所以锌锅周边与酸容器或酸输送管道之间没有任何联系。漂洗水经常和废酸洗溶液一起处理。由于漂洗废水可能含有污染物（如脏颗粒、铵离子等），这增加了废酸洗液回收的困难，故可能需要由废弃物管理公司单独处置。

6.4.2 脱脂工序产生的含油废弃物、残留物

1. 脱脂槽内产生的含油废弃物、残留物

脱脂槽的脱脂效果由于脱脂液的老化和外来杂质的进入而受到抑制。脱脂液的使用寿命和用于脱脂的废水量在各个热浸镀锌厂之间都不尽相同，因为它们取决于生产量和待镀件的污染程度，还取决于乳化的油或脂的量以及其他污染物进入脱脂槽内的情况。通常，脱脂液的使用寿命可达 1～2 年。

废的酸洗脱脂槽中含有稀盐酸或磷酸、乳化剂、酸洗抑制剂和游离的或乳化的油与油脂。废的碱脱脂槽中含有氢氧化钠、碳酸盐、磷酸盐、硅酸盐、表面活性剂和游离的或乳化的油与油脂。根据文献 [40]，废弃的、不用的脱脂液被划归为危险废弃物，通常由专营的化学、物理处理厂进行处置，所以它的回收利用是不可能的。用过的、不能再用的脱脂液通过破乳将富油相转变为低油相（或水相），然后进一步处理低油相。根据相关法律规定（废油条例），富油相必须单独处置。

2. 含有油脂的污泥和浓液

如前所述，脱脂液的使用寿命可以通过定期去除脱脂槽内没有乳化的油获得延长。在大多数热浸镀锌企业中，没有乳化的油或油脂漂浮在脱脂槽的表面并采用撇油器机械法去除。去除的浆液中包括由工件带来的油脂及其他污染物（如氧化皮、铁锈、灰尘）。这些浆液如果不能够回收利用，则根据文献 [40] 将被划为危险废弃物。根据法律条款要求（废油条例），它们必须和其他废弃物分开单独进行处理。根据 TA – Abfall（废弃物技术法规）给出的相关建议[42]，含油和燃料的分离物要送至有害废弃物焚烧厂或化学 – 物理处理厂进行处置。

6.4.3 酸洗废液

当酸洗槽中的铁含量超过约 170g/L 后，酸洗液的酸洗效果显著降低，并不可能再通过补加新酸继续使用。废酸溶液主要包括残留的游离酸、氯化亚铁、氯化锌、钢中被酸洗掉的合金元素和可能存在的酸洗抑制剂（如六甲基四胺）。如果待镀件的脱脂处理也在酸洗槽内进行，则酸洗废液中还包括大量的游离的或乳化的油脂。在热浸镀锌厂，酸洗主要使用工业纯盐酸，因为盐酸的制造工艺不同导致这些工业纯盐酸中可能含有不同的重金属和非金属伴生成分。如生产氯化烃（CHC）过程中作为副产物的盐酸中通常含有一定残余量的 CHC。这些伴生的成分并不影响盐酸的酸洗过程。在热浸镀锌厂中返镀件的酸洗要在单独的酸洗槽（单独的酸处理）内进行，这样保证富铁的酸洗废液中锌含量很低，而富锌的酸洗废液中铁含量很低。富锌的酸洗废液中通常含有酸洗抑制剂。如果这些废酸不回收利用，它们作为废弃物根据 AbfBestV（废品的最终处理管理）要求特殊监管，而根据 TA – Abfall（关于报废技术法规）的相关建议这些废酸必须由专业的化学 – 物理处理厂

处置。然而，大多数情况下德国的废酸洗溶液可再利用于其他领域。相对于混合废酸或含有油脂污染物的酸洗废液，废酸处理企业通常更倾向于处理单一的废酸溶液，因为这些单一的废酸溶液通常单独管理。一般的规律是，混合酸洗废液的处理成本比单一废酸溶液的处理成本要高很多。出于此方面的原因考虑，单一的酸洗管理方法（单独的铁酸洗和单独的锌酸洗方法，而不是原来的铁、锌混合酸洗处理方法）已经确立并代表了中欧国家当前的酸洗工艺水平；且这种方法使得酸洗废液的回收变得可能——回收氯化亚铁和氯化锌。

6.4.4　废助镀液、助镀液处理残留物

因为各种处理液的带入或带出，助镀槽内富含有一定量的酸和铁，它们的含量达到一定浓度时会对助镀效果产生负面影响。一些热浸热镀锌厂对助镀液进行再生处理，另一些则将助镀液废弃。热浸镀锌企业可根据各自的工艺条件选择助镀液的不同处理方法，当然其中的经济利益起着重要的影响。即使是周期性再生处理的助镀液也要一定时间后废弃处理掉，因为助镀液中可能带入油脂及其他污染物而影响助镀质量。

1. 废弃助镀液

若助镀液不进行再生处理，应用了一定时间（如几年的寿命）的富含有铁和污染物的助镀液必须被废弃掉，且必须重新配制。废助镀液是酸性的盐溶液，根据所使用的助镀剂的类别不同，废助镀液中含有氯化铵、氯化锌，或者还含有氯化钾。不管采取什么样的处理方法，根据废物条例[40]的列表归类，废助镀液被归类为危险废弃物。当前的工艺水平是将助镀液再循环处理使用。

2. 氢氧化铁污泥

在助镀槽内进行助镀液的再生处理时将会产生氢氧化铁污泥，如果污泥不被污染，则氢氧化铁污泥不被归为危险废弃物。热浸镀锌生产过程，要根据具体的实际情况再次审视危险废弃物的划分、所允许的不同的用于废弃物处理的方法、预处理检测的必要性等内容。实际的规则则是，热浸镀锌厂产生的氢氧化铁污泥作为危险废弃物处置。助镀剂的再生可以在槽内进行，也可以在槽外进行，实践中这两种方法都在应用。

6.4.5　浸镀过程中产生的废弃物或残留物

1. 锌渣

由于液态锌在待镀件表面发生扩散，形成了不同厚度的铁－锌合金层，这一铁－锌合金层被称为渣层。在整个热浸镀锌过程中，因为待镀件的不断浸镀，锌浴内也含有一定量的渣。当锌锅内壁受到热冲击或机械冲击时，较厚的渣层将从锅壁剥离并沉积在锌锅的底部。还有一部分锌渣的形成是因为锌和铁盐的反应造成的，比如酸洗或助镀时带来的铁盐，另外助镀过程本身也起到一定的酸洗效果，故助镀

过程中也产生少量的铁盐；这样浸镀时锌和铁盐反应也会形成锌渣。因为锌渣的密度比液态锌大一些，所以锌锅底部聚集的锌渣要定期清除。由于锌渣中的可再生材料含量较高，如锌渣中锌的质量分数高达 95% ~ 98%，所以锌渣通常交付给锌冶炼厂处理。锌渣非常适合作为二次原材料用于回收生产锌。

2. 锌灰

热浸镀锌时，在锌浴表面会产生锌灰。锌灰实质上是干法镀锌时形成的一种固态化合物，因为它的比重比锌低而漂浮在锌浴表面。当液态锌与空气中的氧接触以及液态锌和工件表面的助镀膜反应时，都会产生锌灰。它的主要成分是氧化锌和氯化锌。对于铝－锌合金浴所产生的锌灰中还包括三氧化二铝。在待镀件浸入锌浴之前，采用刮板或刮耙将锌锅表面的锌灰清除。当从锌锅表面清除锌灰时，所清除的锌灰含有大量的锌，通常其锌质量分数达 80% ~ 90%。由于它的高锌含量，锌灰通常是作为再生材料交付给冶炼厂用于冶炼加工的。一直到 2007 年 10 月，锌灰一直被视为非危险废弃物，并被归为绿色废弃物一类，据欧盟 GB025[43] 锌灰在欧盟国家之间可以无条件跨境运输；然而从 2007 年 11 月开始，因为锌化合物评价的改变也造成锌灰的分类发生改变。

锌灰是可再生原料，大量用于生产可循环利用的锌及含锌的产品。

3. 飞溅锌

若待镀件助镀后没有完全干燥，工件浸入锌液时发生水蒸气的爆炸蒸发，使得大量的锌从锌液中飞溅出来。由于飞溅出的锌与空气接触而发生锌的氧化，且飞溅锌溅落在车间地面上时被地面污染。一般情况下，飞溅出的锌被收集放回锌锅重熔使用。

6.4.6　其他废弃物或残留物

在热浸镀锌过程中，其他的工序或车间区域产生的废弃物和残渣有：滤尘、过滤袋、镀锌钢丝废料。

通常情况下，若滤尘中不含有干扰回收的油脂类污染物，则是被回收处理的。当然，这里需要检查分析这些物质回收的可能性；如果不能回收处理，则必须按照废弃物的分类进行相关处理。此外，在热浸镀锌厂内还有一些其他与热浸镀锌生产过程不是很关联的废弃物或残留物，如过滤器、包装膜、废纸等。

6.5　噪声

6.5.1　一般注意事项

热浸镀锌厂通常不是较大的噪声源，但其生产过程中也有一些与工艺相关的噪声峰值，使得在一些相关的工序操作时有必要进行噪声防护。德国的相关法规

（第3章、第1章、第3.7节）对工作场所[13]的噪声要求（图6-21）为：有关工作场所，对于一些特定的工厂要求声压水平保持得尽可能的低。即使连同外部噪声一起考虑进来，室内工作场所的噪声也不得超过85dB（A）。至于考虑到有的工作场所这个评估值不合理或难以达到，那就需要采取降噪处理，降噪效果可能会超过5dB（A）。

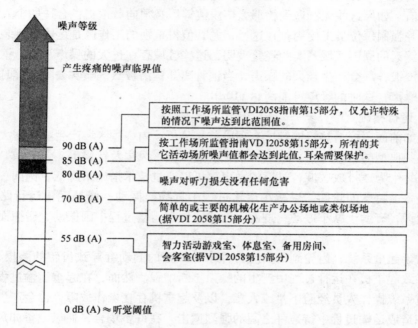

图6-21　不同活动或工作区域声压值的最大值

工作场所法规中所定义的最大噪声参考值同时考虑了噪声对听觉系统的危害、对人体神经系统可能产生的影响以及是否影响到安全生产和生产率。在工作场所条例和LarmVibrationsArbSchV（噪声与振动职业安全及健康条例）第3条[44]以及VDI准则和事故预防条例"噪声"（BGV B3）部分的相关条例、指南、规程等都必须实施。除了其他要求以外，它们尤其要求：

1）噪声区（$L_r \geqslant 80\text{dB}$（A）或声压水平的最大值$\geqslant 135\text{dB}$）和员工所处危险情况的确定。

2）噪声区必须标示，当该处的噪声声压值达到85dB（A）时，声压值的最大值不超过137dB或使用了能产生脉冲噪声的物质时，必须通过限制员工暴露于噪声下的次数来减小噪声的危害。

3）必须对在噪声区工作的员工进行指导（如有关噪声的危害及针对噪声所采取的相关措施）。

4）对于工作在$L_r \geqslant 85\text{dB}$噪声区的员工必须提供合适的听力保护装置。当$L_r$

≥90dB 时，根据事故预防条例，员工必须使用个人噪声保护装置。

6.5.2　热浸镀锌厂的噪声防护

1. 个人防护设备

热浸镀锌厂必须设法采用技术性措施或由专业机构进行测量并观测上述所提及的相关值。如果这些无法做到，那么热浸镀锌厂必须向员工提供合适的个人噪声保护设备并强制每位员工使用。在这里，尤其值得重视的工作区是运输车辆装载卸载区以及锌锅的周围区域。实践经验表明，这些区域存在过大的噪声污染。钢管的自动化热浸镀锌厂会产生较大的噪声，当钢管离开锌浴被蒸气喷吹去除余锌时会产生很大的噪声，这时的噪声可能高达 110dB。

2. 运行措施

正如前面所提，热浸镀锌厂有理由首先分析厂内一些区域产生噪声增大的可能性。这些典型的区域包括：起重机系统、通风机、风扇及锌锅等。

在每个噪声排放区，过度的噪声都可以通过技术措施来降低。例如：可以给叉车装备上特殊的轮胎，以减小运输过程中货物的振动；修补运输运行路面的凹坑、边缘，有助于减小振动，进而降低待镀件在运输过程中因振动、碰撞而产生的噪声。

对于起重系统，齿轮副的高应力冲击和频繁的制动会导致齿轮的磨损、裂纹，这将导致起重机在运行过程中产生的噪声不断增强。然而，在起重运输过程中，如果起重系统操作人员经验不足或大意，以及起重机存在操作故障，也会产生一些问题，如造成运输过程中待镀件之间的强烈撞击。在许多场合，通风设备如风机都可以采取专门的消声设计。即使是采取最简单的措施，如降低待镀件运输时运输工具的行进速度，或关闭车间的门窗，都有利于降低噪声，至少可以抑制噪声的传播。在热浸镀锌厂的噪声防护问题上，人为因素比技术因素更为重要，这是因为其主要问题是避免因粗心大意和冷漠工作所引起的噪声。

6.6　职业安全

6.6.1　一般注意事项

1. 法律基础

操作和交通事故意味着个人的不幸，并影响到生活质量下降。对于企业和政府，事故意味着资本和价值的损失。因此事故预防对于政府、企业、被保险者而言，是所有人的责任。根据相关法律规定，这些责任包括：①企业家或企业法人有提供安全工作场所的职责；②员工在他的岗位职责范围内有安全生产的责任。

德意志联邦共和国的职业安全制度奉行双重战略。一定数量条款的法律法规直接或间接地与职业安全有关。监测企业是否遵从职业安全法规的中央机构是行业管理部门和雇主责任保险协会的技术检查团。雇主责任保险协会（BG）是负责法定事故保险的实体。根据法律，每个热浸镀锌厂都要申请加入并成为雇主责任保险协会（BG）各工业分部的成员。

2. 热浸镀锌厂的事故

由热浸镀锌的作业方式特征决定，热浸镀锌厂内的事故发生率相对较高。1980年的一项研究表明，1971~1979年，每100个参保人员中平均就有43个上报过意外事故，安全生产的结果非常糟糕。

幸运的是，由事故预防和劳动安全中心以及工商业协会工人保险赔偿机构自1990年10月开展的研究表明，20世纪80年代事故发生率呈减少趋势，并在20世纪80年代末趋于稳定：1987年，发生工伤事故1009起；1988年，687起；1989年，637起。

结合当时有大约3200员工从事热浸镀锌行业（只考虑原联邦德国）的工作，可以得出每年就有五分之一的员工遭受事故。虽然这个比例值较高，但与其他工业领域的事故图表相比这个比例数值还是要小一些。

然而，所报道的绝大多数意外事故并不是发生在锌浴操作或预处理酸洗工序，而是发生在材料的储运、整理（黑件储存库）以及成品材料的储运、整理（白件储存库），且都是典型的肢体伤害（脚部、手部、胳膊部位、腿部）。图6-22给出了热浸镀锌厂内事故中身体受伤部位的统计情况，图6-23给出了热浸镀锌厂内事故发生区域的统计情况。

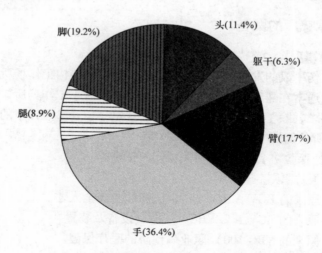

图6-22　热浸镀锌厂内事故中身体受伤部位的统计情况

3. 事故损失

职业安全组织以及每一起工作事故都会产生相应的费用。在实践中，事故损失

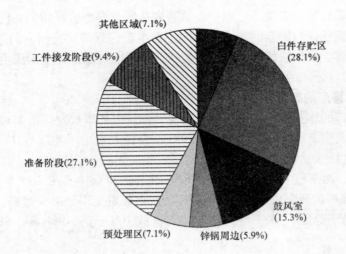

图 6-23　热浸镀锌厂内事故发生区域的统计情况

计算通常仅限于与个人相关的事故成本，其中包括：

1）继续支付工资的费用，其中还包括劳务补助费。

2）BG（雇主责任保险协会）支付的每个缺勤工作日的保险赔偿费用（BG 支付 60%）。

对于热浸镀锌厂来讲，每损失一个工作日的成本高达 300 欧元。因此，如果一名员工因工伤事故缺勤工作三周将产生 6000～10000 欧元的损失。

6.6.2　热浸镀锌厂的配备

1. 一般注意事项

为了防止工伤事故的发生，热浸镀锌厂必须采用钢结构工作场所。这种热浸镀锌厂的结构设计通常在建筑法条款中有相关的规定。对于工作场所、机械设备、厂房的其他相关要求，除了要遵守建筑法条款的规定，还要参照以下的相关规定：

1）工作场所条例。

2）雇主责任保险协会 BGV 的相关规则，特别是：

BGV A 1　预防原则。

BGV A 2（原来的 BGV A 6/A 7）厂医和职业安全人才。

BGV A 3（原来的 BGV A 2/VBG 4）电气设备及装置。

BGV A 4（原来的 VBG 100）职业病预防的医疗保健。

BGV A 6（原来的 VBG 122）职业安全工程师。

BGV A 7（原来的 VBG 123）厂医。

BGV A 8（原来的 VBG 125）工作的健康和安全标志。

BGV D 6（原来的 VBG 9）起重机。

BGV D 8（原来的 VBG 8）卷扬机、提升机、牵引装置。

BGV D 27（原来的 VBG 36）工业货车。

BGG 925（原来的 ZH 1/554）工业货车驾驶员的培训和试车，驾驶员的驾驶席和驾驶室。

3）职业健康与安全法。

4）职业安全法。

5）操作安全规定。

6）行人道路交通指示。

7）有害物质条令。

8）对母亲（孕妇）的法律保护条例。

2. 工作室和工作区

敞开式操作场所或池的底部、喷涂区域的地面必须采取防滑和耐磨处理。工作区域或运输路径交叉处的容器和管道必须进行保护，以免损坏。

3. 敞开式锌锅

当热浸镀锌用的锌锅不工作时，必须覆盖或配备可用的用于危险区域的锁闭装置。开放式槽（或池，用于预处理工序）工作区域若不采取其他相关措施用于防止员工掉入槽内（或池内），则处理槽（或池）的边缘必须高出员工脚底部位至少1.0m 以上。当锌锅的凸出边缘宽度至少为 0.2m、高度为 0.7m 且允许接受时，则要求每次浸镀后及时清理锌锅的凸出边缘。当手动在锌锅周边操作时，必须提供可能的前进和后退方向；在这种情况下，操作一侧的锌锅边缘凸出高度至少要在0.2m 以上，且工人操作一侧活动面积的宽度至少要在 1.5m 以上。在锌锅的敞开区，禁止靠近或进入锌锅边缘的安全围栏和围板（图 6-24），必须采用合适的警告标识来约束这种禁止行为。未经批准的人员不得进入热浸镀锌锌锅的作业间；在大车间里锌锅的周边区域往往属于危险区，必须贴出禁止标志来明确或表明这一禁令。所有的禁止、警告和其他的标志都必须遵照 BGV A8"工作场所的安全与健康标志"执行（参照本书 6.6.7 节）。

图 6-24　禁止靠近或进入锌锅边缘的安全
围栏和围板（尤其是穿着胶皮鞋）

4. 送料装置

负载悬挂装置和支承部件（货架和横梁）的设计必须能够抵御化学腐蚀和热应力。当链条暴露于锌浴环境时，根据 DIN 32891 "2 级圆环链，不按量规检验"

和 DIN 5687 第 1 部分"5 级圆环链，不按量规检验"允许使用 DIN 32891 规定的 2 级圆环链和 DIN 5687 规定的未淬火 5 级特殊合金钢圆环链。在材质选用上只有抗氢脆和抵抗液态金属诱导裂纹的材料才能使用。8 级圆环链（即使是特种合金钢）通常也是不允许使用的。

绑扎用钢丝必须满足预期使用目的，且仅允许一次性使用。所采购的绑扎钢丝应具有以下特点：

1）裸绑扎钢丝，根据 DIN 1652 冷拔和软化退火钢丝执行。

2）钢的等级参照 DIN 10025：Fe 310 − 0 或 Fe 360B（原来的 DIN 17100：St 33 或 St 37 − 2）。

3）拉伸强度：$300 \sim 450 \mathrm{N/mm^2}$。

4）断裂伸长率（$L_0 = 5d_0$）：25%。

5）晶粒不允许粗化。

6）围绕一直径的缠绕实验（至少 8 圈不损坏）。

6.6.3　操作规程、通用规程

根据操作安全条例第 3 节[14]，用人单位必须设置危险和压力分析，必须制定操作规程以确保热浸镀锌设施的安全操作。至于操作规程的结构内容，必须参考 TRGS 555 有害物质的技术规则和 GefStoffV[15] 指导手册第 14 节操作指南的相关内容。

图 6-25 示例了一个热浸镀锌厂预处理工序以及此工序危险物处理的操作规程。其他工作区域、物质处置和工序也要求有相应的操作规程。操作规程必须以可理解的并且是员工熟悉的语言方式提供。它们必须公布或张贴在热浸镀锌厂内一个合适的地方，并必须引起被员工的注意和方便观察。

热浸镀锌厂必须组织员工培训，内容包括厂内操作相关的危险事项隐患教育和相关事故发生前的预防措施。这种培训或教育必须每年至少一次。热浸镀锌厂必须提供开展相关培训教育的证明以及参加培训教育的人员名单。

6.6.4　个人防护装置

如果危害不能通过其他措施排除，热浸镀锌厂必须给员工提供足够的个人防护装备，且必须强制员工使用。所应用的个人防护装备如图 6-26 所示。

6.6.5　个人行为规则

工作场所保护的基本规则载于各自的操作手册中。通用规则有：

1）保持工作场所整洁！现场应只保留与工作过程直接相关的工具和材料。

2）不要使用已损坏的工具！一旦损坏必须立即向主管报告（图 6-27）。

3）手工搬运东西时加强注意！如果人工搬运不可避免，则必须穿戴防护手

| BTA No. : 003
Rev: 07/2006 | 操作规程
参照危险物质指南第14节内容
范围和操作
预处理液的补充和转移 | EU-SDB : 25.03.2007
制定者：

签字 |

| 有害物质的名称 |
| HCl < 15% (酸洗池)
质量参数：< 15%HCl　　　　(HCl,CAS-编号　7647-01-0) |

| 对人身和环境的危害 |

酸蚀

酸烧伤。
刺激呼吸道。
轻微的水污染(WGK 1)。

阈值：8 mg/m³(HCl气体)

| 保护措施和操作规则 |

丁腈橡胶
(0.35mm)

常规的保护措施和保护设施
当与眼睛接触时，立即采用大量清水清洗，同时看医生。穿戴耐酸防护服，符合EN374要求的厚0.25mm的丁腈橡胶防护手套，佩戴护目镜。

一旦感到恶心，立即看医生(若有可能，出示此标签)。

加酸和液体转移时的操作规程：
当配制酸洗液时，要确保先加入所需求量的水，然后再向水中加入盐酸，加酸时要确保软管或漏斗的末端深入液体中。避免盐酸中混入碱(如碱性脱脂剂)！转移液体时避免液体的溅洒。

卫生指南：
立即更换污染的服装，预防性的皮肤保护(实施皮肤保护方案)。
工作后或中间休息之前勤洗手、脸。

| 危险情况下的操作 |

消防队　　　　0112

消防措施：
采用适合火情的灭火剂。佩戴呼吸器具，有必要的话穿戴隔离环境空气的化学防护服。收集污染的消防用水。

意外泄漏时的措施：
不允许泄漏液进入排水或供水系统，采用化学粘结剂吸附或者尽量泵入单独的容器内进行处置。

消防和意外泄漏时穿戴保护装备！

| 急救 |

急诊医生　　　　0112

皮肤接触：立即更换污染的服装，采用大量清水冲洗！

眼睛接触：眼睛睁开(用手辅助)，流动水冲洗10min。

误吞咽：大量喝水(几升的量)；不能造成呕吐，若呕吐则存在穿孔的危险，立即看医生。

吸入：吸入新鲜空气，看医生。

| 妥善处置 |

联系OSH(职业安全与健康)经理或工厂的经理进行妥善处置！

图 6-25　预处理操作规程（举例）

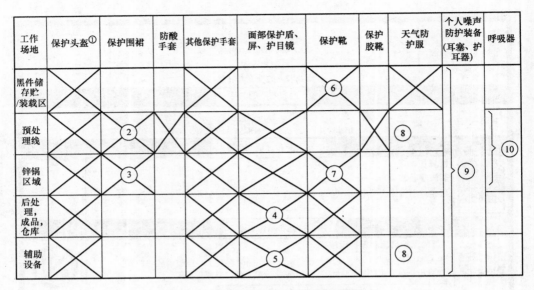

工作场地	保护头盔①	保护围裙	防酸手套	其他保护手套	面部保护盾、屏、护目镜	保护靴	保护胶靴	天气防护服	个人噪声防护装备(耳塞、护耳器)	呼吸器
黑件储存贮/装载区						⑥				
预处理线		②						⑧		
锌锅区域		③				⑦			⑨	⑩
后处理,成品,仓库				④						
辅助设备				⑤				⑧		

图 6-26　热浸镀锌厂的个人防护装备

图中:

① 所有的操作活动中都要求,在这些活动中可能因为物料坠落、抛落、摇摆或撞击障碍物等导致头部受伤。在锌锅区域应戴着塑料面具防护头部或采用钢丝布进行防护。若员工不能够穿戴常规的头部保护装置,则要专门设计供残障人士使用的防护装置。

② 根据操作条件的不同,必须穿戴防酸服装或防酸衬衣。

③ 至少应穿戴阻燃防护服(更好一点的带有热反射功能)。

④ 护目镜。

⑤ 由操作条件决定,如在金属加工车间的打磨工序。

⑥ 若可能带有耐磨鞋底。

⑦ 另外穿戴上可分离的绑腿或穿上阻燃长裤。

⑧ 根据生产操作条件而定。

⑨ 经检测、评价的噪声达到 90dB 时。

⑩ 当排放物可能超过 MAK 值时提供合适的呼吸器,合适的呼吸器请参考"呼吸系统保护手册(ZH 1/134)"及"危险工作物质手册"。当员工更换工作岗位时,在新的工作岗位上也必须配备相关的个人防护装备。

套。注意物料滑动!

4)保持运输通道畅通!运输通道上禁止存放货物!进出口特别是逃生通道、紧急出口和紧急开关处不能被堵塞(图 6-28)。

5)锌锅的危险区域必须禁止未经授权人员进入,因为有被飞溅锌液伤害的危险。

6)必须穿戴个人防护装备,只有这样才能保证防护的有效性。

7)工作场所禁止打闹和开玩笑!这会危及你和你的同事。

8）工作场所禁止饮酒。

9）注意进食和饮水卫生。

10）发生事故立即向主管报告，即使事故发生时看起来并不严重。

11）留意外来人员。

12）只使用合适的和无故障的搬运设备。

13）物料堆放正确，防止物料的滑落和倾翻（图 6-29）。

14）合理使用起重设备，不要超载。

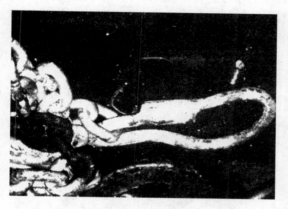

图 6-27　链条的不当修理方式（不允许）

图 6-28　紧急出口受到阻挡

图 6-29　待镀件（黑件）的危险堆放

6.6.6　有害物质的处理

在热浸镀锌厂，有时会使用腐蚀性或具有刺激性物质和带有危险特性的试剂，如盐酸酸洗液和脱脂剂。在有害物质条例[15]中，描述了雇主及雇员的职责及物质的处理事项。根据有害物质条例的第 8 节及其后续章节，在使用有害物质时必须建立阶段防护概念。这其中，确定为有害物质类的物质需要用人单位采取特殊防护措施。针对这些措施，BAUA（联邦职业安全与健康协会）[45]专门为中小型企业制定了模板，可以提供互联网免费下载，并被推荐作为企业职业安全概念（或意识）的一项基础。建立这样一个由专家特别是安全专家制订的理念是明智的。对于防护阶段概念所产生的结果，尤其是阶段 3 和 4 的防护，可以通过采用代表性的检测手段对工作场所的一些门槛值进行测量而加以监控。此外，还制定了操作规程，操作规程中采用了一些具体的措施，这些措施与阶段防护的概念对比有一定的偏差；同时，按有害物质条例第 14 节的内容编制了安全数据表。这些均必须按具体的程序操作，且必须在危险物质的容器上贴明标签。

6.6.7　工作场所的安全标志

热浸镀锌厂必须张贴明显可见的禁止、强制、警告和应急标志。当处理有害物质或热浸镀锌过程中可能发生危险时必须张贴这些标志。

所有标志都必须符合 BGV A 8 "工作健康与安全标志" 的要求（见图 6-30 ~ 图 6-33）。

禁止吸烟　　　　　禁止明火　　　　　禁止用水灭火　　　　　未经允许不得入内

图 6-30　禁止标志（摘自 BGV A8）

易燃物质警告　　　有毒物质警告　　　腐蚀性物质警告　　放射性物质及电离辐射警告

图 6-31　警告标志（摘自 BGV A8）

6.6.8　法人代表的环境和劳动保护责任

为了证明企业具有符合要求的环境和劳动保护基础，强制热浸镀锌企业配备下

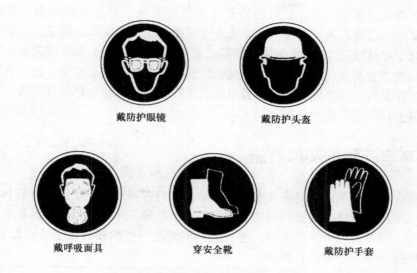

图 6-32 强制性标志（摘自 BGV A8）

图 6-33 救援标志（摘自 BGV A8）

列各类代表人员：

1）根据工业安全法规[46]第 5 和第 6 章和 BGV A2[47]所要求的安全专家。

2）根据工业安全法规[46]第 2 和第 3 章和 BGV A2[47]所要求的企业医师。

3）根据 BGV A1[48]第 20 章所要求的安全管理人员。

4）根据联邦排放控制法[5]第 53 条的排放控制顾问（对于 10t/h 镀锌加工量的热浸镀锌厂，可根据 5. BlmSchV[49]第 1 节和附录 1 中的 19a 执行）。

5）参照废弃物管理和回收法第 54 条[3]所要求的废弃物管理人员。

6）参照 GGVSE 或 ADR 2007 所要求的风险防范人员。

他们分别在他们的专业特长领域建议企业的法人代表遵守相关的法律要求，或帮助企业达到提升的目的。即使长期不景气的工业区的企业也必须先遵守法律要求，然后改善效益。他们是政府当局和企业之间的一个连接，但是他们没有义务向当局报告企业的违法行为。公司的高管（不包括安全主管）在检测报告和每年的年报中要给出公司有关环境保护和职业安全所做的工作或采取的措施。在职业安全领域，对于雇员超过 20 名的企业，根据工业安全法规的第 11 章，要求企业组建一个健康和安全委员会，委员会的成员包括厂医、安全员、安全专家、公司管理层和委员会工作成员。这个健康与安全委员会的工作就是共同讨论环保和健康方面的问题，促进公司职业安全的发展。

6.7 环境保护的实际措施

目前在用的环保以及健康和安全法规的相关内容确定了一定量的可被热浸镀锌企业员工采用的措施。根据问题的类型以及它所处的工序位置不同，可采取不同的处理措施。以下将列举一些实例，这些实例可能在一些热浸镀锌企业可以观察到，或在一些热浸镀锌企业仍在采用。

	问题及其发生的位置	措施或方案
黑件仓库	1）油脂污染底板和黏附在黑件上	可能的话，采用防水底土和雨水收集处理
	2）脱脂工序	① 采取措施延长脱脂液体的使用寿命，进一步完善油脂分离措施 ② 专项处理调整过的油脂（油/水乳化液，专用容器储存） ③ 配制脱脂液时采用漂洗水 ④ 保存客户信息和进行客户培训
酸洗溶液	1）酸洗槽内 HCl 外逸	按 VDI 指南 2579 使用盐酸，独立的空气交换
	2）锌污染酸洗液，处理成本较高	① 采用独立的酸洗槽专用于部分返镀件的酸洗 ② 将此信息反馈给客户 ③ 进一步完善措施，加强分析检查
	3）酸洗液的进一步利用，这样可以减少残留物的排放	加强措施的执行力度和分析检查
	4）滴流酸	单独收集并用泵抽回
	5）漂洗水	尽可能用来配制新的酸洗液
	6）助镀槽	① 防止助镀液变成废水：其中含有 NH_4^- 和 N 的化合物 ② 滴漏的助镀液返回助镀槽 ③ 助镀液的分析检查 ④ 考虑废助镀液的循环利用可能性

（续）

问题及其发生的位置		措施或方案
锌锅	1）加热排放的废气	① 建立方便的易到达的检测点：当采用油或气加热锌浴时（普遍采用），每周检查排放气体烟尘（采用烟囱扫描装置或气体检查管）中的 CO_2、CO、CH_4 ② 数据记录 ③ 最佳选择：烟尘密度传感器和气体分析仪（约 16000 欧元）的连续检查，考虑余热的利用
	2）具体的能量消耗	① 镀锌间隙覆盖锌锅 ② 检查绝缘、隔热设施 ③ 检查排放气体的散失 ④ 检查烟道
	3）存在缺陷的镀锌	① 加强助镀前的预处理和助镀后的处理来避免 ② 在锌浴表面废除老式的氯化铵覆盖层（淘汰老式的湿式镀锌） ③ 助镀时采用高浓度的 NH_4Cl 溶液喷涂或刷涂
过滤器	1）清洁气体粉尘	检查压力损失和烟尘密度，例如最好将火眼（一种探测器，约 2000 欧元）注册登记
	2）过滤软管的使用寿命	① 避免出现低于露点的情况 ② 在不同的压力控制下的清洗 ③ 镀锌之后断开或通风 ④ 通风机以最小的速度抽入暖空气 ⑤ 详细记录过滤材料的安装位置、日期、质量，真实评价其使用寿命 ⑥ 更换新的过滤器 ⑦ 若过滤材料还可以继续使用，进行恰当的修复和清洁处理
	3）滤尘	智能化处理，检查其再利用的可能性，排出包装时按可利用的要求执行
	4）旧的过滤软管、锌灰	室内储存，出售（松散装、袋包装等）
镀锌件的酸洗液	避免被 Fe 污染	① 采取措施进一步组织、优化，过程检查确定其返回黑件酸洗液的可能性 ② 周期性检测 Fe 的含量 ③ 单独记录，滴漏处的循环使用
白件的储存	因雨水、脏物、飞溅酸而将锌去除	储存位置远离操作区域，要加遮盖顶储存

（续）

问题及其发生的位置		措施或方案
生产过程的残留物	滤尘	① 单独储存在干燥的区域 ② 按回收商的要求包装 ③ 参照 GGVSE 执行
	锌灰	① 储存于有遮盖的地方 ② 按回收商的要求包装
	废的酸洗液	储存在合适的容器中
	含有 $ZnCl_2$ 的酸洗废液	① 储存在符合 WGK 级别要求的容器内 ② 装卸时参照 GGVSE 执行
废水处理	1）废水的质量和数量	① 若有可能，尽量避免产生废水 ② 确定其总量 ③ 记录，将工艺过程的消耗文件化 ④ 记录 pH 值（两个传感器） ⑤ 控制 Zn 的含量，采用试剂检测（如采用 Merk. Dr. Lange 试剂） ⑥ 可能的情况下将浆液过滤和脱水处理 ⑦ 检查浆液的可利用性，其中包括检查能否采用 NaOH 或 Ca（OH）$_2$ 中和
	2）排放量	① 连续控制，如采用按钮代替摇柄 ② 高耗水总量的相关交易 ③ 考虑水多处转移利用的可能性
地下水		周期性检测控制试验井中水的 pH 值以及 Zn、Fe、碳氢化合物含量
车间残留物		① 废绑扎线的收集 ② 废纸 ③ 铁 ④ 废油 ⑤ 废油/废乳化剂及其单独储存
采购		① 同等情况下优先采购环境友好型产品 ② 可回收瓶子的饮料 ③ 无汞电池 ④ 多采购再生产品，更多的信息参考书籍"das umwelt-freundliche unternehemn" Beck Verlag 出版社，"环境友好型企业"

（续）

问题及其发生的位置	措施或方案
团队	① 为团队提供尽量丰富的信息 ② 培养高效业绩支撑的动机 ③ 将环境保护纳入员工的建议系统
公共关系	① 参加当地的展览会，有意识地关注产品与环保 ② 关注产品信息和公司名录 ③ 面向当地协会、社团、学校组织开放日 ④ 镀室外用钢结构时，可能的情况下应用隔板 ⑤ 针对可能的投诉记录联系人和代表处 ⑥ 追查可能的投诉和举报
工厂与环境	① 促进环境的接受，如创造绿色空间，或在不急需的场地上种植灌木丛和大树，这有可能产生一个"植物银行"（有噪声防护的作用） ② 控制到达或离开现场的物流运输，可能的情况下建立属于公司自己的运输服务机构，有利于降低噪声 ③ 形象塑造：无论什么场合，锌或镀锌的选择都是明智的 ④ 产品介绍，如两个相同的产品、雕塑或类似的产品、黑件及其相对应的在公共场所安装并标有安装日期的白件

参 考 文 献

1 Federal Water Act (WHG) as amended and promulgated in the notification of August 2002 (Federal Law Gazette I No. 59 from 23. 08. 2002 P. 3245) last modified on June 25, 2005 by article 2 of the Law for the introduction of a Strategic Environmental Assessment and the implementation of the Directive 2001/42/EG (SUPG) (Federal Law Gazette I No. 37 from 28. 06. 2005 p. 1746).

2 Plant Ordinance of the States for plants handling water-hazardous substances (VAwS) in combination with the General Administrative Regulation on the Federal Water Act on the classification of water-hazardous substances under risk categories (VwVwS) from May 17, 1999 (Federal Law Gazette No. 98a from 29. 05. 1999) last modified on July 27, 2005 by the General Administrative Regulation on the Modification of the Administrative Regulation Water-Hazardous Substances (Federal Law Gazette No. 142a from 30. 07. 2005).

3 Closed Substance Cycle Waste Management Act and (KrW-/AbfG) of September 27, 1994 (Federal Law Gazette I No. 66 of 06. 10. 1994 p. 2705) last modified on October 31, 2006 by article 68 of the Ninth Competence Adjustment Ordinance (Federal Law Gazette I No. 50 of 07. 11. 2006 p. 2407).

4 Ordinance on Waste Recovery and Disposal Records (NachwV) as amended in the announcement of June 17, 2002

(Federal Law Gazette I No. 44 of 03. 07. 2002 p. 2374) last modified on August 15, 2002 by article 4 of the Regulations on the Disposal of Scrap Wood (Federal Law Gazette I No. 59 of 23. 08. 2002 p. 3302).

5 Gesetz zum Schutz vor schädlichen Umwelteinwirkungen durch Luftverunreinigungen, Geräusche, Erschütterungen und ähnliche Vorgänge (BImSchG) as amended and promulgated on September 26, 2002 (Federal Law Gazette I No. 71 from 04. 10. 2002 p. 3830) last modified on October 31, 2006 by article 60 of the Ninth Competence Adjustment Ordinance (Federal Law Gazette I No. 50 from 07. 11. 2006 p. 2407) [Federal Emission Control Law (BImSchG)].

6 1st BImSchVwV: TA Luft–Technical Instructions on Air Quality Control, First Administrative Regulation on the Federal Immission Protection Law of July 24, 2002 (GMBl. No. 25–29 of 30. 07. 2002 p. 511).

7 4. BImSchV: Ordinance on Plants Requiring Licenses, Forth Regulation on the Application of the Federal Immission Protection Act (4. BImSchV) as amended in the announcement of March 14, 1997 (Federal Law Gazette I No. 17 of 20. 03. 1997 p. 504) last modified on July 15, 2006 by article 6 of the law governing the simplification of monitoring waste disposal (Federal Law Gazette I No. 34 of 20. 07. 2006 p. 1619).

8 9. BImSchV: Ordinance on the licensing procedure, Ninth Regulation on the Application of the Federal Immission Protection Act (9. BImSchV) as amended in the announcement of May 29, 1992 (Federal Law Gazette I No. 25 of 11. 06. 1992 p. 1001), last modified on June 21, 2005 by article 5 of the Law on the Implementation of Proposals on the Regional Reduction of Bureaucracy and Deregulation (Federal Law Gazette I Nr. 35 of 24. 06. 2005 p. 1666).

9 12. BImSchV: Ordinance on Industrial Accidents, Twelfth Regulation on the Application of the Federal Immission Protection Act (12. BImSchV) as amended in the announcement of June 8, 2005 (Federal Law Gazette I No. 33 of 16. 06. 2005 p. 1598).

10 UVP-Law, Law on the Environmental Impact Assessment (UVPG) as amended in the announcement of June 25, 2005 (Federal Law Gazette I No. 37 of 28. 06. 2005 p. 1757) last modified on October 31, 2006 by article 66 of the Ninth Ordinance on the Adjustment of Responsibilities (Federal Law Gazette I No. 50 of 07. 11. 2006 p. 2407).

11 VDI Guideline 2310 (several gazettes) (September1974 until today) *Maximal Immission Values*, Beuth-Verlag GmbH, Berlin.

12 6. BImSchVwV: TA Lärm–Technical Instructions on Noise Protection, Sixth General Administrative Regulation on the Federal Immission Protection Law of August 26, 1998 (GMBl. No. 26 of 28. 08. 1998 p. 503).

13 Regulation on Workplaces (ArbStättV) of August 12, 2004 (Federal Law Gazette I No. 44 of 24. 08. 2004 p. 2179) last modified on October 31, 2006 by article 388 of the Ninth Ordinance on the Adjustment of Responsibilities (Federal Law Gazette I No. 50 of 07. 11. 2006 p. 2407).

14 Industrial Safety Regulation and Ordinance on Safety and Health Protection in the Provision of Working Materials and their Utilization at Work, on Safety in the Operation of Plants Requiring Monitoring and on the Organization of the Industrial Safety (BetrSichV) of September 27, 2002 (Federal Law Gazette I No. 70 of 02. 10. 2002 p. 3777) last modified on October 31, 2006 by article 439 of the Ninth Ordinance on the Adjustment of Responsibilities (Federal Law Gazette I No. 50 of 07. 11. 2006 p. 2407).

15 Ordinance on Hazardous Substances: Ordinance on the Protection from Hazardous Substances (GefStoffV) of December 23, 2004 (Federal Law Gazette I No. 74 of 29. 12. 2004 p. 3758 (3759)) last modified on October 31, 2006 by article 442 of the Ninth Ordinance on the Adjustment of Responsibilities (Federal Law Gazette I No. 50 of 07. 11. 2006 p. 2407).

16 *VDI-Handbook Ventilation Technology*, VDI-Verlag GmbH.

17 *Workbook Heating Technology/Ventilation and Air-Conditioning/Sanitary Engineering*, VDI-Verlag GmbH.

18 *VDI-Workbook Air-Pollution Prevention*, VDI-Verlag GmbH.

19 Recknagel, H., Sprenger, E., and Hönmann, W. *Taschenbuch für Heizung und Klimatechnik*, R. Oldenbourg-Verlag, Munich.

20 VDI Guideline 3929 (August 1992) *Capture of Air Pollutants*, Beuth-Verlag GmbH, Berlin.

21 Maximum Allowable Workplace Concentrations and Biological Material Tolerance Values. Communication of the Senate Commission regarding the control of harmful working materials.

22 VDI Guideline 2579 (2007) *Emission Control/Hot-Dip Galvanizing Plants*, Beuth-Verlag GmbH, Berlin.

23 Gröber, H., and Erk, S. (1933) *Die Grundgesetze der Wärmeübertragung*, Verlag von Julius Springer, Berlin; Heiligenstaedt, W. *Wärmetechnische Rechnungen für Industrieöfen*, Verlag Stahleisen m.b.H., Düsseldorf; Schach, A. *Der industrielle Wärmeübergang*, Verlag Stahleisen m. b. H., Düsseldorf.

24 Hemeon, W.C.L. (1963) *Plant and Process Ventilation*, 2nd edn, vol. 13, The Industrial Press, New York.

25 VDI Guideline 3677 (July 1980) *Filtering Separators*, Beuth-Verlag GmbH, Berlin.

26 VDI Guideline 3679 (May 1980) *Wet Separators*, Beuth-Verlag, Berlin.

27 Kaßner, C. (2006) *Studie über die Einhaltung der HCl Emissionsgrenzwerte in Feuerverzinkereien im Rahmen der Bearbeitung der VDI 2579*, LEOMA GmbH für Industrieverband Feuerverzinken e. V.

28 Köhler, R. (December 1989) Untersuchungen zum Einsatz filtrierender Abscheider in Feuerverzinkereien. GAV-Research Report.

29 Ötting, C., and Kaßner, C. (2006) *Pilotprojekt zum Contracting für Entfettungen in der Oberflächenbehandlung am Beispiel von Feuerverzinkungsbetrieben*, LEOMA/Effizienzagentur NRW.

30 Löffler, F. (1988) *Staubabscheiden*, Georg Thieme Verlag, Stuttgart and New York.

31 Kayser, K.G. Parameters for Filter Media in Use.

32 Görnisiewicz, S. (1971) Berechnung der Gasströmungsgeschwindigkeit eines Gewebefilters unter Berücksichtigung der Kennlinie von Gebläse und Leitungssystem. *Staub-Reinhaltung der Luft*, **31**, 13–18.

33 Kayser, K.G. Laboratory Tests of Filter Elements.

34 Holzer, K. (1974) Erfahrungen mit naßarbeitenden Entstaubern in der chemischen Industrie. *Staub-Reinhaltung der Luft*, **34**.

35 Kohn, H. (1966) Planung, Betrieb und Wartung von Gewebefiltern. *Aufbereitungs-Technik*, **5**, 257–264.

36 Seyfert, N., and Leidinger, G. (1988) Betriebliche Optimierung von impulsabgereinigten Gewebefiltern. *Staub-Reinhaltung der Luft*, **48**, 13–18.

37 *Leistungsbedarf verschiedener Regelverfahren*, Reliance Electric GmbH.

38 Döppert, M. (1990) Drehzahlverstellbare Drehstromantriebe für die Verfahrenstechnik. *Verfahrenstechnik*, **24**.

39 Gölz, G. (1982) Wirtschaftlicher Einsatz von drehzahlstellbaren Antrieben in der Industrie. *Elektronische Zeitschrift*, **103**.

40 Regulation on the List of Waste, Regulation on the European List of Waste (AVV) of December 10, 2001 (Federal Law Gazette I No. 65 of 12. 12. 2001 p. 3379) last modified on July 15th, 2006 by article 7 of the Law on the Simplification of Monitoring Waste Disposal (Federal Law Gazett I No. 34 of 20. 07. 2006 p. 1619).

41 Wastewater Regulation, Regulation on the Requirements for the Discharge of Wastewater in Water Sources (AbwV) as amended by the notification of June 17th, 2004 (Federal Law Gazette I No. 28 of 22. 06. 2004 p. 1108) last modified on October 14, 2004 by correction of the announcement on the new version of the Wastewater Regulation (Federal Law Gazette I No. 55 of 27. 10. 2004 p. 2625).

42 Technical Regulation on the Storage, chemical/physical, biological handling, combustion and deposition of waste requiring particular monitoring of March 12, 1991 (Federal Law Gazette No. 8 of 12. 03. 1991 p. 139) last modified on March 21, 1991 by correction of the

Second General Administrative Regulation on the Waste Act (TA Abfall) (GMBl. No. 16 of 23. 05. 1991 p. 469).

43 VO No. 259/93/EC (2007) EC-Waste Shipment Regulation [as amended and applicable until the 12. 07. 2007], Appendix II, Letters GB.

44 Ordinance on the protection of employees against noise and vibrations as of 06. 03. 2007.

45 (Januar 2005) Ein einfaches Maßnahmenkonzept Gefahrstoffe- eine Handlungshilfe für die Anwendung der Gefahrstoffverordnung in Klein- und Mittelbetrieben bei Gefahrstoffen ohne Arbeitsplatzgrenzwert. BAUA – Federal Institute for Occupational Safety and Health.

46 Act on Company Doctors, Safety Engineers and other Experts for Labor Safety of December 12, 1973 (Federal Law Gazette I No. 105 of 15. 12. 1973 p. 1885) last amended on October 31, 2006 by article 226 of the Ninth Ordinance on the Adjustment of Responsibilities (Federal Law Gazette I No. 50 of 07. 11. 2006 p. 2407).

47 e.g. GV A 2 (formerly: BGV A 6 / A 7) Company Doctors and Experts for Labor Safety of March 1, 2005 employers' liability insurance association (metal branch) – BGMS.

48 (Updated Reprint April 2005) BGV A 1 Principles of Prevention. Hauptverband der gewerblichen Berufsgenossenschaften.

49 Fifth Ordinance on the Implementation of the Federal Immission Protection Law (5. BImSchV) of July 30, 1993 (Federal Law Gazette I No. 42 of 07. 08. 1993 p. 1433) last amended on September 9, 2001 by article 2 of the Law on the conversion of environmental regulations to the Euro (Seventh Euro-Introductory Law) (Federal Law Gazette I No. 47 of 12. 09. 2001 p. 2331).

50 Lichter, Ursula LEOMA GmbH, Operating Instructions according to § 14 GefStoffV.30

进一步的参考

Steinkamm, G. (1992) Occupational Safety. Lecture manuscript, unpublished.

Böckler-Klusemann, M., and Sonnenschein, G. (1988) *Betriebliche Ermittlung Und Messung Von Gefahrstoffen, Staub – Reinhaltung Der Luft 48*, Springer-Verlag.

(1988) *Sonderheft Gefährliche Arbeitsstoffe*, Maschinenbau und Kleineisenindustrie-BG Düsseldorf.

Steil, H.U. (1993) Duisburg. Unpublished lecture manuscript.

第7章 热浸镀锌工件的设计和制造

G. Scheer and M. Huckshold

7.1 一般注意事项

建筑师、规划师、制造方（钢结构制造、金属结构制造或金属加工方）和热浸镀锌厂之间的紧密、互信联系以及随时的合作沟通是热浸镀锌达到最佳防护效果的前提条件。

除了按照 DIN EN ISO 12944-3 进行防腐设计外，热浸镀锌工艺在工程上必须满足 DIN EN ISO 14713 [1] 和制造商的要求，其目的必须是获得最高质量的防护。简而言之，热浸镀锌始于设计。

热浸镀锌是在450℃左右的浸镀过程。热浸镀锌时必须考虑不同类型的工件特征及其制造加工过程，以确保热浸镀锌的质量缺陷最小并能够获得最佳的热浸镀锌层。所以，应该熟悉热浸镀锌工艺流程以及工件在热浸镀锌过程中所受到的影响。

热浸镀锌的详细过程请参阅本书的7.4节。尤其需要注意的是 Fe 和 Zn 之间的反应，因为钢的成分会影响热浸镀锌层的质量；在设计构件时应考虑到降低应力以防止产生裂纹。所以，最容易做到的就是在开始设计时就考虑到各种必要的因素，而不是将它们忽略或者接受品质低、缺陷多甚至失效的镀锌产品。

下列为开始设计阶段就需要考虑的一些信息的总结（后面的章节将进行详细介绍）。

为满足热浸镀锌工艺及质量的要求，从设计和制造的角度考虑应注意的问题或细节总结如下：

1）需要考虑钢的延伸率，450℃下热浸镀锌时钢的延伸率达到 5mm/m（5‰）。

2）需要考虑厚件和薄件时镀锌的加热时间不同，这将导致构件的线性延伸率也不同。

3）考虑到钢浸入锌浴中的速度快可降低镀锌过程中所产生的应力，要求钢构件设计有尽可能大的进液口和出液口（与水相比，液态锌的黏度更大）。

4）适合于热浸镀锌工艺的基材仅是钢铁基体（参见 DIN EN 10025-2）[2]。

5）低内应力的基材或构件才适合于热浸镀锌，可能情况下应尽量避免冷成形构件的热浸镀锌。

6）如果要求构件在制造过程中不产生应力，可设计为采用焊接成形工艺。

7）清除钢基体表面的残留物（焊渣、涂层等），否则它们将阻碍热浸镀锌过程的界面反应。

8）待镀构件应尽可能设计成对称结构。

9）可能情况下尽量避免基体存在大厚度差过渡（最大不超过1:2.5）。

10）要考虑到所用热浸镀锌锅的尺寸大小。

11）尽量避免多次浸镀。

12）当浸镀板材结构件时，应采用拉伸矫直法消除结构件的扭曲。

13）采用对角边或整板预变形的方法控制因热浸镀锌而可能造成的板面褶皱或伸缩变形。

14）避免结构中存在死点或死角（锌液难以到达）。

15）大型结构应该予以分解。

16）对于管状结构，应设置合理的流通口。

17）对于中空的容器类结构，应设计流通口的尺寸和数量。

18）应考虑钢和熔锌的密度差别（钢约为 $7.85kg/dm^3$，熔锌约为 $6.9kg/dm^3$）。

19）对于重型钢结构应设置方便可用的悬吊装置。

20）不允许钢型材的外延焊接（避免搭接焊接），如果需要的话必须进行消除应力处理。

21）要考虑车间现有起吊设备的起吊能力。

22）在热浸镀锌之前需要同热浸镀锌公司签署专项协议[3]。

7.2　基体材料的表面质量要求

7.2.1　一般注意事项

获得具有金属的、光亮的钢基表面是热浸镀锌的前提。然而，因为它的化学成分、制造工艺、加工过程或成形应力的原因，钢基的表面总是覆盖有同类或不同类的覆盖层。

不同类的覆盖层包括油、脂、金属皂、先前涂覆的防护涂层、油性粉笔、彩色标号、制造过程的残留物等。同类的覆盖层包括锈层和钢基表面因氧化而形成的氧化皮。在待镀工件的预处理工序中基体表面的同类覆盖层可完全去除，这可以通过热浸镀锌厂采用稀释的酸洗液（通常为盐酸溶液）达到目的。但酸洗去除待镀件表面的不同类覆盖层并非易事，因为这些不同类覆盖层污染物在酸洗液中难以分解。

7.2.2　不同类覆盖层的去除

1. 油和脂

不同类覆盖层包括油和脂。虽然当前的热浸镀锌车间均备有脱脂槽，但是钢结构的制造商应尽力确保待镀基材表面没有油和脂，或者是即使采用油和脂，但其类型应属于易乳化型。残留在基体表面的油和脂易造成热浸镀锌缺陷（如漏镀）。

2. 焊渣和焊接工具

在使用包覆焊条焊接时焊缝表面会产生玻璃态的焊渣，焊工必须去除这层焊渣，否则在焊缝位置易造成镀层缺陷（图7-1）。虽然惰性气体保护焊不会产生严重的焊渣层，但即使采用不同的焊接方法和焊接参数，焊缝表面仍会形成轻微的褐色玻璃态焊渣。这些焊渣主要为锰硅酸盐化合物，严重时可能造成表面缺陷。所以，即使采用惰性气体保护焊也应该进行相应的焊后处理。

图7-1　残留焊渣引起的镀锌缺陷

惰性气体保护焊时，用于防止在工件表面上产生焊接电火花的焊前喷涂被认为是解决问题的方法。实践中，焊接前先在焊接区域喷涂一层薄的涂层，这样可以保证焊接电火花不与基材接触。焊接时，预喷涂层在焊缝和热影响区的过渡位置烧焦，且容易去除。但喷涂层为含 Si 的喷涂层，难以去除，镀锌时会引起镀层表面缺陷。

焊接预喷涂层凭肉眼几乎难以发现，但在焊缝边缘位置的镀锌层易产生缺陷。工件表面没有油脂或表面成分不含 Si 的情况下可以采用预喷涂层；当然，最好不采用。

另外，在焊接时容易产生的问题就是工件表面的油脂清除不彻底。这些残留的污染物破裂、沉积，且在靠近焊缝的位置烧焦。通常，在热浸镀锌工艺的预处理阶段这些残留物难以去除，并导致产生镀层缺陷。

3. 喷砂（或喷丸）、打磨处理的残留物

有时，钢构件制造后需经喷砂（或喷丸）处理。对于热浸镀锌之前经喷砂（或喷丸）处理的构件，要确保构件的角、槽位置处的喷砂（或喷丸）残留物彻底清除。必要时这些残留物必须被抽吸干净，否则它将妨碍热浸镀锌过程并造成镀锌层缺陷。

4. 涂层、旧的防护层、记号或标记

有时，钢构件需要彩色标记以便于识别。也有可能采用一些旧的构件制造新的钢构件，这些旧的构件表面已经存在一层或多层防护层。所以，需要采用喷砂（或喷丸）、打磨方法去除这些旧的残留防护层。在一些具体场合可能需要采用氧化法或涂层剥离剂将残留物去除。若不采取这些处理措施，则会造成漏镀（图7-2）[4]。

图 7-2 残留标记所造成的镀锌层缺陷

7.2.3 表面粗糙度

不考虑其他因素，基体表面的成分对镀锌层的厚度和组织结构起着决定性的影响。但是，人们通常忽略了表面粗糙度对镀锌层厚度的影响。

当表面粗糙度大时（如采用带有尖角磨料喷砂（或喷丸）处理的构件表面），因为表面粗糙意味着增大了 Fe-Zn 之间的反应面积并导致镀锌层增厚，这样获得的镀锌层厚度比正常镀锌时要大。表面粗糙的另一个影响就是，当工件移出锌浴时会有更多的熔锌被带走，如那些表面锈蚀较为严重的构件就属于这种情况。

7.2.4 壳层、鳞片、折叠层

在钢基型材的制造过程中，偶尔会产生一些轧制缺陷（如硬壳、鳞片、折叠层等）存在于型材表面。对于钢铁制件，这些缺陷有时仅靠肉眼难以发现。热浸镀锌时，因为熔融锌渗透至折叠层的边缘处并开始形成锌-铁合金层，折叠层的边缘处被抬离，此时缺陷清晰可见。这样，在热浸镀锌层的表面会产生锌瘤、起伏等缺陷（图7-3）[5]。

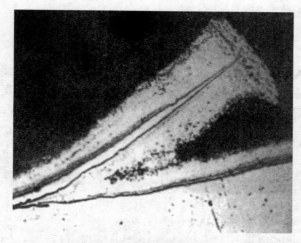

图 7-3　因轧制折叠层而造成锌瘤缺陷的截面（200∶1）

7.3　待镀件的尺寸和重量

7.3.1　一般注意事项

　　热浸镀锌时待镀件的转运是对工艺流程的基本要求。虽然经过多年的发展，热浸镀锌厂的锌锅尺寸越来越大，但其尺寸总是有限的。待镀件的尺寸、重量及其他相关因素是进行热浸镀锌前需要考虑的决定性因素，由这些因素引发的相关问题在镀锌前就应该由制造商和热浸镀锌厂进行针对性讨论。

7.3.2　锌锅尺寸、待镀件单件重量

　　不同镀锌厂的锌锅尺寸是不同的，所以必须清楚锌锅的尺寸以确保待镀件的最佳镀锌质量。在设计待镀件的结构、尺寸等细节时应已掌握锌锅的尺寸，这可以避免大型钢结构件出现不必要的问题。由多部分组成的焊接件或栓接件镀锌时要考虑锌锅尺寸和起重能力。目前，德国境内在用锌锅的尺寸如下：

　　1）长度：4.0~17.5m。

　　2）宽度：1.2~2.0m。

　　3）深度：2.2~3.5m。

　　镀锌时镀件浸入锌浴的尺寸小于锌锅的尺寸，锌锅尺寸由镀锌厂提供。预处理槽的长度至少应与锌锅的长度相当，因为在一些场合待镀件的长度大于锌锅的长度，这时需要两次浸镀，这种情况下甚至需要三次酸洗。

　　另外，镀锌车间应具备足够的待镀件转运能力，从镀锌小件到单件重达 20t 的

大型结构件都应能够处理。

7.3.3　体积庞大件、大尺寸件

热浸镀锌时构件的尺寸不能过于庞大，否则难以确保施镀方便并获得高质量的镀层。体积较大的构件转运困难，且转运过程中易损坏。与常规尺寸构件相比，大体积构件镀锌时需要做更多的工作。因为热浸镀锌的成本取决于挂架及挂具的最佳装载量，所以这些特殊的大体积构件不可避免地增加了热浸镀锌成本。

所以，在结构设计时应尽量使待镀件在长度、宽度两个方向上平滑、均匀，即使增加了镀锌后的操作或组装成本（图7-4）。这有助于构件转运方便，且镀锌成本低、镀锌层质量高。

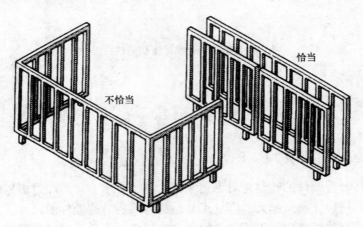

图7-4　应避免庞大体积件，它会增加镀锌成本且影响镀层质量

对于一次浸镀不能完全镀锌的大尺寸件，可通过两次或多次浸镀构件的不同部位实现完整热浸镀锌。

实际应用准则：应当避免两次或多次浸镀，因为两次或多次浸镀会导致镀件因经历不同的加热和冷却过程而产生变形和开裂。当镀件的温度达到锌浴温度时镀件本身会产生每米 4～5mm 的伸长。两次或多次浸镀时，构件的一部分已达到450℃的锌浴温度，而另一部分还暴露在大气中，所以构件的不同部位不可避免地经历了不同的加热过程。这将使构件的上部和下部产生不同的伸长，从而导致构件中产生热应力。

用一次浸镀法热浸镀锌长细杆件（电线杆、立柱）相对简单，因为构件上、下两部分的热伸长相差不大。但对于较长的构件则比较复杂，因为在热浸镀锌时需要分别掉转两头施镀（图7-5）。

在两次浸镀操作时，第二次浸镀后某些部位产生镀层重叠是不可避免的，这需要后续的返工修补。

应用原则：避免多次浸镀而产生应变。

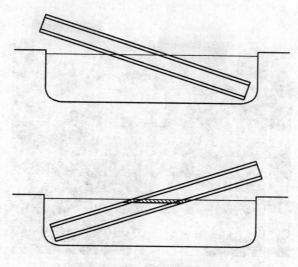

图 7-5　两次浸镀法镀长件

注：第一次浸镀，第二次浸镀，挂架纵向转动 180°。

7.3.4　悬挂

当镀件离开锌浴而熔融锌需要从镀件表面充分流动时，需要使镀件悬挂停滞。所以，当选择镀件上的悬挂点时应当考虑镀件上的锌液入口和通气口。设置合适的悬挂点和通气口，可以避免各类流体被带进预处理槽，确保镀件在干燥状态下浸入锌浴，避免锌从锌浴中被带出且避免镀件承受更大的载荷。

对于较重、大尺寸或柔性较高的构件，应该确定构件的哪些部位适合吊挂，以免损坏构件。对于特大型构件，有可能需要计算悬挂点的吊挂载荷极限。

7.4　容器和管类结构件（中空件）

7.4.1　一般注意事项

只有热浸镀锌工艺方法通过一次浸镀方可使中空类构件（容器类或管类）内外表面均获得镀锌层。所以，在设计这类工件时，必须保证锌液能够快速地进入腔体内部且迫使腔体内部的气体排出。同时，当镀件离开锌浴时必须保证工件内、外表面多余的锌液能够充分地流动，空气又重新进入腔体内部。所以，在设计这类构件时，要设置各类流通口以保证各种处理液介质能够在构件内、外自由流通。

在浸镀时，若空气或湿气被封闭在腔体内，密闭的气体阻碍构件浸入锌浴内

（发生漂浮现象），锌浴内可能发生容器过压力甚至爆炸的危险。当加热至450℃时，因密闭的湿气蒸发，构件产生更高的压力，将导致构件的爆炸性破坏或事故（图7-6）。

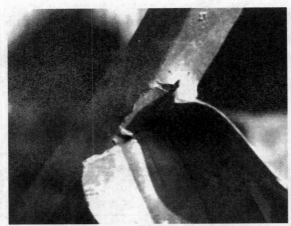

图7-6　矩形中空管因没有钻通气孔而发生爆裂

7.4.2　管类构件

　　因为内外表面处于开放状态，所以恰当的布置和合理的尺寸是保证镀锌效率和质量的决定性因素，这也是快速浸镀的前提。镀件浸镀时所要求的开口通气状态因构件的悬挂位置而定（通常为倾斜悬吊，图7-7）。这里要确保通气口的位置尽可能地远离构件的拐角位置。也可以从外端设置通气口，建议在组装之前就设置并固定位置，镀锌完成后将通气口封闭即可。

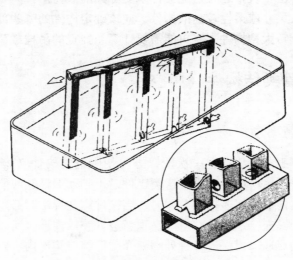

图7-7　管状构件可能的通气口设置方案

通气口的尺寸与流通过的气体体积和熔锌量有关，这取决于构件的长度或直径。作为指导性意见，长度或直径的数值应当不低于表 7-1 所给出的数值。

表 7-1 入口和出口的设置尺寸 （单位：mm）

中空构件的尺寸			单个通气孔的最小尺寸①		
圆形	方形	矩形	1	2	4
<15	15	20×10	8		
20	20	30×15	10		
30	30	40×20	12	10	
40	40	50×30	14	12	
50	50	60×40	16	12	10
60	60	80×40	20	12	10
80	80	100×10	20	16	12
100	100	120×80	25	20	12
120	120	160×80	30	25	20
160	160	200×120	40	25	20
200	200	260×140	50	30	25

① 表中所给出的最小尺寸适合于长度不超过 6m 的中等尺寸构件。对于更长的构件，通气孔的尺寸和数量要根据构件的长度或直径增大。

7.4.3 管件和容器类构件的外表面镀锌

在一些特殊的场合，比如热交换器，其管件外表面是需要镀锌的。但"仅外表面镀锌"比通常的"内外表面镀锌"成本要高得多。虽然"仅外表面镀锌"可节约一些锌，但部分节约与"仅外面镀锌"所必须做的其他工作相比而言投入要少得多。为了转移高的内部压力（这种情况在管状封闭构件中可能出现），这类构件需要设置额外的排气管（排压管），如图 7-8 所示。另外，在酸洗和浸镀过程中还需要密封材料。

管状封闭构件热浸镀锌时典型的问题是产生过高的浮力。因为锌的密度是水的好几倍，当管状封闭构件浸入锌浴时，所产生的浮力也是在水中的好几倍。所以，这类构件热浸镀锌时需要借助外力的作用强迫浸入锌浴液面以下，有时借助的外力达几万牛顿。同时，还必须确保这类待镀构件在借助外力克服浮力的情况下不会因承受压力而发生破损。

7.4.4 容器

容器类构件热浸镀锌的注意事项基本与管件热浸镀锌相同。对于这类构件，它的连接件、法兰、管座的设置位置及方式相对于容器构件的表面要呈凸起状态（图 7-9a）。这样可以防止因气体夹杂而引起的镀层缺陷，而且可以防止因构件出

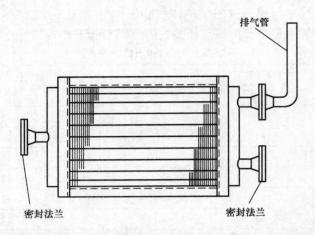

图 7-8 热交换器仅外表面热浸镀锌时采用的密封措施

锌锅时不经意带出锌而使容器的内部空间减小。气体夹杂诱发缺陷的主要原因是管座或流通口等没有设置在容器构件的顶部位置（图 7-9b）。在设计容器类构件上的加强框、加强筋或类似部位时，必须保证不产生气体夹杂，且流体介质和锌液可以畅通流动。对于大而重的容器类构件，若能提供专门的悬吊装置，则热浸镀锌过程更加容易和安全。

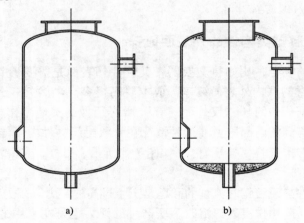

图 7-9 容器类构件表面的法兰和流通嘴的设置
a）合适 b）不合适

7.5 钢结构件

7.5.1 基材、基材厚度、应力

如果构件由型钢制造，则型钢基材必须选用适合于热浸镀锌的材料。根据 DIN

EN 10025 第 2~6 部分的要求，只能选用类别为"适合于热浸镀锌的钢"的基材，其屈服强度可高达 460MPa。当采购钢材时，热浸镀锌加工方与钢材提供方必须签署相关合同。

用大厚度基材制成的构件在热浸镀锌时往往需要长的浸镀时间。构件中最大基材厚度的部分决定了整个构件的浸镀时间。所以，为了能够更好地适合于热浸镀锌，构件最好采用相同厚度或厚度接近的基材制成。在可能的情况下应尽量避免组成构件的基材存在大的厚度差。若基材存在大的厚度差，则构件各处加热膨胀和冷却收缩程度不一，进而不可避免地产生额外应力（构件可能发生扭曲、产生裂纹）。

由焊接方法制造的构件，其各组成部分的厚度差因子不能大于 2.5，对于更大厚度的基材（约 25mm）其各组成部分基材的厚度差因子不能大于 1.5~2，这个参数也适合于组件密集的焊接构件。

应用时的注意事项：钢构件制造过程产生的内应力（不同的加工工艺均会产生一定的内应力，如焊接、火焰切割、钣金、下料等）只能进行大概评估。钢构件的塑性变形可以精确地测定，但前提条件是要按照 DASt 指南 009 和 EN 1993 - 10 基于构件的尺寸和服役环境温度从韧性指标进行选材。

对于待镀件而言，一定要确保其内应力处于最低水平。这可以通过结构设计和选择恰当的制造工艺来达到。

应及早就钢构件的最大尺寸和单件最大重量与热浸镀锌厂进行协调。

7.5.2　表面准备

通常情况下，热浸镀锌厂接到的待镀钢构件一般未进行表面预处理，而热浸镀锌时则要求这些钢构件必须先进行表面预处理。然而按相关标准要求，那些不能通过酸洗或脱脂处理去除的污染物（如涂层、焊渣等）必须由钢构件的提供方进行预处理。钢构件厂（或车间）一般采用喷砂（或喷丸）的方法对钢构件进行预处理，但处理时必须保证钢构件表面的喷砂（或喷丸）残留物彻底去除（如拐角处、沟槽处、凹孔处或中空类结构件的内部）。

若存在火焰切割的边缘，特别是等离子火焰切割的边缘，工件表面的切割位置处将发生某些变化（如脱碳）。这种成分的改变将导致 Fe、Zn 之间的反应也发生改变，并将使最终的镀层厚度小于要求值。当遇到此种情况时，有必要沿着切割面向内去除掉 0.1mm 的基材宽度，如通过磨削的方法。

7.5.3　搭接

从腐蚀与防护的原理考虑，应当避免采用搭接。预处理时处理液渗入搭接处的间隙中，当工件浸入锌浴时，搭接间隙处渗入的液体介质将爆炸性蒸发或沸腾掉，这可能会严重损坏构件或镀锌车间。小面积搭接时需要采用焊接的方法将搭接位置从四周进行密封。

　　所以，若需要大面积的搭接（如法兰的搭接），应在搭接两侧板的至少一个板面上布置卸压井，以避免搭接面间隙中的气体或潮湿气体加热膨胀而产生过压力。根据搭接两侧板的尺寸和厚度，在搭接板上应设置至少一个或多个卸压井[7]。

　　预处理时渗入到搭接间隙中的流体介质在烘干炉中被烘干或在锌浴中蒸发掉，但是盐分会残留在搭接间隙中，且随着时间的推移可能发生泄漏而引发腐蚀问题。

　　热浸镀锌后采用焊接的方法将卸压井或板孔封闭，可能的情况下建议修复因焊接而损伤的镀层（据合同情况而定），如图7-10所示。

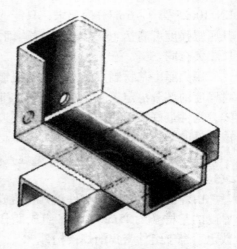

图 7-10　将搭接重叠区封闭
或设置爆炸排气孔

7.5.4　自由孔和流孔

　　一般规则：钢构件浸入锌浴中的速度越快，整个钢结构的加热越均匀，构件（长度方向）因热影响而产生的应力则越小；推荐钢构件浸入锌浴的速度为5m/min，这要求钢构件的表面干燥良好（助镀后的干燥）；所设置的自由孔和流孔的尺寸要足够大，以允许一定黏度的锌液能够自由流通（钢构件不能漂浮在锌浴表面）。

　　小尺寸的孔——长的浸入和停留时间——高的热应力。

　　大尺寸的孔——短的浸入和停留时间——低的热应力。

　　当钢构件为 U 形结构时，如由扁平的双 T 形结构焊接成的加强筋或网板，若设置的流孔尺寸不够大，则在锌锅或预处理槽内处理时会引发很多问题（酸洗缺陷、镀锌缺陷、锌灰残留、附着锌渣）。对于这种结构，当流孔设计合理时没必要增加浸镀时构件在锌浴中的停留时间。

　　针对由型钢、加强板、隔板等制造的构件，为了得到高质量的镀锌层，必须设置自由孔以避免形成气隔从而导致镀层缺陷。因为钢结构总是倾斜浸入预处理槽或锌锅的，所以设置的流孔应能够实现预处理液在构件的拐角部位可以自由流进和流出而不发生滞留，否则构件将带走预处理液、锌液（图7-11）或形成气隔而造成镀层缺陷。

　　可能的话，自由孔和流孔应成对设置。自由孔的设置可参考图7-12中 U 形结构中加强板上布局的自由孔，网板或层状板中自由孔的设置基本类似。针对预处理液和熔融锌而设置的流孔直径要大于10mm 或更大。根据生产经验，结合流孔的尺寸和数量，钢构件中开设的流孔尺寸常大于 18mm[8,9]。

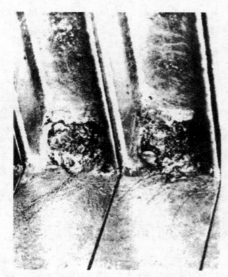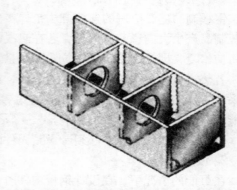

图 7-11　拐角处因缺少流孔而　　　　图 7-12　拐角处的自由孔应允许锌液
　　　　导致残留锌凝固　　　　　　　　　　　　能够自由地流入和彻底地流出

　　当管状构件一端较粗且带有基板时，若内腔孔径太小，则构件浸入锌浴中时内腔中的锌液存在凝固的风险。为防止这种情况的发生，要求构件慢速浸入锌浴（存在变形、开裂的风险）。

　　若要彻底避免这种情况，可在粗端和基板端设置大尺寸的流孔，如流孔直径 = 4～6 倍的板厚。

　　注意事项：当从锌浴中移出构件时，具有一定黏度的锌液流淌较慢（与水相比），如果流孔尺寸太小，锌液将被构件带出锌锅，使得构件的重量增加，可能导致构件的悬吊装置断裂，造成突发性事故或产品报废。

7.6　钢板和钢丝

7.6.1　钢板制品

　　目前，用于制造屋顶盖瓦、墙板、通风管道的镀锌钢板主要是用带钢通过热浸镀锌生产的（所谓的 Sendzinmir 法带钢连续镀锌）。在这些制品的生产线中，镀锌钢板作为半成品往往处于生产线的始端。

　　生产钢板制品时，首先制造钢板本身，然后进行批量热浸镀锌处理。钢板多用于制造垃圾箱、保护栅栏、底板、给料槽、水箱、罩子等。

1. 连接方法

针对各类不同的产品以及不同的加工工艺，几乎所有常用的连接方法都适合于钢板制品，如电弧焊、钎焊、粘结、铆接及螺纹连接。

钢板制品要想获得优良的镀锌层，最重要的注意事项为：

1）选择恰当的连接方法。

2）选择切实可行的设计方案。

钢板制品广泛应用的连接方法是焊接。热浸镀锌之前或之后进行焊接都不会对钢板制品产生大的影响。但是，若在热浸镀锌之后进行焊接，则要求对焊接位置进行防护修复，因为焊接时焊缝位置因热量输入会导致镀锌层受损。

若热浸镀锌后采用其他的连接方法，如铆接、螺纹连接、钎焊或粘结，则不需要采取特殊的加工措施。但是，要考虑镀锌层对连接方法的影响（如对钎焊连接性能的影响、对粘结强度的影响）。

当采用螺纹连接时，必须考虑紧固件的防腐能力与钢构件的防腐能力相当。

2. 设计

在可能的情况下，在设计钢板构件时，应考虑到它浸入锌浴时的伸长。当构件在锌浴内（温度达到450℃）被加热时，钢板将发生 4～5mm/m 的伸长。在大多数情况下，钢板制件发生的延伸与构件发生的扭曲、翘曲相互抵消了。

钢板制品中大多不希望出现平滑的平面，因为这样的钢板制品稳定性较差。如果在热浸镀锌时钢板的伸长受到抑制（如采用焊接框架、四周焊接固定等），则钢板制品易发生翘曲（图7-13）。但是，当钢板制品的板面具有大的弯曲半径时，应当设计成光滑的表面。

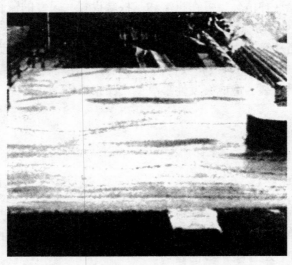

图 7-13　伸长受到抑制而导致钢板制品发生扭曲

如果钢板制品中大的钢板表面不能避免，则在设计时应采取一些措施加强钢板表面的稳定性。这在实践中是可以实现的，如在钢板制品的板面上设置沟槽或细长的对角线凹槽（图7-14）。

原则：钢板制品因基材较薄，当其浸入锌浴时升温较快，所以钢板制品的浸入速度要快。但其前提条件是：钢板制品干燥要良好（助镀后的干燥），钢板制品上布置的流孔入口和出口尺寸要足够大。

不应采用焊接撑杆条的方法提高钢板制

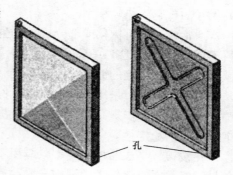

孔

图 7-14　设计沟槽或凹槽以减小钢板制品的翘曲和扭曲

品的稳定性。通常，借助这种方法提高钢板制品稳定性的效果并不好，并且因为存在焊接内应力而导致热浸镀锌时制品发生翘曲。制品边框与内嵌部分的基材厚度不同以及内嵌部分与边框之间的连续焊接均会导致扭曲的发生。避免方法：不要焊接连接内嵌部分，采用螺纹连接方法。

7.6.2　钢丝制品

用于栅栏或丝网的钢丝通常采用自动化热浸镀锌生产线镀锌，镀锌钢丝常作为半成品加工成制品。批量热浸镀锌的钢丝制品通常用于农业生产及制作特殊隔离设施等。

除了考虑所选择的材质应适合于热浸镀锌工艺外，在设计钢丝制品时，对于热浸镀锌没有其他的要求。然而，一些钢丝的强化机制是应变强化。如果采用了不合适的钢丝（如应变强化钢丝），可能导致钢丝产生脆性（所谓的动态应变时效），这种现象有时只有在热浸镀锌处理后才能发现。

热浸镀锌处理不仅对钢丝制品起到了防腐作用，还提高了钢丝制品的刚性，因为熔融锌在钢丝制品十字交叉点的凝固提高了制品各组成部分的稳定性[10]。

7.7　热浸镀锌钢构件半成品

通常，热浸镀锌钢构件包括成品钢结构、预制组装件、加工完成的单元组件等。然而，在一些应用场合，有的钢构件体积太大或不稳固而不适合于待制造完成后进行整体热浸镀锌处理；而实践证明可以通过先制作钢构件组成部件的热浸镀锌钢构件半成品，然后组装成整体钢构件的方法制造。在一些应用领域，如作为组装件的钢管，经热浸镀锌后常作为半成品。

热浸镀锌的管材可以是圆管或方管，它具有不同的尺寸和壁厚，通常其长度为6~12m（图7-15）。但是，热浸镀锌不仅适合于处理管材，还适合于加工各种不同尺寸的冷轧或热轧型钢。

通常，采用机械化或部分机械化生产线可实现半成品的经济、高效热浸镀锌，并可获得质量高且稳定的镀锌层。当半成品构件从锌浴中移出时，采用压缩气体在工件表面喷吹处理可进一步提高热浸镀锌的经济性及镀层质量的稳定性。

热浸镀锌半成品加工还可以应用于型钢领域。经热浸镀锌处理的型钢半成品通常被截成一定尺寸，然后经焊接、螺纹连接、铆接或粘接等方法连接。插入连接法也经常采用，但其需要较大的工作量。

在后续的加工过程中，半成品表面的镀锌层将或多或少地受到损伤。

图 7-15　半成品钢管的来料检查

7.7.1　要求

一条链条的强度取决于看似薄弱的各个连接环节。同样，基于防腐方面的考虑，当满足以下条件时，由热浸镀锌半成品制成的钢构件与热浸镀锌整体钢构件的性能是相当的。

1）镀锌层的厚度符合 DIN EN ISO 1461 的要求。

2）镀锌层的损伤（尤其是在焊接位置）按 DIN EN ISO 1461 的要求进行修复。

3）修复的面积大小不能超过 DIN EN ISO 1461 中列出的极限值（修复面积最大不能超过钢构件表面积的 0.5%，单个最大的修复面积不能超过 $10cm^2$）[11]。

镀锌层破损处虽然可经仔细、专业的修复加以弥补，但这要求增加额外的费用。但是，从另一方面讲，热浸镀锌半成品的加工过程存在一定的优势；与制造工艺相关的内应力在热浸镀锌过程不会导致构件发生扭曲。

对漏镀点进行专业修复的首要条件就是清洁处理及去除锈垢。按相关标准要求，处理后的清洁度等级必须达到 Sa 2.5 级；若采用角磨机或其他工具进行处理，处理后的清洁度等级要满足 DIN EN ISO 12944 第 4 部分的要求。

热喷涂常作为优选的修复方法，若不能采用热喷涂方法，则锌粉涂层也可以用于镀锌层的修复。按增补标准 DIN EN ISO 1461 规定的相关数据：双组分环氧树脂漆，或大气湿度环境下就能固化的单组分聚氨酯涂料，或大气湿度环境下就能固化的单组分硅酸乙酯锌粉涂料，都可以采用。按相关标准要求，所采用修补涂料的涂层厚度要比修复位置镀锌层的厚度大 30μm，其厚度达到至少 100μm。锌粉涂料中应含有至少 95%（质量分数）以上的锌粉作为颜料。修复仅发生在镀锌层损坏的位置，修补涂层与周边未损坏的镀锌层可发生稍微的重叠，要避免不必要的过多面积的重叠。

7.7.2　处理

在下一道加工工序之前，热浸镀锌半成品必须小心储存以避免镀锌层表面形成白锈而损坏镀锌层。如果热浸镀锌半成品在开放环境中堆放或者捆放，则存在潮湿气体在钢构件之间聚集的隐患，尤其是刚镀锌加工过的钢构件在潮湿和通风不畅的环境中易生成白锈。

生成白锈的隐患可以通过将钢构件储存在干燥、空气循环流动的环境中来消除，例如：储存钢构件时采用木条分隔堆放。镀件若堆放储存，采用塑料篷布遮盖会带来一些不可预料的后果，因为在篷布的遮盖下湿气增加而损坏镀锌层。

在镀锌构件后续的加工（如锯削、钻削、切割等）中，必须保证飞溅的铁屑不会聚集在镀锌层表面而形成额外的铁锈。当铁屑聚集在镀层表面且与潮湿空气接触时就会形成铁锈。在潮湿的空气气氛中，铁屑及其周边区域将呈现淡红棕色。当锯屑、钻屑或焊条残留物松散地残留在镀锌层表面上时，通常容易擦除掉。在切割过程中当烧损的基体金属颗粒冲击到镀层表面上时，则可能造成严重的问题。这种热的金属颗粒从基体烧损并飞溅到镀层表面，仅通过简单的擦除是难以去除的。

虽然热浸镀锌半成品可以进行后续加工，但在很大程度上，对于由热浸镀锌半成品组装而成的钢构件，当在较小的半径尺寸范围内进行弯曲、切边或冲压时，要给予特别的注意。在这种情况下，镀锌层可能会受加工应力的影响而损坏（图7-16），如可能引发小的裂纹和局部的镀锌层脱落。在一些不能进行批量热浸镀锌的场合采用热浸镀锌半成品可能具有一定的优势，但后续加工和漏镀的修复常造成额外的成本。所以，在决定是采用热浸镀锌半成品还是构件整体热浸镀锌时要做到具体问题具体分析。

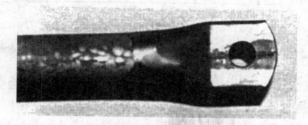

图 7-16　管头冲孔后镀锌层的剥落

7.8　扭曲和裂纹的避免

7.8.1　协调性

在锌浴中（热浸镀锌温度约为 450℃），因镀件温度的升高而产生内应力，这样在镀锌过程中内应力的降低或释放可能导致工件发生扭曲变形或产生裂纹。与室温下相比，在该热浸镀锌温度下钢的屈服强度降低约一半。

内应力是指在下列不同制造、加工过程所产生的拉伸应力：焊接、火焰切割、研磨、钻削、冲孔、冷成形（时效）、强化。

但是，在锌浴中镀件的伸长受到限制时也会产生内应力，例如：对角线方向的伸长受到限制、与厚壁件焊接在一起的薄壁件的伸长受到限制。

镀锌过程中还会产生额外的热应力，对于那些不太适合于热浸镀锌的构件所产生的热应力还会增加，例如：不对称的钢结构、构件的基材厚度相差较大、长的浸入时间和在锌浴内长的停留时间、不平衡或不均匀的冷却过程。

钢构件内会产生高的内应力，且存在着一个应力峰值，该应力可通过塑性变形抵消掉一部分。如果钢构件的内应力明显高于钢的屈服强度（在镀锌过程中钢的屈服强度会下降），则钢基体不能吸收这一部分多出的内应力，那么钢构件将发生塑性变形（扭曲）来抵消这一部分内应力（图7-17）。

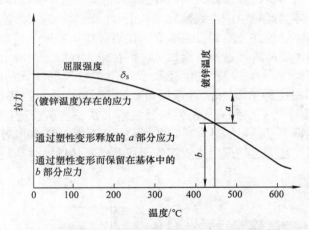

图 7-17　钢的屈服强度随温度的变化以及因内应力产生扭曲的解释

即使热浸镀锌过程中绝对不会出问题的钢构件也或多或少会受到内应力的影响。内应力以轧制应力、形变应力或焊接应力的形式存在，在钢构件整体中它们呈平衡状态，不会导致钢结构的变形。然而，在热浸镀锌过程中，因热量的传递，这种应力平衡状态将被打破，并导致产生扭曲变形。是否会发生变形以及发生变形的程度取决于：①钢构件中内应力的高低；②钢构件中内应力的分布及作用方向；③钢构件的刚度；④钢构件所选用基材的牌号和厚度。

7.8.2　预防和补救

通过设计和采取一些工程措施，可以使热浸镀锌过程中钢板或钢构件的扭曲变形在很大程度上得到降低，如制造时避免高内应力和提高基材的硬度，具体措施如下：

1）低应力加工（尤其针对焊接工艺）。

2）优化焊接工序流程。

3）避免长且较粗的焊缝。

4）避免冷成形或采用热处理去除内应力（一些场合可部分热处理）。

5）尽量限制切边加工，尤其是薄的焊接构件或经过冷成形、火焰切割、冲孔的表面处。

6）采用专业的表面修饰代替切边处理。

以上措施的提出也是基于焊接工艺中的一些依据，采用这些措施同时也是为了将内应力降至最低。从根本上讲，焊接所引起的内应力是导致产生扭曲变形的主要因素。所以，应努力使钢构件中的应力一开始就尽可能地低，避免出现应力峰值，确保钢基体能够吸收内应力而不发生塑性变形（即使在热浸镀锌过程中钢基体的强度下降）。焊接工艺的优化有助于解决这一问题。

设计对称的结构断面、对称的焊缝布局及不设计过长的焊缝，是降低扭曲变形风险的基本措施。

对于钢板制品，在制品浸入锌浴到被加热至镀锌温度的过程中，要确保钢板制品的伸长不受限制。同时必须采取相应的设计方案（如设置凹槽或波纹）提高平整表面的强度，以阻止凹陷和翘曲的产生。事实证明，经过周密的设计，对于那些形状复杂、壁薄的钢板制品，在热浸镀锌处理时不会发生明显的扭曲变形。这在汽车制造领域已经证明，如作为车架的钢板制品的批量热浸镀锌（图7-18）。

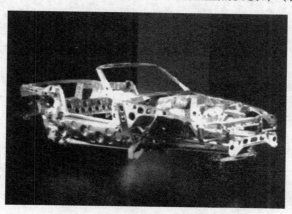

图 7-18　BMWZ1 型轿车车架的批量热浸镀锌

7.8.3　减小大型钢构件的扭曲和开裂

基本准则：为了减小由内应力和热应力所引发的扭曲和开裂，要最大程度地避免多次浸镀。

在多次浸镀操作过程中，构件的不同组成部分会产生不同的线性伸长，这些不同组件的线性伸长在大的长度尺寸内可能发生相互抵消，这样可以减小明显的变形和开裂。整体构件的多次浸镀操作意味着钢构件的不规则加热，这增大了扭曲和开裂的倾向。就这些问题在热浸镀锌处理前与热浸镀锌厂进行相互沟通是必不可少的。

有必要采取一些特殊的措施，例如：

1）构件的端部要保证一次浸镀。

2）不能存在大的厚度差。

3）需要的话，镀后按对角线安装。

4）快速浸入。

5）设置大尺寸的锌液进、出流孔。

多次浸镀时要考虑一次浸镀或二次浸镀时构件每次浸入的长度。为了对此进行进一步解释，图 7-19 给出了一些案例。

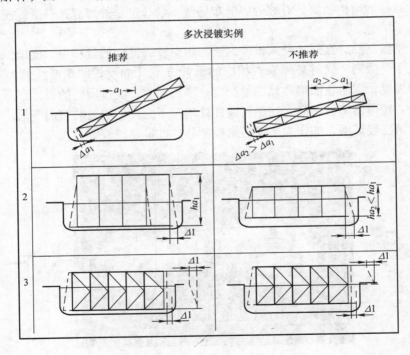

图 7-19 大型钢构件的多次浸镀案例

对图 7-19 的解释如下：

第一排：对比钢构件上部和下部长度 a_1 的变化发现，列 1 中长度 a_1 的变化比列 2 中长度 a_1 的变化小，当构件在相同的刚度条件下浸入锌浴时，列 1 产生的应力比列 2 产生的应力要小。

第二排：钢构件的高度越高，刚度降低越少（热浸镀锌时）。列 1 中两次浸镀时因长度变化（高度变化）所产生的应力要低于列 2 中产生的应力。

第三排：列 2 中额外焊接有加固支承结构，下端浸镀时会产生一定的影响。虽然列 1 和列 2 多次浸镀时上、下端的尺寸变化基本相同，但列 2 产生的应力要高于列 1（没有焊接额外的支承结构）产生的应力。因为列 1 中，在整个构件的高度方向上都可能发生长度尺寸的补偿。

从根本上讲，要减少扭曲和裂纹的产生，必须从热浸镀锌过程中的温度、基材伸长等方面进行预见性设计。

7.9　热浸镀锌前后的焊接

7.9.1　热浸镀锌之前的焊接

1. 一般准则

在钢构件的设计规划阶段就必须考虑其设计结果能否符合热浸镀锌工艺的要求。在热浸镀锌时钢构件被加热，其内产生内应力，导致构件在热浸镀锌过程中发生扭曲或开裂。所以，在焊接时必须采取一些措施以保证所焊接构件的内应力尽量低（参见 7.8 节）。加工制造过程中需要遵守或执行以下基本准则：

1）结构设计时应尽量减少焊接的工作量和费用，因为对钢构件来讲，焊接的工作量越大，则构件的收缩应力越大。

2）在可能的情况下，焊缝应沿着钢构件的重垂线方向布置。若不可能纵向分布，则焊缝应对称分布（以重垂线为对称轴）。

3）对构件产生强烈硬化的焊缝应最后焊接。

4）焊接构件时应遵循由内向外的原则，以避免焊接时产生高的收缩应力。

5）制订并优化焊接顺序与规程，并考虑以上所提及的注意事项。

在合理的焊接顺序与规程的作用下（当然在焊接操作时也必须严格遵守这一规程），可以使焊接应力在焊接构件的整个断面上平均分布，构件不会发生永久变形或其变形量降至最低。

如果在焊接相关的制造、加工过程中钢构件已产生变形，则应根据个别情况决定钢构件是否需要矫正或矫直。但实际情况却是，由焊接所造成的变形在热浸镀锌过程中将进一步加剧（这是热浸镀锌过程中钢构件强度下降而造成的结果）。

2. 缺陷的来源

热浸镀锌之前采用火焰法（加热强化）或压力法（冷矫正）对钢构件进行矫正或矫直是可能的。然而考虑到成本因素，当钢构件要求较高或矫正有一定难度时，建议不采用这些矫正措施，因为考虑到钢构件变形的实际情况，反而期望其在热浸镀锌过程中发生轻微的变形。

如果在热浸镀锌之前进行焊接，产品的制造工艺方面必须给予重视。例如：必须确保焊缝上不能残留有焊渣，否则将造成镀层缺陷（图7-20）。另外，在熔化极气体保护焊中常采用喷雾保护剂以避免焊接电火花的燃烧。喷雾保护剂能够阻碍电火花的产生，这是因为其可在钢基表面形成一层覆盖的、几乎不可见的薄膜，且在热浸镀锌的预处理过程中这层薄膜难以去除，将导致热浸镀锌之后产生漏镀缺陷。

图7-20　储油容器表面焊缝位置的燃烧残留物将造成镀层缺陷

焊接时，若焊缝填充材料的化学成分与基体材料的化学成分不同，则焊缝处形成的热浸镀锌层在外观和厚度上与其他位置的镀锌层存在明显的差异，当焊缝平整时这种现象尤为明显（图7-21）。

在热浸镀锌的锌浴环境下，构件可能发生变形，这是因为构件在锌浴中加热所致。因为随着温度的升高，钢的强度下降，在450℃时通常钢的强度只有常温常压下的一半。

3. 焊接实践

若钢构件中的内应力比较高，在热浸镀锌过程中即使钢基体的强度下降也难以吸收较高的内应力；当内应力超过一定极限值时，只能通过构件的塑性变形来释放内应力。所以，应努力使钢构件的内应力尽可能的低，这样即使在热浸镀锌过程中钢基体的强度下降，构件本身也能吸收较低的内应力。在焊接过程中，有相当多的热量集中在

图7-21　平整焊缝位置因硅含量高导致镀锌层明显增厚

某些局部区域被基体吸收。这局部的加热和随后的冷却将带来一系列的影响。构件的焊接工作量越大，则由收缩和应力造成的负面影响就越明显。可能的情况下，焊缝应布置在钢构件的重垂线方向上。若不可能纵向分布，则焊缝应对称分布（以重垂线为对称轴，焊缝到重力轴的距离尽量相等）；此处再次声明，这一方法的应用应以焊缝长度不超过静态计算值为前提。

在完整优化的焊接顺序与规程（它应当应用于构件的整个制造、加工过程）的支持下，可以使焊接应力在焊接构件的整个断面上平均分布，这样构件将不会发生永久变形或其变形量降至最低。

焊接构件在热浸镀锌之前，要确保焊缝位置清理过且焊渣已经去除。黏附的焊渣残留物附着强度极高，以至于在热浸镀锌的预处理工序中难以去除，在镀锌时将导致产生镀锌缺陷。还应当保证焊缝的填充材料和基体材料一致。焊缝和基体材料的成分不同可能导致焊缝位置处与其他位置处的镀锌层外观和厚度存在差异。

这类构件不能太笨重或体积庞大，其尺寸和体积应该能够保证高效、经济的热浸镀锌处理。它们更适合于以构件组成的形式进行热浸镀锌，然后通过焊接或螺纹连接的方式进行后续组装[12]。

7.9.2　热浸镀锌之后的焊接

1. 一般准则

生产加工或热浸镀锌整个钢构件，在一些情况下往往是不可能的，尤其是对于那些体积庞大的构件采用整体热浸镀锌是有问题的。另外，有时必须现场焊接安装热浸镀锌之后的构件组成部件，或加工、安装热浸镀锌的半成品。

热浸镀锌钢与非热浸镀锌钢相比，采用的焊接方法基本相同。基础研究表明，对于常用钢材，就焊接状态与非焊接状态相比，热浸镀锌对其在机械性能方面的影响并不明显。在热浸镀锌钢的焊接方法中，手工电弧焊是最常用的方法（后面的章节将解释这种方法的优点）。气体保护焊主要适合于厚度达到 3mm 的热浸镀锌钢板的焊接，但是与电弧焊相比其缺点是焊缝两侧的镀锌层烧损面要宽一些。对于厚度更大的钢板，手工电弧焊是首选。

2. 焊接实践

因为焊接过程中会产生高温，所以焊缝两侧的镀锌层容易被烧损或蒸发，这会影响焊接过程。故与焊接非热浸镀锌钢相比，热浸镀锌钢的焊接工艺参数需要调整。焊接过程中产生的氧化锌的灰白色蒸气阻挡了视线，使焊接操作变得困难、复杂化，产生电火花且焊接过程不稳定。在这样较差的操作环境下，焊缝易产生气孔。

若采取一些必要的措施，在众多应用场合热浸镀锌钢也可以获得高质量的焊缝，且不影响钢构件的机械性能。

以下为与热浸镀锌钢焊接有关的一些基本信息（图 7-22）：

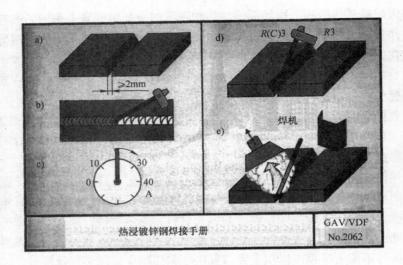

图 7-22 焊接热浸镀锌钢时的注意事项

1）当焊接对接接头时，两连接腹板的间距与非热浸镀锌钢相比要稍大一些，这样有助于蒸发的锌散发出去（尤其是对于焊缝根部的焊道），有助于防止气孔的产生。这同样应用于角焊缝的场合。

2）焊接速度对焊接过程和焊缝质量有较大的影响。焊接速度过高，锌蒸气不能从焊缝中逸出，而易渗入熔池和焊渣中。降低焊接速度和轻轻地摇摆焊条（焊丝）有利于锌的蒸发和锌蒸气的散逸。

3）如前面所提，锌的蒸发会干扰焊接电弧，所以稍微提高焊接电流就会产生有益的作用。因为焊接电流的增高使焊接电弧更加稳定，锌的蒸发更容易。

4）选择合适的焊条对于热浸镀锌钢的焊接是非常重要的。焊条在焊接时若能产生缓慢凝固的焊渣将适合于热浸镀锌钢的焊接，因为焊渣的缓慢凝固可提供足够的时间来保证锌从焊接熔池散逸。对于没有焊接限制的结构钢，焊接过程中不会产生过高的应力，推荐选用涂有中等厚度的金红石或金红石纤维素涂层的焊条。选择合适的焊条对于根部焊道的焊接尤为重要，因为锌的蒸发主要集中在这里。多道焊时，焊条的种类对后续焊道的影响甚微，这是因为根部焊道完成后焊道熔合面往往不再含有锌。

5）焊接热浸镀锌钢时蒸发上升的含有氧化锌的蒸气应及时抽走，以避免损害焊接工人的身体健康。吸尘装置或吸尘罩是便利的商用装置。

对于热浸镀锌钢，试验对比了明弧和埋弧的机械化焊接方法。结果表明，埋弧焊时因没有腹板焊接间距，焊缝中易产生一定程度的气孔。当设置 1.6mm 的腹板间距时，气孔就消失了。几乎在所有的场合，采用机械化焊接方法焊接非热浸镀锌钢腹板均具有较大的优势。

对于气体保护焊，如常用的 CO_2 气体保护焊，通常采用体积比为 1:4 的 CO_2 与氩气的混合气体。与非热浸镀锌钢焊接相比，热浸镀锌钢的 CO_2 气体保护焊要求降低焊接速度。设置 1~2mm 的腹板间距可抑制气孔的形成，焊丝的轻微摆动可促使锌蒸气的散逸。

当采用 CO_2 气体保护焊短弧焊接热浸镀锌钢时，会产生大量的焊接电火花，电火花附着在构件表面上。推荐在焊缝位置处喷合适的喷雾剂，这有利于去除焊接电火花。MAG 焊（熔化极活性气体保护焊）对接或角接焊缝 X-ray 分析时表现其焊接质量良好，但是因为焊接速度较高，垂直向下焊接时焊缝中有孔隙，所以这种情况下推荐垂直向上焊接。

TIG 焊（非熔化极惰性气体保护焊）不适合于焊接热浸镀锌钢，因为锌蒸发产生的锌蒸气对焊接电弧有负面影响，另外锌蒸气会污染钨电极。

偶尔在一些应用场合，热浸镀锌钢的焊接操作指南要求钢基体表面不能存在镀锌层。工件表面连接腹板的两面宽度约 10mm 的范围内，应将镀锌层清除，这样就可以获得不受锌蒸发影响的焊缝。去除镀锌层比较有效的方法是燃烧（氧化法）、喷砂（或喷丸）或酸洗。采用打磨或摩擦法容易操作，但可能造成锌的残留。采用火焰切割时，不需要额外的清理操作，可直接得到表面无锌的连接腹板。

所有的焊接方法都不可避免地造成镀锌层的局部损坏，为了保证镀锌层的长效防腐，焊接后必须对镀锌层进行必要的修复（见 7.11.3 节）。

7.10　小件的热浸镀锌

7.10.1　方法

近几年来，为了对小件进行热浸镀锌，开发了一些专用的自动化热浸镀锌工艺和装置。从基本原理上讲，采用通用的批量热浸镀锌工艺方法也可以处理小件，但这样会有大量的工件不能达到所要求的质量和外观要求。所以，开发了自动化或部分自动化的热浸镀锌工艺，尤其是那些热浸镀锌后需要离心处理的工件（螺栓、螺母、螺钉或类似的零件）更是如此。

然而，与传统的热浸镀锌工艺相比，小件热浸镀锌工艺的根本区别不仅是较大的自动化或机械化操作流程，而是一些工艺操作参数的变化。例如：采用高温镀锌（将常规批量热浸镀锌的 450℃ 提高至 530℃）；但也有例外，如对 10.9 级的高强度螺栓采用 470℃ 以上的温度镀锌。镀锌之后立即进行离心处理，离心处理过程中工件表面多余的锌通过离心方法去除，这保证了工件配合时的精度以及工件表面镀锌层的均匀性。为了防止小件热浸镀锌后粘连在一起，镀后应及时在水浴中冷却。

选择最合适的镀锌温度和离心处理参数的依据是待镀小件的产品类别和材质。所能处理的待镀小件的最大尺寸和重量取决于热浸镀锌厂的生产设施情况，尤其是离心处理的能力。所以，和热浸镀锌厂联系沟通时要关注对待镀小件的尺寸和重量要求。因为对小件进行热浸镀锌时选择了高温镀锌，所以不再选用传统的钢制锌锅，而是要求使用表面涂有陶瓷的或整体为陶瓷的锌锅。

7.10.2 哪些零件是小件

根据 DIN EN ISO 1461 的基本定义，钢铁制件表面的热浸镀锌工艺（批量热浸镀锌）也适用于小件，紧固件除外（如螺栓和螺母）。

标准中并没有给出小件的定义。而在实践中，小件和离心件在大多情况下为同类语。DIN ISO 1461（包括离心处理的小件）表面的镀锌层厚度局部要大于 $20\,\mu m$，最大不能超过 $55\,\mu m$。对于离心处理的小件，若要求较厚的镀锌层，则必须征得采购商或订货商的同意。

7.10.3 外观和表面质量

因为经过离心处理后，镀锌层表面的纯锌层几乎被去除干净，所以同一类小件离心处理后获得的镀锌层厚度比未经离心处理时所获得的镀锌层厚度要小。总体而言，镀锌后的离心小件不能获得银亮色的镀锌层外观，而通过通常的批量热浸镀锌工艺可以获得。这类小件表面的镀锌层往往呈现轻微的灰色到中等灰色。这种异常的镀锌层色泽在传统的热浸镀锌工艺中也可能出现，但这仅是光的反射作用效果，不能用来衡量镀锌层的耐蚀性能。因为镀锌层的外观主要受基体材质和工件类型的影响，所以在实践中操作工人对其产生的影响有限。

冷锻或冷墩的小件表面光滑，会降低镀锌层的结合强度。

7.10.4 产品

1. 紧固件

图 7-23 所示为热浸镀锌及离心处理的小件。不管经过何种处理，螺纹件的配合不能受到影响。所以，为了满足镀锌层的要求，待镀螺纹件必须留有大的螺纹间隙。这一点必须考虑，如 DIN EN ISO 10684 中在考虑最小镀锌层厚度为 $50\,\mu m$ 的前提下，要求改变螺栓螺纹的基本尺寸。当相同的镀锌层厚度应用于垫片这样的小件时，在相关标准中就没有特殊的要求。

螺母通常以通孔态进行热浸镀锌处理。因为螺母的螺纹通常是在螺母热浸镀锌之后才加工成形的，所以其螺纹部位没有镀锌层覆盖。虽然螺母的螺纹部位没有镀锌层，但它也不会发生腐蚀；因为配合之后螺栓螺纹部位的镀锌层直接与螺母螺纹部分接触，就对螺母的螺纹部位提供了防腐蚀保护。除了通用的紧固件；热浸镀锌也可应用于 10.9 级的高强度紧固件。在一些特殊的应用场合，高强度的热浸镀锌螺栓必须满足一些特殊的要求。

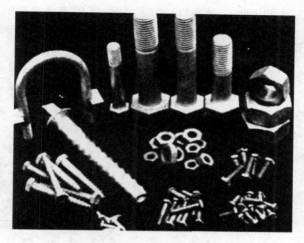

图 7-23　热浸镀锌及离心处理的小件

2. 钉子、支架、圆盘及钩子类小件

我们所用的以前称为钉子的小件在今天多用"brad"一词表达。几乎所有的不同形状、不等尺寸的 brads 都要经过热浸镀锌处理。所以，因这些小件不利形状的影响，热浸镀锌时，小件和小件之间可能存在锌的黏着，有时应允许这种现象在一定比例范围内存在。

3. 型钢、棒材、板材类小件

这类小件大多具有不同的形状和尺寸，较为典型的有夹子、铰链、钢丝夹等。需要再次重复的是，这类小件的材质和制造结构必须符合热浸镀锌的工艺要求。

4. 链条

随着长度的增加，链条的重量也在增加。为了保证获得均匀的镀锌层厚度同时又避免链条的环与环之间相互黏着，链条热浸镀锌后往往也要进行离心处理。但较长且过重的链条因体积过大而不适合于离心处理，这种情况下必须采用传统的批量热浸镀锌工艺。如经常所提及的那样，在讨论热浸镀锌或小件的离心处理时，并不仅仅是针对螺栓和螺母。

7.11　镀件的返工和镀锌层的修补

镀锌层除了具有较好的耐蚀性，还具有较好的耐摩擦性，这恰恰保证了其坚固耐用。然而在实践中可能会发生漏镀或镀锌层的破损，这就要求对镀件进行返工或对镀锌层进行修补。

7.11.1　锌瘤、流痕

热浸镀锌时，经预处理的工件浸入熔融锌浴中，如其他流体一样，当工件从锌浴中移出时工件表面带出的多余锌液将流淌下来，工件表面流淌的锌液可能发生凝固而形成锌瘤或产生流痕。若产生的锌瘤很小，则几乎不会造成影响；但当工件需要精密配合或组装时，这些锌瘤或流痕会造成一些问题。

将这些锌瘤锤掉或采用角磨机打磨掉的做法是不妥的，这存在将镀锌层完全去除而裸露钢基体的危险。人工锉削、角磨机打磨或砂带磨削都是方便可用的方法。

另一种可能采用的方法就是用焊接火焰熔除，常采用较弱的火焰，锌熔化后自行滴落；还可以采用钢丝刷去除，或采用钢片刮除，如图 7-24 所示。

7.11.2　螺栓和铰链

若螺栓焊接在待镀锌处理的钢构件上，则热浸镀锌处理后螺栓表面会形成镀锌层。采用攻螺纹工具将螺栓回攻是费工、费时的，而利用火焰将镀锌层熔化然后采用钢丝刷去除的方法是简便、快捷的。

一些构件上配有铰链或活节，经过热浸镀锌且镀锌层冷却凝固后，构件上的这些活动部件因锌的凝固而固定。出现这种情况

图 7-24　采用焊接火焰和钢丝刷将锌瘤去除

时，不能使用强力将其拉开或展开，而应当采用弱的火焰将活动部位的镀锌层熔化；锌一旦熔化，这些铰链、活节就又可以活动了。若镀锌层凝固后这些活动部件还保持活动状态，则即使最后镀件冷却下来，这些活动部件仍处于自由活动状态。

7.11.3　缺陷和损伤

镀锌层一旦发生损伤或存在缺陷，热浸镀锌厂除了参照 DIN EN ISO 1461 中"单个构件（批量镀锌）上的镀锌层"返镀外，还应当修补损伤的镀锌层；有时甚至超出了镀锌厂的职责范围（如运输过程中或装配时发生的损伤），修补时也必须参照 DIN EN ISO1461 执行（图 7-25）。

DIN EN ISO1461 中的 6.3 条款明确了所能修补的最大尺寸：

"热浸镀锌厂需要修复的总漏镀表面积不应超过单个镀件总表面积的 0.5%，单个需要修复的漏镀面的面积不应超过 $10cm^2$。若存在大的漏镀面，且供需双方没有签订相关协议，则这些镀件需要重镀[15]"。

按标准要求，镀锌层缺陷的修复包括必要的专业预处理。按照 DIN EN ISO 12944 的规定，修补时预处理措施可以采用喷砂（达到 Sa 2.5 级）或局部机械

打磨。

镀锌层缺陷的修补必须采用热喷锌（所谓的喷涂镀锌，图 7-26）或专用的锌粉涂层。根据 DIN EN ISO 1461 中的补充条款，下列涂层可用于镀锌层的修复：①双组分环氧树脂漆；②大气湿度环境下就能固化的单组分聚氨酯涂料；③大气湿度环境下就能固化的单组分硅酸乙酯锌粉涂料。

图 7-25 热浸镀锌防护栏结构焊缝
位置镀锌层的不正确修复造成的腐蚀

图 7-26 采用热喷涂修复镀锌层缺陷

文献［15］中规定，在任何场合只要发生镀锌层修复，所修复位置的修复层厚度要大于原镀锌层 $30\mu m$。根据标准要求，当采用其他的修复方法（如采用专业材料进行堆焊、使用专用自粘性锌箔进行修补等）时，要求合同主体双方协商一致；修复时还必须保证修复层与周围完好的镀锌层产生搭接。

7.12 铸件的热浸镀锌

铸件的热浸镀锌也是经常发生的，在热浸镀锌处理时要求热浸镀锌厂进行专业的预处理。并不是所有的热浸镀锌厂都可以处理铸件，这需要满足一些附加的条件。对铸件进行热浸镀锌时，若不能满足一些特殊的条件要求，将导致产生镀锌层缺陷或损坏铸件。

在众多类型的铸件中，通常对铸钢件进行热浸镀锌时不会发生质量问题，灰铸铁和可锻铸铁有时易产生质量问题。热浸镀锌过程也就是工件表面的铁和锌之间的反应过程，所以铸件表面的镀锌层质量要达到钢构件表面的镀锌层质量，就必须采用适合于铸件的预处理工艺。

铸件表面可能存在氧化皮、石墨残留物、粘砂、成分偏析以及其他易产生问题的缺陷（图 7-27）。热浸镀锌厂常用的稀盐酸酸洗处理可能难以去除铸件表面的污垢或缺陷，在这种情况下，进行热浸镀锌之前可采用喷砂（或喷丸）处理，或采用稀氢氟酸进行酸洗处理。一个需要面对的事实是，铸件的表面相对于钢构件的表面要粗糙得多，所以铸件表面可能会产生较厚的镀锌层[16]。

图 7-27   因铸件粘砂而造成的镀锌层缺陷

大的铸件（如飞轮）通常不适合于进行热浸镀锌处理，因为进行热浸镀锌处理时镀件的温度上升至 450℃ 左右，会改变铸件内的应力状态，导致铸件产生裂纹。

由钢构件和铸件组成的组合结构在一定范围内也可以进行热浸镀锌处理。当铸铁与轧制钢在热浸镀锌过程中的力学特征基本相当时，可以预测其他材质的铸件进行热浸镀锌时有可能产生的问题。铸件的材质不同，就会造成铸件表面镀锌层的外观、厚度产生差异，甚至会造成漏镀。

7.13   不镀锌部位的防护

有时构件的某些局部位置不需要进行镀锌，这样反而使成本大大增加。因为热浸镀锌属于浸镀方法，施镀时构件整体浸入到锌浴中并完全被液态锌包围。

为了保护柱状工件（如螺栓、轴类等）的局部位置免于镀锌，推荐采用传统的绑扎带（合成绝缘胶带不能用）在工件表面不需要镀锌的部位包裹几层，进行热浸镀锌之后再将绑扎带的残留物去除（如采用钢丝刷去除）。

大的表面为了防止锌浴的浸润作用可采用特殊的涂层材料。需要再次强调的是，保护区域不能被酸洗液酸洗，也不能与助镀剂接触。这样，在被保护区域就不能形成镀锌层了。

与绑扎带类似，所采用的保护涂层在锌浴450℃的高温作用下被烧损，其残留物阻止了镀锌层的形成。当然在后续的加工工序开始之前必须将这些残留物清除。这种保护涂层很少适用于螺纹件，因为不能保证螺纹的牙型面上涂层分布均匀，进而影响了保护效果。

内螺纹保护可以采取拧入一个涂有油脂的合适尺寸的外螺纹配合件（如螺栓）。若螺纹不被保护，则进行热浸镀锌时锌液会将螺纹粘合，虽然采用火焰加热可将镀锌之后的螺纹清理干净，但是在一些个别的情况下采用配合螺纹拧入法却有一定的帮助。

螺纹孔或螺纹盲孔也可采用木塞进行密封保护，在高温的锌浴中木塞碳化可阻止被保护区域形成镀锌层。但木塞碳化所产生的乌黑残留物会污染周围的镀锌层。

在所有场合，进行热浸镀锌之前对工件表面的部分区域进行保护都将增加成本。然而，上述所有对工件表面进行局部保护的方法都将取代对镀锌层进行局部打磨或烧熔处理。

7.14　标准和指南

DIN EN ISO 1461 及其补充和 DIN EN ISO 1461 中的标准评论是热浸镀锌公司执行的核心标准。下面是有关此标准应用的一些要点叙述，更详细的内容请参照本标准文本[15]。

7.14.1　DIN EN ISO 1461 及其补充 1（注释）

本标准规范了热浸镀锌（批量镀锌）件的技术要求和试验方法，它包括基体材料的影响、热浸镀锌的设计要求以及与承包商和热浸镀锌厂密切相关的热浸镀锌相关标准。

1. 名称或术语

在规格标注、零件清单、图样中常用一些字母符号作为简化标记。

可能用到的一些字母符号：DIN EN ISO 1461 – tZno、DIN EN ISO 1461 – tZnb、DIN EN ISO 1461 – tZnk。字母符号的含义：t 表示热的；Zn 表示镀锌工艺；o 表示无后处理要求；b 表示后续的涂层；k 表示无后处理。

2. 设计和制造时的注意事项

关于这项内容，标准中对待镀件提出了要求，要求工件的设计结果必须适合于进行热浸镀锌。热浸镀锌厂对接收的交接件进行仔细的检查是非常重要的，若存在明显的缺陷（如旧的涂层及根据热浸镀锌要求难以处理的），热浸镀锌厂必须联系客户协调下一步的工序。

热浸镀锌厂有义务检查已经开始并即将镀锌的工件。一旦发现待镀件存在明显的设计或制造缺陷，并确定这种缺陷在验收接受范围之内，热浸镀锌厂应在工件进行热浸镀锌处理之前通知客户。此处"明显的缺陷"意思是指容易识别的缺陷，如涂层残留物、焊渣、中空类工件缺少流通孔等，这些均由热浸镀锌厂的经过培训的员工进行判断，也不需要专业的仪器或装置。

对于与焊接相关的评价，如内应力状态或类似的缺陷已经超过了上述"明显的缺陷"的范畴。

（1）基体金属和表面状态　外购钢材若要进行热浸镀锌处理，则应符合相关标准的要求（见 DIN 10025 的 7.4.3 部分）。

针对这一点，DIN EN ISO 1461 中指出：除了其他因素以外，基体材料的化学成分对镀锌层的厚度和结构有着相当大的影响；当客户对镀锌层的厚度和外观有特殊要求时，供需双方应该签订书面合同；工件可以进行热浸镀锌处理的前提是工件表面应具有符合 DIN EN ISO 12944（第 4 部分）要求的 Be 级清洁程度。工件表面那些不能通过脱脂、酸洗去除的涂层残留物、标记、绘图痕迹、喷涂层残留物、焊接残留物等杂质必须由委托方去除。热浸镀锌厂自身必须确信这些，若有必要，应与委托方签署合同。

（2）锌浴　锌浴必须含有98%（质量分数）以上的锌，根据 DIN EN 1179 的规定，杂质（铁和锡不包括在内）总含量不能超过 1.5%（质量分数）。

（3）外观　标准的 6.1 部分为与外观相关的内容，其要求"裸视目测时可接受的程度为：镀件的所有主要表面应无锌瘤、粗糙、锌刺（如果这些锌刺会造成伤害）和其他缺陷，熔剂渣残留、锌灰残留也是不允许的。"

裸视检测不合格的镀件要按照 6.3 修复或者是返镀后第二次检查。

（4）附着力　因为镀锌层通常牢固地结合在基体表面上，故没有必要再专门控制镀锌层的结合强度。当工件主要承受机械应力时应针对镀锌层的附着力签署专门的协议。必须要澄清的是，冲孔、弯曲、清扫、装卸货过程中镀件因不能承受机械应力而发生的破损不应视为镀锌层的附着力不合格。

（5）镀层的修复　DIN EN ISO 1461 的 6.3 部分清楚地指出了镀件表面漏镀（缺陷）面积的总和不能超过镀件总面积的 0.5%，单个漏镀点的面积最大不能超过 $10cm^2$，若漏镀面积超过上述两个数值则必须进行专业的修复。

标准中允许采用三种不同的修复方法：热喷锌、锌粉涂层、锌基焊料焊接。

在后续加工和装配过程中所产生的镀锌层缺陷并不在本标准规定之列。当然，这适合于损伤面积不超过 $10cm^2$ 的情况。

当镀锌层的缺陷能够修复且修复后不影响构件的耐蚀性能时，没有必要要求将构件拆卸重新镀锌。此种情况下应当权衡利益，有关各方应寻求妥善的解决方案。

（6）后续涂层（"双层系统"）　根据 DIN EN ISO 12944 第 5 部分的描述，双层系统是指对经过热浸镀锌处理的钢构件（基材厚度 >3mm）根据 DIN EN ISO 1461 再涂覆一层或多层涂层的保护涂层系统。

钢构件腐蚀防护的核心标准是 DIN EN ISO 12944，标准的 1~8 部分是"钢结构通过防护涂层系统进行防腐蚀"[17]。它包括 8 个部分，囊括了保护涂层系统用于钢结构防护的所有主题：

第一部分　概况。

第二部分　环境条件的分类。

第三部分　基本设计准则。

第四部分　表面和表面准备的类型。

第五部分　保护涂层系统。

第六部分　涂料系统评估的实验室性能测试。

第七部分　涂料涂装工作的操作和监控。

第八部分　针对新内容和维持的标准修订。

腐蚀防护的管理者应该熟悉此标准及其内容，然而此标准仅提供了热浸镀锌防腐的少量信息；在其正文中所指出的标准 DIN EN ISO 1461 是 1999 年 3 月发布的"钢铁制件的热浸镀锌层（批量镀锌）"。

进一步的信息：附件 A（规范）、附件 B（规范）、附件 C（信息）以及多种更多的信息。DIN EN ISO 1461 的补充 1 包括了标准应用的要求、测试和评论。DIN EN ISO 1461 中的标准评论可对规划师、承包商、钢结构工程师、镀锌工人以及相关专家等提供重要的帮助。

7. 14. 2　DIN EN ISO 14713

欧盟标准中包括了一项钢结构防腐的指南，还包括与它们相关的紧固连接件，都是通过锌、铝涂层进行保护的。此标准除了其他涂镀层以外，还包括热轧和冷轧钢的热浸镀锌。标准的内容包括：

1）可得到的标准化防护方法。

2）钢铁制件结构方面的因素。

3）服役环境。

该指南还包括用于新结构防护的锌、铝涂层对后续涂层体系或粉末涂层的影响。

另外，该标准还提供了热浸镀锌层在不同环境气氛下（C1～C5）的保护期限。标准中另外一个值得关注的是给出了一些构件如何适合于热浸镀锌工艺的设计建议。

7. 14. 3　其他标准

虽然 DIN EN ISO 1461 作为工艺标准对每一个热浸镀锌企业来说是非常重要的，但是还有一定数量的涉及应用和产品的其他标准（如铁塔、钢管、防护栏等），它们也包含了一些对热浸镀锌层的要求。

针对热浸镀锌的特殊方法、不同工艺等的其他标准举例：

（1）批量热浸镀锌

1）DIN EN ISO 1461（1999 年 3 月）《钢铁制件热浸镀锌层—规范和试验方法》。

2）DIN EN ISO 14713（1999 年 5 月）《钢铁基结构的防腐—锌、铝涂层》。

3）DIN EN ISO 10240（1998 年 2 月）《钢管的内外防护涂层—热浸镀锌自动化生产的规范和涂层制备》。

4）DIN EN ISO 10684（2004 年 11 月）《紧固件—热浸镀锌》。

（2）连续带钢镀锌

1）DIN EN 10326（2004 年 9 月）《连续热浸镀锌结构钢的带钢和钢板—交货技术条件》。

2）DIN EN 10327（2004 年 9 月）《用于冷成形的连续热浸镀锌低碳钢的带钢和钢板—交货技术条件》。

（3）喷锌

DIN EN ISO 2063（2005 年 5 月）《热喷涂—金属和其他无机涂层—锌、铝及其合金》。

除此之外，还有一些对镀锌层测试方法和质量进行了相关要求的标准，或者它们对热浸镀锌有一定的重要性。

7.15　缺陷及其避免

即使再认真操作，在热浸镀锌过程中也可能产生缺陷。文献［5，18］全面地描述了缺陷，包括缺陷的产生原因及避免方法，另外还叙述了镀锌层的缺陷[6]。下面是对与镀锌产品有关缺陷的一些有限解释，本节中给出了对缺陷的进一步参考。

7.15.1　外部锈蚀

外部锈蚀是指镀锌层表面存在红褐色锈斑或沉积在镀锌层表面的外来氢氧化铁（图 7-28、图 7-29）。它们在未受保护的钢铁制件表面形成，被雨水或其他水分冲刷后可能转移到紧邻的热浸镀锌工件表面。尽管这些锈斑有光泽上的缺陷，但其对镀锌层的防腐效果不会产生明显的影响。镀件和待镀件不要在室外储存在一起，这样可以避免产生锈斑。

7.15.2　磨削火花

若在镀件周边进行磨削加工，磨削的火花颗粒有时会飞溅到镀件表面。因为火花颗粒的温度较高，其能够熔化镀件表面的镀锌层且牢固地黏附在上面（图 7-30）。一旦存在潮湿的环境，镀件表面就变成了难看的红棕色，简单地将磨削飞溅物擦除或刷除并不能消除这种现象。所以，消除这种现象的最佳措施就是在磨削操作之前采用防水尼龙布将镀件罩盖起来。

图 7-28　镀锌层表面的外来锈蚀　　　　图 7-29　未加防护的钢构件的腐蚀产物造成热浸镀锌桅杆表面的红褐色镀锌层变色（外来的锈蚀）

图 7-30　装配时磨削过程中产生的火花颗粒飞溅到镀锌层表面及夹杂有飞溅火花颗粒的镀锌层截面

7.15.3　工件的开裂

工件产生裂纹的原因可能有多种，但起决定性作用的原因通常需要经过仔细的金相分析才能确定。以下所描述的现象是比较简单的例子：

考虑光线反射的原因，焊缝有时被打磨成平滑态，若打磨处存在未焊透的情况，则填充金属被部分或全部打磨掉。这样导致焊缝几乎不能再承受应力，至少在浸入锌浴时构件的连接处会产生裂纹（图 7-31）。所以，仔细的焊接操作和获得完整的焊缝是非常重要的，并不仅仅是针对热浸镀锌。

7.15.4　钢基体表面的杂质层

　　杂质层包括油、脂、焊渣、涂层等。它们的存在妨碍了预处理，且对后续的热浸镀锌处理产生不利的影响。它们阻止了锌浴在工件表面局部位置的浸润并导致产生漏镀。有颜色的标记导致热浸镀锌时的漏镀如图 7-32 所示。

图 7-31　框架结构拐角部位的焊接缺陷　　图 7-32　有颜色的标记导致热浸镀锌时的漏镀

　　这里再次强调，前期去除这些杂质或残留物要比后期修复工件表面的漏镀缺陷要容易和经济得多（避免总是优于修复）。

　　受温度冲击的影响，杂质层的油和脂在工件表面上结壳或结块（如在焊缝的热影响区，如图 7-33 所示），在进行热浸镀锌时将带来一些问题。另外，表面黏附的油和脂也会妨碍工件的预处理工序并导致热浸镀锌缺陷的产生。

7.15.5　热影响

　　通常，热浸镀锌构件应用在 200℃ 的温度范围内不会产生问题。但在更高的服役环境温度下，锌和铁之间将产生缓慢的扩散现象（所谓的 Kirkenal 效应）。一段时间后，因为扩散速度不同，镀锌层表面的纯锌层会发生脱皮或脱落（图 7-34）。所以，只有在一些特殊的情况下热浸镀锌构件（如热交换器）才应用在高于 200℃ 的环境中。

7.15.6　矫正时发生的损坏

　　进行热浸镀锌处理后，构件在安装时有时需要矫正，有时采用火焰加热的热矫正法。矫正时若处理不当则可能造成镀锌层的过热（锌在 910℃ 温度下会蒸发），从而使镀锌层表面出现难看的"热斑"，"热斑"处的防腐效果遭到破坏（图 7-35）。

图 7-33　焊接时因热冲击使油和脂燃烧
　　　　造成的热浸镀锌缺陷

图 7-34　镀件暴露于高温环境中时发生的
　　　　纯锌层脱皮（Kirkenal 效应）

图 7-35　对热浸镀锌栏杆进行火焰矫正造成的镀锌层损坏

7.15.7　夹杂空气造成的镀锌层缺陷

在前面的 7.4 节已经叙述过，当待镀件浸入不同的预处理槽时，工件表面会捕集气泡而最终可能导致镀锌缺陷的产生。这种现象不但在管状构件（在合适的位置设置通孔）镀锌时发生，而且在敞开的构件的拐角或夹角位置容易附着气泡，这些位置也容易产生漏镀（图 7-36）。

合理地设置通风孔（槽、口等）可以避免此类缺陷的产生。

7.15.8　未进行防腐处理的紧固件

在对构件进行热浸镀锌时，其配合使用的紧固件（螺栓、螺母、垫片）也应该进行热浸镀锌处理。然而，紧固件随便防护一下或不进行任何防护便直接使用的情况时有发生（图7-37）。从考虑防腐作用的均匀性出发（如链条的强度取决于其最薄弱的环节，故防腐处理应均匀），紧固件和构件应采用一致的热浸镀锌处理。

图7-36 构件拐角处因存在气泡而引发的镀锌层缺陷

图7-37 热浸镀锌构件上两颗未进行防腐处理的螺栓（右边）

参 考 文 献

1 DIN EN ISO (1998) 14713. *Protection Against Corrosion of Iron and Steel in Structures–Zinc and Aluminum Coatings–Guidelines*, Beuth-Verlag, Berlin.

2 DIN EN (2005) 10025-2. *Hot Rolled Products of Structural Steels–Part 2: Technical Delivery Conditions for Non-alloy Structural Steels*, Beuth-Verlag, Berlin.

3 Maaß, P., and Peißker, P. (1970) *Handbuch Feuerverzinken*, Deutscher Verlag für Grundstoffindustrie, Leipzig.

4 van Oeteren, K.-A. Korrosionsschutz im Stahlbau, Leistungsbereich DIN 55928, Bulletin of the Stahl-Informations-Zentrum, Düsseldorf.

5 N. N. (2007) *Worksheets Hot-Dip Galvanizing, 2.1 Requirements for Surface*

Quality, Institut Feuerverzinken, Düsseldorf.

6　N. N. (2007) *Worksheets Hot-Dip Galvanizing, 2.4 Containers and Tubular Constructions*, Institut Feuerverzinken, Düsseldorf.

7　Katzung, W., and Marberg, D. (2003) Corrosion Protection – Hot-dip galvanized coatings on steel articles – Commentary on DIN EN ISO 1461.

8　N. N. (2007) *Worksheets Hot-Dip Galvanizing, 2.5. Profile Steel Constructions*, Institut Feuerverzinken, Düsseldorf.

9　N. N. (2007) *Pocket Diary Hot-Dip Galvanizing*, Institut Feuerverzinken, Düsseldorf.

10　N. N. (2007) *Worksheets Hot-Dip Galvanizing, 2.6 Sheet and Wire Products*, Institut Feuerverzinken, Düsseldorf.

11　Kleingarn, J.-P. (2007) Feuerverzinkungs-gerechtes Konstruieren, Bulletin of the Institut Feuerverzinken, Düsseldorf.

12　Marberg, J. (1977) *Feuerverzinken geschweißter Bauteile*, Der Praktiker, 8/1977, Deutscher Verlag für Schweißtechnik, Düsseldorf.

13　Marberg, J. (1977) *Schweißen feuerverzinkter Stahlteile*, Der Praktiker, 10/1977,

Deutscher Verlag für Schweißtechnik, Düsseldorf.

14　N. N. (2007) *Worksheets Hot-Dip Galvanizing, 1.3 Hot-Dip Galvanizing of Small Parts*, Institut Feuerverzinken, Düsseldorf.

15　DIN EN ISO (1999) 1461. *Hot-dip Galvanized Coatings on Steel Articles (Batch Galvanizing) – Requirements and Tests*, Beuth-Verlag, Berlin.

16　Renner, M. Feuerverzinken von Gussteilwerkstoffen, Metalloberfläche, 3/78, S. 114–117.

17　DIN EN ISO (1998) 12944. *Paints and Varnishes – Corrosion Protection of Steel Structures by Protective Paint Systems*, Beuth-Verlag, Berlin.

18　N. N. (2007) *Worksheets Hot-Dip Galvanizing, 2.3 Dimensions and Weights of the Product to be Galvanized*, Institut Feuerverzinken, Düsseldorf.

19　N. N. (1991–1993) *Zeitschrift Feuerverzinken, Fehler, die man hätte vermeiden können*, Institut Hot-Dip Galvanizing, Düsseldorf.

20　Katzung, W., and Marberg, D. (2003) *Commentary on DIN EN ISO 1461, Corrosion Protection*, Beuth-Verlag, Berlin.

第8章　热浸镀锌企业的质量管理

G. Halm

8.1　质量管理的必要性

质量保证对于热浸镀锌厂来说并不是什么新鲜事，因为在成功的企业里质量保证是非常重要的一部分内容。质量保证的根本就是来用相关的标准和指南代表可接受的技术准则或对产品（此处就是指热浸镀锌层）的要求。据 DIN 55350 第 11 部分的定义，质量是"一个单元系统的状态，其适合于并满足于特定的条件"。

在工业生产的其他领域，传统的处于产品生产线末端的"质量控制"已转变为贯穿于公司运营包括从客户咨询服务到产品交付和维护的全过程的"质量保证"或"质量管理"。热浸镀锌行业的绝对多数企业正在引进质量保证体系，除了其他因素外，主要原因还在于：

1）降低缺陷及维修成本。

2）履行 DIN EN ISO 1461 的相关要求。

3）降低或避免赔偿的成本。

4）保持企业在 EC（欧共体）内的市场竞争力。

5）用自己的质量保证体系满足关键客户的需求。

6）用质量保证系统提高公司的形象。

企业实施 QM（质量管理）体系意味着企业必须建有最基本的质量保证措施（一些做得比较成功的热浸镀锌企业通常建有质保措施），且这些措施要汇总起来、具有结论性和完整性，若有必要的话这些工作已经完成且随时备有。另外，这些存在的措施应该记录存档。

当公司决定要实施质量保证系统时，必须明确质保系统：

1）是一项管理事项。

2）必须是自上而下执行，而不是相反。

3）关注整个镀锌厂，从采购部门、管理部门、销售部门、镀锌车间到售后服务部门。

4）只能部分影响到镀层的尺寸精度和外观。

5）除了简单的记录、组织、汇总、分析，并没有新的东西。

现代质量管理的目标是避免缺陷的产生，而不是针对缺陷的修复。质量不能靠对产品或表面的检测保证或提升，而是需要系统化地保证和提升。即使具备复杂的、高科技含量的检测技术，也不能促进镀层缺陷的控制。

基本原则：一项质量管理体系，不是企业额外的管理任务，而是企业整个管理系统中必不可少的一部分。

8.2　重要的标准

实施 QM 体系的第一步就是分析企业的现状。必须确认企业已存在哪些 QM 体系的要素，怎样组织这些已存在的要素，还欠缺哪些组成要素，怎样完善这些欠缺的要素（表 8-1）。

表 8-1　据 DIN EN ISO 9001/2000 要求的 QM 体系组成要素

部分	标题
4	质量管理体系 4.1 总的要求
4	质量管理体系 4.2 文件要求
5	管理职责 5.1 管理承诺
5	管理职责 5.2 以顾客为关注焦点
5	管理职责 5.3 质量方针
5	管理职责 5.4 策划
5	管理职责 5.5 职责、权限和沟通
5	管理职责 5.6 管理评审
6	资源管理 6.1 资源的提供
6	资源管理 6.2 人力资源
6	资源管理 6.3 基础设施
6	资源管理 6.4 工作环境

（续）

部分	标题
7	<u>产品实现</u> 7.1 产品实现的策划
7	<u>产品实现</u> 7.2 与客户有关的过程
7	<u>产品实现</u> 7.3 设计和开发
7	<u>产品实现</u> 7.4 采购
7	<u>产品实现</u> 7.5 生产和服务提供
7	<u>产品实现</u> 7.6 监视和测量装置的控制
8	<u>测量、分析和改进</u> 8.1 总则
8	<u>测量、分析和改进</u> 8.2 监视和测量
8	<u>测量、分析和改进</u> 8.3 不合格品控制
8	<u>测量、分析和改进</u> 8.4 数据分析
8	<u>测量、分析和改进</u> 8.5 改进

　　在质量保证领域，最核心的标准就是 DIN EN ISO 9001/2000，除了标准中的 7.3 扩展部分，对于热浸镀锌公司这类从事加工业的企业普遍采用并执行 DIN EN ISO 9001/2000。

　　要想使得 QM 体系发挥有效的作用，它必须包括订单过程的所有流程，如从客户的咨询到热浸镀锌原料的分配。这其中，客户和承包商（加工商如热浸镀锌企业）之间的信息交流与沟通发挥着核心的作用（表 8-2）。

表 8-2　实现 QM 要素的步骤

步骤 1：直观的

1）知道需要做什么

2）没有书面陈述

3）口头传统

（续）

步骤2：组织

有确定各项任务的书面文件

1）工作规范

2）工作进度表

3）检查表

4）评定标准

5）测试计划

6）操作说明

步骤3：协调

1）质量管理体系在协调方面的功能描述，证据和原因之间的协调而形成 QM 手册

2）步骤2的文件可以编辑在一起编入 QM 手册

3）参考步骤2的文件

步骤4：被证明是有效的

通过以下实现 QM 体系的连续发展、检测和修正

1）质量报告

2）质量法规

3）内部审核

4）过程测量

5）过程的改进（CIP）

8.3　按 DIN EN ISO 9001/2000 规定的 QM 体系结构

　　QM 体系结构的基础是管理手册。在质量管理手册中，包括责任在内的有关质量保证的各种要素均进行了详细的描述。建议针对不同的组成部分按照各自相关的标准编写 QM 手册。

　　初期阶段，QM 体系的实施需要一定的实施成本。通常，公司内必须至少有一位职员专职从事质量管理。他必须在实际生产部门之外制定质量管理手册，而不受生产部门指示的约束。另外，从事质量管理的部门或办公室还要担任其他的工作职能（例如，准备工作底稿、工作标准等）。

　　QM 体系成功运行的基础是公司必须具有清晰的组织结构，制定明确的职责、责任和指令（部分需要在 QM 手册中体现）。

8.4　QM 要素第 4~8 部分的简单描述

8.4.1　文件要求（第4部分）

　　根据标准，文件包括准备、监控和不断更新的所有纸质文件以及与 QM 体系有

关的所有文件。文件的分发列表必须记录哪些文件谁来接收以及接收的目的。必须建立更新服务制度以确保热浸镀锌企业能够得到最新版本的标准、规章制度、操作规程以及公司其他的规定。最新更新的文件必须经收件人签字确认，撤销的文件必须销毁或采用其他方式作废。

8.4.2　管理的职责（第 5 部分）

当 QM 体系发展和实现时最高管理层必须认可并给出其认可的证据。QM 体系的连续发展提高以及增效必须通过质量管理评价后方能认可。

另外，最高管理层必须确保通过提高客户的满意度来满足客户的要求。质量策略必须包括量化的目标，它由 QM 体系内各组成部分的不同功能块决定。

最高管理层必须确保 QM 体系内各组成部分有明确定义的责任和权利，且它必须在内部交流的公共和单独流程中付诸实践。

8.4.3　资源管理（第 6 部分）

对最高管理层所提出的要求就是要提供 QM 体系执行、维持和发挥作用的资源和人力资源，人力资源也就是能够明显影响产品质量的管理团队，必须包括一定数量的受过专业培训的、能力强的、有经验的职员。

为了满足产品的要求，要求具备相应的基础设施和工作环境。

8.4.4　产品实现（第 7 部分）

公司必须规划和制订必要的工艺流程以顺利地实现高质量产品的生产。

另外，在确定合同内容时必须清楚公司的热浸镀锌车间加工能力是否能够满足客户的要求。

如果公司有自己的开发部，它必须包括在"产品实现（第 7 部分）"内；若没有，则必须声明在 QM 体系结构中排除。

对供应商进行合适的评价是公司安全、良性采购的基础。对于原材料（锌锭、酸、助镀剂、线材等）的采购，允许经授权的供应商提供各自的评价。如果新的供应商提出供货请求或供应商没有提供自己的评价，采购部应与质量部合作以确保可能进入生产流程的原材料经过仔细的检测并通过验收。

公司必须保证在可控的情况下计划和实施并提供热浸镀锌服务。这包括控制工艺过程的工艺指导书、作业指导书、检测指导书。采用一些合适的设备和相应的检测装置，采用标识设备用于跟踪产品，这些都是有效控制产品质量的保证。

产品和过程流程是质量检测的两个主要节点。质量监控囊括了过程中对待镀产品的所有监控过程。对产品检测的各个步骤要求安排在可能发现缺陷的早期或者缺陷修复尽可能快的地方。虽然只有在锌锅浸镀及其后续工序中出现的缺陷才会造成高额的修复费用，但过程监控必须确保所有影响镀锌质量的过程工艺参数受到连续监控。无监控的酸洗槽在使用的过程中可能改变其初始的酸洗效果，这可能产生酸洗缺陷。过程监控必须覆盖涉及原材料采购到产品检验调度部门的所有过程环节。

待镀产品是客户的资产，但在合同谈判时应明确待镀产品的材质类别。这不仅是待镀产品材质的尺寸和重量问题，更重要的是其可能影响到加工后材质的质量。这些数据至少应在接货检验时收集起来。

并不是所有类型的钢材都适合于热浸镀锌加工，即使是适合于热浸镀锌加工的钢材也有适合程度的好坏等级之分。客户应当向热浸镀锌车间提供其所要求的待镀产品信息，以便于热浸镀锌车间评价待镀产品是否适合于热浸镀锌加工或者适合的程度。若热浸镀锌车间得不到这些信息，则双方的加工商务合作要推迟到这一问题解决才能继续下去。

在热浸镀锌企业，通常仅有较少的检测仪器或装置（如测厚仪、温度记录仪、称等）。然而，如果这些检测仪器可连续检测，则其不再仅是实践经验测量。它们既可以用于普通的检测，还能够用于一些确定领域（结果需要定量确定）的精确测量。

推荐将每一台（或套）测试仪器贴上标签，这样可以清晰表示出其下一次校正的时间（图 8-1 ~ 图 8-3）。

8.4.5　测量、分析和改进（第 8 部分）

公司必须记录、分析、评价顾客满意度方面的各类信息，且必须确定评定标准。这里最常用的普遍的工具就是每隔一段时间对客户进行相关调查，并年度分析客户的满意度波动情况。

内部审计是检验 QM 体系是否产生功效的一个方法。有三种类型的审计：系统审计、过程审计、产品审计。系统审计用来评价包括所有组成要素的整个系统的应用情况。过程审计用来分析热浸镀锌过程中的每一个生产车间或每一个生产工序的情况。产品审计是指任选热浸镀锌产品进行检验，以评价 QM 体系的功效。这里需要注意的是，已经发出的货以及装运和检验的镀件应确保与客户的要求一致。

在热浸镀锌企业，镀件产品的检测，如镀层厚度的测量，应当按照批量热浸镀锌标准 DIN EN ISO 1460 的相关规定执行。

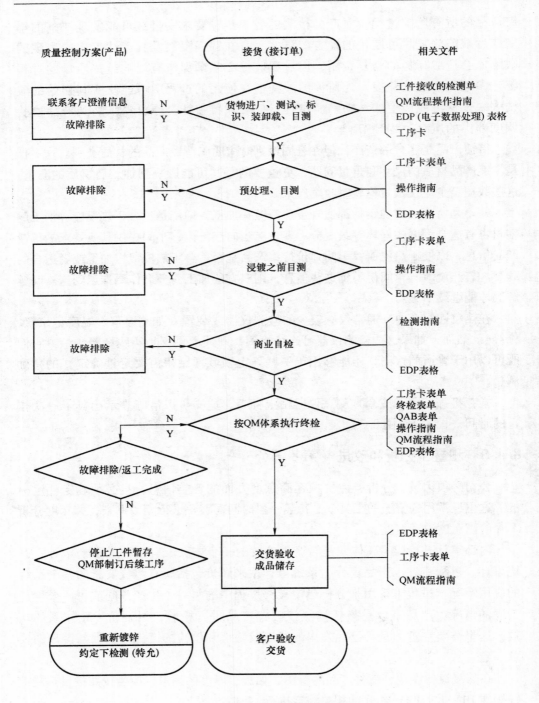

图 8-1 产品检验计划（步骤体系）

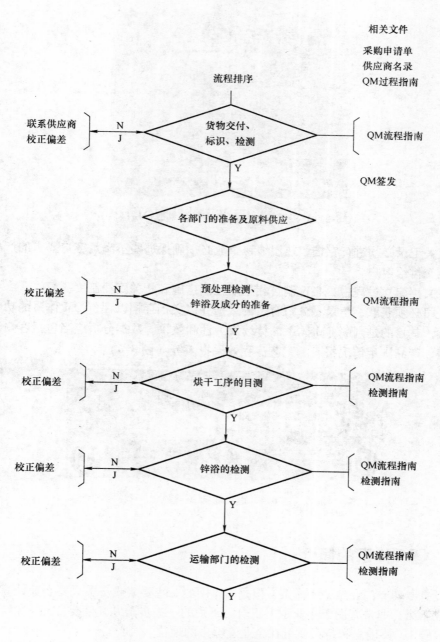

图 8-2 工艺流程图

图 8-3　热浸镀锌产品的终检（测量镀锌层厚度）

　　相关记录必须进行存档，热浸镀锌企业必须确保那些不满足客户要求的产品绝对不能交付给客户。

　　在文档建立过程中，必选制订相应的控制措施和相关责任制度。

　　公司必须获取、记录、分析合适的数据并以文档存档以评价 QM 体系的功效和适应性，其目的是判断 QM 体系的持续发展性和效果。数据分析应当包括客户满意度报表、产品满足情况报表、工艺流程效果报表等（图 8-4）。

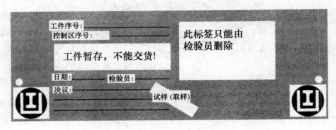

图 8-4　退货通知（举例）

8.5　QM 体系的简介

　　没有专利专门介绍 QM 体系，但是 QM 中的一些要素或步骤只要企业认真对待并遵守承诺，非常有助于企业走上正轨。下列的一些步骤尤其重要：

　　步骤 1：要确立和定义质量在企业管理中的地位。

　　步骤 2：成立管理委员会来组织和承担质量管理的实施。

　　步骤 3：质量和质量缺陷应具有可测量性（应有规范标准），以便能够进行客观评价。

步骤4：成本要素的定义和成本收益的解释。

步骤5：提升员工的个人责任感，增强他们的质量敏感意识。

步骤6：建立和应用系统方法诊断缺陷，根据 QM 手册、QM 过程指南弥补缺陷。

步骤7：培训员工以促进他们在 QM 体系实施过程发挥积极的作用。

步骤8：开展讲座向职员宣讲 QM 体系的实施效果。

步骤9：通过鼓励员工设置个人目标促进 QM 的实践。

步骤10：消除错误原因，建立员工报告系统。

步骤11：培养成就或成功的荣誉感。

步骤12：成立专家组。

步骤13：从一开始就建立质量促进项目不断发展的理念。

8.6　发展趋势

随着客户要求的日渐苛刻，厂家所承担的越来越大的责任和日益强烈的市场竞争成为企业实施 QM 体系的主要动力。在热浸镀锌企业，每一步有助于提高质量的环节都是非常重要的。对于热浸镀锌企业而言，初始实施规范化的 QM 体系意味着将花销一定的成本，而对于质保的这部分成本费用客户必须为此买单。

然而，经验证明 QM 体系成功运行的优点有很多：

1）工艺流程高度透明。

2）质量责任个体化。

3）提升员工的承诺精神。

4）通过标杆学习提高生产率和效率。

中等规模或大生产规模的热浸镀锌企业要建立规范化 QM 体系的概念，因为这是企业在未来几年中保持竞争力的唯一途径。大的客户肯定不会考虑选择那些没有充分质量保证的热浸镀锌企业，因为作为客户他将承担更高的风险。

即使对于小生产规模的热浸镀锌企业，其生产加工虽然带有区域性或经验与手工特征，但实施 QM 体系也具有一定的价值。

致　　谢

我们非常感谢 Mr. H. Wieking 对于本章的编写所提供的帮助。

参 考 文 献

1. DIN 55350. Part 11; Concepts on Quality Management, Beuth-Verlag, Berlin.

2. DIN/ISO (2000) 9001. Quality Assurance Systems Requirements; Beuth-Verlag, Berlin.

3. Huster, E. (1990) Qualitätssicherung aus der Praxis eines Lohnverzinkers. Galvanotechnik No. 8, Saulgau.

4. N. N. *QS-Handbuch*, Institut für angewandtes Feuerverzinken GmbH, Düsseldorf, Selbstverlag.

第9章 镀锌层的腐蚀行为

H. –J. Böttcher, W. Friehe, D. Horstmann. C. –L. Kruse, W. Schwenk, and W. –D. Schulz

9.1 腐蚀——化学性质

9.1.1 一般注意事项

锌优异的耐蚀性归功于在腐蚀过程中能够形成固态腐蚀产物覆盖层，其可显著地阻挡进一步腐蚀。这就是锌作为钢铁材料防腐镀层金属的原因。

首先，在锌的腐蚀过程的初始阶段会产生氢氧化锌。氢氧化锌具有酸碱两性特征，就像脱水后氧化锌的性质。在酸性溶液中其按以下反应式溶解

$$Zn(OH)_2 + 2H^+ \rightleftharpoons Zn^{2+} + 2H_2O \qquad (9-1)$$

在碱性溶液中又按以下反应式溶解

$$Zn(OH)_2 + OH^- \rightleftharpoons Zn(OH)_3^- \qquad (9-2)$$

锌的腐蚀速率取决于锌层表面覆盖层的溶解速度。随着 pH 值的降低（图 9-1 中 a 区域）和 pH 值的增高（图 9-1 中 c 和 d 区域），锌的腐蚀速率都显著增加[1]。在大气环境或水中，首先形成的腐蚀产物是氢氧化锌，这一覆盖层提供的防护效果有些差。当有 CO_2 存在时它与 CO_2 按下式转变为碱式碳酸锌

$$5Zn(OH)_2 + 2CO_2 \rightleftharpoons Zn_5(OH)_6(CO_3)_2 + 2H_2O \qquad (9-3)$$

其转变产物的成分相当于水锌矿（自然界中的一种矿物），在金属表面能够形成具有良好保护效果的覆盖层[3]。然而，类似于方程式（9-1）的反应，式（9-3）的反应产物也按以下化学式在酸的作用下发生溶解

$$Zn_5(OH)_6(CO_3)_2 + 8H^+ \rightleftharpoons 5Zn^{2+} + 2HCO_3^- + 6H_2O \qquad (9-4)$$

在大气腐蚀中，碱式碳酸锌覆盖层的溶解速率取决于二氧化硫的含量，二氧化硫存在时则按下式反应产生氢离子

$$SO_2 + H_2O + 1/2O_2 \rightleftharpoons 2H^+ + SO_4^{2-} \qquad (9-5)$$

而在水中其溶解速度取决于二氧化碳的含量，二氧化碳存在时则按下式反应产生氢离子

$$CO_2 + H_2O \rightleftharpoons H^+ + HCO_3^- \qquad (9-6)$$

在海水中，覆盖层的成分包括碱式氯化锌，如 $Zn_5(OH)_8Cl_2$；另外覆盖层中还有碱式氯化镁，如 $Mg_2(OH)_3Cl$，这样形成的镀层在海水中具有良好的防腐蚀性能。

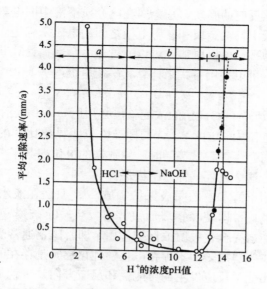

图 9-1 锌的腐蚀速率和溶液 pH 值之间的关系[1]

注：图中的腐蚀速率（去除速率）是在实验室条件下获得的，在实验室条件下往往难以获得最佳的镀层；
所以不能以此为基础来评价镀锌层的防护周期（Dortmund 州材料试验所[2]）。

在大多数情况下，热浸镀锌钢的腐蚀行为与纯锌的腐蚀行为稍有不同。热浸镀锌钢在大气中发生均匀腐蚀，当腐蚀到镀层的锌－铁合金相层时腐蚀速率通常会下降。而在热水中当腐蚀到镀层的锌－铁合金相层时，腐蚀速率明显增加；因为在此位置阴极的氧化还原反应与铜及铁的情况类似，与纯锌相比，阴极的反应受到阻碍要小。

9.1.2 水中腐蚀的基本原理

从化学的角度来看，锌在水中或是在电解液中的腐蚀过程是一个氧化反应。由包括两个平行的电化学分反应：

1）金属的阳极反应，生成金属离子（金属－金属离子反应，氧化反应），例如

$$Zn \rightleftharpoons Zn^{2+} + 2e^- \tag{9-7}$$

2）电解液介质中氧化剂的阴极还原反应（电解质的氧化还原反应）

$$O_2 + 2H_2O + 4e^- \rightleftharpoons 4OH^- \tag{9-8}$$

$$2H_2O + 2e^- \rightleftharpoons H_2 + 2OH^- \tag{9-9}$$

在中性水中，式（9-8）可用于描述腐蚀过程的阴极反应。相比较而言，式（9-9）反应在大多数情况下速度非常缓慢，可以忽略不计；仅在非常贫氧的水中才会发生。

衡量局部电化学反应的驱动力是金属在电介质溶液中的电势。金属的电极电势可以通过测量电解液中待测金属和参考电极之间的电压来确定。在热力学平衡的条件下，这个电势称为平衡电极电势，可以通过热力学数据计算获得。对于锌金属转变为锌离子的过程，可以采用下式来计算其平衡电极电势

$$U^* = U^O + 0.031\lg c(Zn^{2+}) \; [V] \tag{9-10}$$

标准电位 $U^O = -0.763V$，锌离子的浓度单位必须用 mol/L 表示。

铁的标准电极电位为 $-0.44V$，锌的标准电位明显要比铁的负。因此，锌比铁具有更大的腐蚀倾向，当锌和铁接触时，导致铁的电位向其平衡电极电位转移。因此，铁被保护起来，这个过程就称为阴极保护。

锌阳极大量应用于海水中的阴极保护领域[4]，但是在淡水中锌阳极不是很适合于钢铁的保护。然而，即使在钢表面镀锌层发生较小破损（如小切口）的情况下，也不是意味着镀层完全丧失腐蚀保护作用，即暴露钢通常受到周围锌层的阴极保护；这种情况至少当锌层表面不存在电化学钝化层时是存在的。局部电化学反应的平衡电位可反映出化学反应发生的可能性和反应方向，也就是腐蚀只有可能在阴极局部反应的平衡电极电位比阳极金属溶解时平衡电极电位更正的情况下才有可能发生；式（9-7）－式（9-9）也是如此。然而，平衡电极电位既不能提供有关腐蚀速率的信息，又不能提供腐蚀金属电位的有关信息。这取决于局部反应中两个平衡电位之间的动力学特征，后者与阳极局部反应的平衡电位有很大的差距。

为了简单化考虑，假设金属表面腐蚀的电化学反应速率是局部平衡的，均匀的混合电极就属于这种情况。电化学反应速率与电流成正比关系（法拉第定律）。由单电极反应速率决定的电极电势可以从电流密度－电位曲线图中表达出来。在平衡电位时曲线与电势坐标轴线接触，因为此时所对应的反应速率为零。

如图 9-2 所示，曲线 A 是式（9-7）反应的电流密度－电势曲线，其平衡电势为 U_A^*；曲线 K_1 和 K_2 分别对应着按式（9-8）和式（9-9）发生反应的电流密度－电势曲线，它们对应的平衡电势分别为 $U_{K_1}^*$ 和 $U_{K_2}^*$。曲线 K_2 所对应的化学反应速率要比曲线 K_1 的快。例如：在这种情况下曲线 K_1 对应反应过程氧的浓度比曲线 K_2 对应反应过程氧的浓度要低。

阳极和阴极各自的局部电流密度－电位曲线的综合产生了虚线部分总的电流密度－电位曲线，其静态电位为 U_1 和 U_2。这些电位对应着金属自由腐蚀时（也就是没有外部其他状态或因素影响电流，总的局部电流平衡于零）的腐蚀电位。处于静态电位时所对应的阴、阳极局部电流密度值相等，这与各自的自由腐蚀速率相关联。

从图 9-2 中可以清晰地看出，当与介质中氧浓度增高对比时，阴极局部电流密度－电位从曲线 K_1 转变为 K_2 时腐蚀速率是如何增加的以及静止电位是如何正移的。由局部反应的动力学特征造成静态电位与阳极局部反应的平衡电位是不能相比较的。但是，如果阳极局部电流密度－电位曲线急剧上升（也就是阳极反应几乎不

会受到阻碍时），那么这两个数据有可能具有一定的联系；然后，两个电极电位相互接近；这种情况被称为活跃的腐蚀状态。这种情况通常发生在金属表面没有覆盖层覆盖的条件下，锌阳极用于在海水中作为阴极保护使用时就属于这种情况。

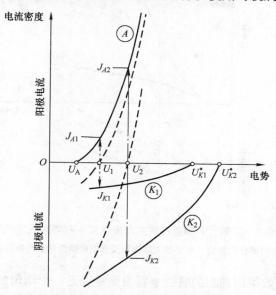

图 9-2　局部反应和总反应的电流密度 – 电势曲线

注：表示对活性金属腐蚀过程阴极反应的影响（相关的文本解释请参阅杜伊斯堡曼内斯曼研究所的文献[2]）。

　　当有覆盖层时阳极局部电流密度曲线变得比较平缓，这种情况称为钝化腐蚀。图 9-3 展示了这种钝化产生的影响。这里假设阴极局部反应过程不受覆盖层的影响，虽然这种假设与实际情况并不完全相符，但在一定程度上是可以接受的。因为在任何情况下，覆盖层对阳极局部反应过程的阻止作用比对阴极局部反应过程的阻止作用要大得多。

　　据图 9-2 的解释，用于腐蚀电位和自由腐蚀速率分析的总的电流密度 – 电位曲线是由相关的阴、阳极局部的电流密度 – 电位曲线得出来的。从图 9-3 中可以清晰地看出，静态电位因钝化而得到更正，相对比图 9-2 描述的活跃金属，图 9-3 所描述金属的腐蚀速率下降。在实际情况下，静止电位的移动被认为是电位的跃迁。另外，从图 9-3 中可以看出，活性金属的静态电位接近于阳极局部反应的平衡电位，而对于钝态金属其静态电位更接近于阴极局部反应的平衡电位。在这种情况下（钝态金属），腐蚀电位和阳极局部反应的平衡电位之间没有多大联系。因为锌在淡水中很容易钝化并被覆盖层覆盖，电位正移量太大，所以在这类介质中它不适合作为阳极用于阴极保护。在电位升高到临界情况下时，钝态锌的电位可能比活跃钢的电位还要正；那么在这种情况下热浸镀锌钢存在点蚀的风险。这种情况主要发生在热浸镀锌钢用在温水介质的场合[5]。

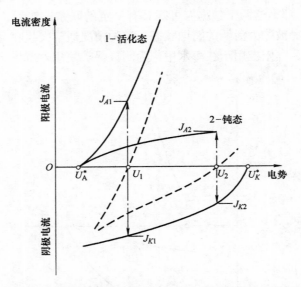

图 9-3 局部反应和总反应的电流密度 – 电势曲线（简图）

注：稳定阴极反应时钝化的影响（相关的文本解释请参阅杜伊斯堡曼内斯曼研究所的文献[2]）。

覆盖层的防腐效果由钝态的腐蚀金属表面是否是一个均匀的混合电极决定。当覆盖层形成局部受阻或不能形成覆盖层时，则相比于钝态金属这些局部没有覆盖层保护的金属具有较正静态电位，导致其腐蚀倾向增大。图 9-3 反映了活跃金属的阳极局部电流密度 – 电位曲线中存在的风险程度，并直接表示了腐蚀速率和电位之间的关系。当覆盖层存在局部破损时，便形成了均匀的混合电极，它包括一个很大面积的钝态金属阴极和一个面积很小的活性金属阳极。由于活性金属和钝态金属之间的静态电位的差异（$U_2 - U_1$），这样便在两个面之间产生原电池电流，使得阳极的表面存在高的腐蚀风险，而阴极表面得到轻微的阴极保护。这里并没有进行定量的讨论，因为这需要面积、电解液电阻等相关数据[4,6]。

这种具有活化 – 钝化特性金属的走向是非合金钢在中性水介质中发生局部腐蚀的原因。相对于铁而言锌被认为是更不易发生活化 – 钝化的元素。钢基体表面锌镀层的保护效果也必须基于一点考虑，因为这种情况下腐蚀的发生具有可比较性[5]。

9.1.3 热力学基础

通过式（9-7）阳极反应所生成的锌离子与离子态水或水分子本身进一步反应将生成固态腐蚀产物

$$Zn^{2+} + H_2O \rightleftharpoons ZnO + 2H^+ \tag{9-11}$$

为了简化，下面只考虑水分子，且也没有其他元素形成额外的覆盖层。由式（9-11）反应生成的固态腐蚀产物 ZnO 可按照式（9-12）再次溶解在碱性水溶液中。

$$ZnO + OH^- + H_2O \rightleftharpoons Zn(OH)_3^- \tag{9-12}$$

$$ZnO + 2OH^- + H_2O \rightleftharpoons Zn(OH)_4^{2-} \tag{9-13}$$

式 (9-12) 和式 (9-13) 反映了锌的两性电解质性质。将式 (9-7)、式 (9-11) 和式 (9-12) 或式 (9-13) 组合可以得到锌在碱性水溶液中的阳极反应

$$ZnO + 3OH^- \rightleftharpoons Zn(OH)_3^- + 2e^- \tag{9-14}$$

$$ZnO + 4OH^- \rightleftharpoons Zn(OH)_4^{2-} + 2e^- \tag{9-15}$$

此外，在中性 pH 值时阳极局部反应为

$$Zn + 2OH^- \rightleftharpoons ZnO + H_2O + 2e^- \tag{9-16}$$

在反应式 (9-7) 以及反应式 (9-11) ~式 (9-16) 中，除了涉及锌的腐蚀产物外还有水离子和电子。所以电位－pH 图中把它们划归为不同的过程和反应是合乎逻辑的[7]。图 9-4 所示为 Zn/H_2O 系的电位－pH 图，出图可见，Zn、Zn^{2+}、$ZnO + Zn(OH)$ 或 $Zn(OH)_4^{2-}$ 热力学稳定区的坐标是 pH 值和液相（电解液）的氧化还原电位以及金属的电位。图 9.4 中，溶解度边界即为所溶解的锌和锌酸盐离子的总浓度是 $c_0 = 10^{-6}$ mol/L。图中的箭头表明随着 c_0 的上升边界的移动方向。

图 9-4 另外指出了水的存在区域，按反应式 (9-9) 会发生阴极析氢反应，阳极氧化过程按下式进行

$$H_2O \rightleftharpoons O_2 + 4H^+ + 4e^- \tag{9-17}$$

图 9-4 中的 ZnO 区域，其实是一个固态 ZnO 和电解液都可能存在的混杂相区域，所对应的 pH 值范围可从 x 轴坐标得出。另外，当越过界限 2 和 3 进入 ZnO 区域时，锌和锌酸盐离子的浓度明显降低。

由于 a 线总是在 4 线之上，所以在热力学平衡状态下 Zn 和 H_2O 不可能同时存在，或者是按式 (9-16) 反应生成 ZnO，或者是按式 (9-9) 反应水分解形成 H_2。图 9-4 提供了金属锌和固态腐蚀产物在不同 pH 值和电位条件下的热力学特征。由于锌和锌酸盐没有价态的转变，所以在给定锌离子浓度的条件下固态腐蚀产物的热力学稳定性只受 pH 值的影响，而和电位无关。虽然这种固态腐蚀产物不能完全阻止腐蚀的发生，但它能在一定程度上减缓腐蚀过程。这种效果在图 9.4 中是体现不出来的。要想分析此目的，还需要借助其他一些有用的物理量如密度、覆盖层（腐蚀产物

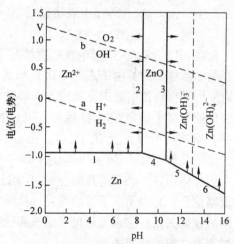

图 9-4　Zn/H_2O 系的电位－pH 图
（25℃，0.1MPa，Zn^{2+} 浓度 $c_0 = 10^{-6}$ mol/L）[7]
（相关的文本解释请参阅杜伊斯堡曼内斯曼研究所的文献[2]）

层）的结合强度，而这些是难以从热力学数据中查阅到的。图 9-4 所给出的热力学稳定状态图没有考虑其他离子的反应产物，故其只适用于 H^+、OH^-、Zn^{2+}、$Zn(OH)_2$、$Zn(OH)_4^{2-}$、ZnO。所以，此图不能应用于自然环境介质当中。自然环境介质中一个重要的成分就是碳酸或碳酸根离子。图 9-5 显示了固态腐蚀产物的 pH 范围与锌离子浓度之间的关系，并展示出在碳酸的影响下固态腐蚀产物的 pH 范围拓宽。在有其他物质存在的情况下也会出现此现象，如磷酸锌、碱式盐或锌酸钙。

对实际腐蚀条件进行详细考虑时，应当注意 Zn/H_2O 间的直接接触界面处水的组成不同于内部水的组成。例如：按式（9-8）和式（9-9）发生的阴极反应使 pH 值升高，按式（9-7）和式（9-11）发生的阳极反应将使 pH 值降低。这种局部 pH 值的波动对影响局部腐蚀非常重要，或者产生非均匀的混合电极。另外，按式（9-7）、式（9-14）和式（9-15）发生的腐蚀反应将使锌和锌酸盐离子的浓度增加，会导致图 9-4 中的 ZnO 区域按照箭头方向发生扩张，这在图9-5中表达得已经非常清晰。

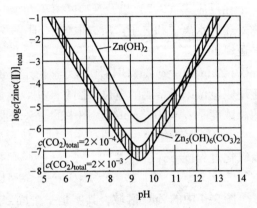

图 9-5　25℃ 时 Zn/H_2O 系中 $Zn_5(OH)_6$ $(CO_3)_2$ 和 $Zn(OH)_2$ 腐蚀产物的稳定区[7-12]（德国多特蒙德北威州联邦材料试验中心[2]）

在高 pH 值或者大阴极电流密度情况下，按式（9-9）反应致使阴极区的 pH 值升高是非常重要的。由于式（9-14）和式（9-15）的反应，界限 5 和 6（图9-4）所对应的平衡电位明显向更负的方向移动。当 pH 值增加使平衡电位负移量超过阴极极化使金属平衡电位负移量时，可以推理出阴极保护将成为不可能。因为式（9-9）和式（9-15）反应的结合，将会引起阴极腐蚀。

$$Zn + 4H_2O + 2e^- \rightleftharpoons Zn(OH)_4^{2-} + 2H_2 \qquad (9-18)$$

但总体而言，必须清楚电位 – pH 图只能反映出腐蚀行为与电位和 pH 值之间的简略信息；它表示出了可溶性腐蚀产物的范围，但从图中不能获得它和腐蚀速率之间的任何关系；它也表示出了固态腐蚀产物的范围，但从图中同样不能获得它和腐蚀速率之间的任何关系。

有关锌和钢在水中腐蚀的更全面信息及问题请参考文献 [13，14]。

9.1.4　双金属腐蚀

根据 DIN EN ISO 8044 评述，双金属腐蚀（接触腐蚀）是一种加速腐蚀，当两种具有不同电位的金属浸入具有导电性的腐蚀性液体中而发生导电接触时就会发生这种腐蚀。当使用热浸镀锌钢组件时这种腐蚀方式产生的影响不容忽视，因为在实践中金属导体与其他金属的组合、接触是不可避免的。

双金属腐蚀的程度取决于相接触的两种金属平衡电位的差异、周围电解液介质的导电率、受腐蚀影响表面（接触表面）的尺寸大小以及温度[14]。而实际上，在反应金属表面会形成不溶性的覆盖层以及还存在其他类似的情况，所以要想得到较为精准的预测是比较困难的。

考虑腐蚀时，只要热浸镀锌钢构件的表面足够大，如经常采用的热浸镀锌钢结构和耐蚀钢材质的紧固件连接就属于这种情况，这种情况下锌或者是镀锌层表面与其他金属相接触时是不会出现问题的（表9-1）。采用在中间接触界面添加绝缘层材料的措施的效果往往被高估，其实这并不能完全避免金属接触腐蚀的发生，这种情况（不能完全避免金属接触腐蚀这种情况）仍然会继续存在下去，如在螺纹接触部位。

当热浸镀锌钢的镀层表面积较小时，必须给予足够的注意，如热浸镀锌的耐蚀钢螺钉。在这种情况下，具体的应用条件起着决定性作用。这就意味着越是潮湿以及盐污染越是严重的环境，应用时的风险越大；热浸镀锌构件或组件的腐蚀越严重。

热浸镀锌组件和铜之间的接触是一个普遍问题，这尤其需要考虑铜的腐蚀产物。因为它会到达镀锌层的表面，例如：用于排水的铜件或铜水槽与热浸镀锌构件接触时就会发生这种情况。实际上接触得越紧密腐蚀的倾向就越大（大多数发生点蚀或浅坑腐蚀）。这在设计阶段就应当采取措施给予避免。

表 9-1　大气环境下与其他金属接触时锌的双金属腐蚀

与锌接触的金属	锌的表面明显大	锌的表面明显小
镁	N	N
锌	N	N
铝	N	N
结构钢	N	C
铅	N	N/M
锡	N	C
铜	M/C	C
耐蚀钢	N	C

注：N 表示没有腐蚀，轻微腐蚀；M 表示中度腐蚀；C 表示明显腐蚀。

9.1.5　耐热性

镀锌层适用于很广的温度范围。低温环境下热浸镀锌钢结构的适应性是由钢的适应性决定的，而不是由镀层决定的。在大气环境条件下，热浸镀锌的应用几乎不受限制。

热浸镀锌的温度不应超过 220℃，因为高于此温度时锌和铁之间会发生扩散。如果长时间在这种温度环境下，两种金属（铁和锌）因具有不同的扩散速度而产生柯肯达尔效应，将导致镀层脱落。在极端情况下可能导致钢基体的脆化，最终导致钢基体破损[15]。

原子在固体、气体和液体中的跳跃过程通常用专业术语"扩散"表达。再结晶、晶粒长大以及分层（反混合过程）都受扩散过程的直接影响。

由于需要能量，所以高温下原子的跳跃要比低温下更快。此外，还需要注意浓度梯度，例如：在一个富锌相和一个富铁相之间，粒子不规则的布朗热运动会转变成定向的扩散。

一种特殊情况是扩散偶的扩散主要是通过空位的移动来实现的。这在 Cu70Zn30 基体上镀铜时发现并由柯肯达尔首次提出。研究者发现黄铜基体中的锌在铜镀层中的扩散速度比铜在黄铜基体中的扩散速度更快。由于扩散是通过晶格中空位的移动实现的，所以空位移动的方向正好和锌的扩散方向相反，则导致黄铜中空位密度上升。这些空位可以聚合为显微镜下可以观察到的缺陷，或于一定前提条件下在材料内扩展成为裂纹，这被称为柯肯达尔效应。

这个现象在热浸镀锌中被注意到，是因为热浸镀锌后冷却过程中铁离子和锌离子的扩散速度不同。如果浸镀之后的冷却速度很慢，在镀锌结束后工件表面（至少是一部分区域）立刻发生镀层的剥落。当镀锌板材叠在一起镀后冷却明显延迟时就会出现这种情况。这主要是因为热浸镀过程中钢表面形成了易分离的相，如低硅钢。

另外，$w_{Si}0.12\% \sim 0.28\%$ 的厚件也存在这种风险。当长时间浸镀时，浸镀过程在 δ_1 相与 ζ 相之间产生裂纹，这不可避免地造成结合强度减弱或镀层剥落。浸镀后在冷水中快速冷却时这种风险将加剧。

9.1.6 力学性能

总体而言，根据 DIN EN ISO 1461 获得的热浸镀锌层牢固地附着在钢基体上。结合强度值介于 10 ~ 30N/mm 之间，这超过了其他涂镀层的结合强度值。由于锌-铁合金相的脆性，镀锌层在机械变形后有剥落的倾向。因此，DIN EN ISO 1461 所定义的结合强度仅是指在合适加工处理和应用条件下的结合强度，热浸镀锌之后的弯曲和变形不属于合适的加工处理。

热浸镀锌层具有较好的耐机械摩擦性能。与其他有机涂层相比，其耐磨因子是 5 ~ 10；尤其是与两组分涂层材料（如环氧树脂或聚氨酯涂层）对比，这个因子是很高的。比较而言，PVC 基体上涂层的结合强度要高一些。对于热浸镀锌钢，镀层是否摩擦脱落或脱落量是多少并不是主要关注对象。因为单位时间内锌的去除量是类似或相同的，所以只有镀锌层厚度能够决定确切的磨损比例[16]。

9.2 大气环境下的腐蚀

9.2.1 一般事项

DIN EN ISO 14713 的主题就是关于钢构件腐蚀保护用的锌、铝涂镀层。在讨论锌和锌涂镀层的大气腐蚀时，必须考虑明确两种初始条件，它们包括新制备的镀层表面和已经在大气下风化的镀层表面，因为它们具有不同的化学成分和腐蚀行为。

新的镀锌层表面只有含量很少的污染物或其他化学反应产物。在大气环境下，镀层表面首先形成氧化锌，在空气湿度的影响下它转变成氢氧化锌，然后与空气中的二氧化碳作用形成碱式碳酸锌。碱式碳酸锌不易溶于水，是一层具有良好保护作用的覆盖层。这也意味着，新的镀锌构件必须储存在通风良好的场所，以确保有尽可能多的二氧化碳到达镀层表面且与镀层形成保护性的覆盖层。所以，大气风化过程的开始阶段腐蚀速率要高于保护性覆盖层形成以后的稳定阶段。又因为初始腐蚀阶段的腐蚀速率与保护性覆盖层形成之后的腐蚀速率之间没有联系，所以，镀层的长期腐蚀行为很难通过加速腐蚀实验获得。由于大气环境下镀层暴露腐蚀的季节性影响，所以其实际腐蚀是无法推断的。因工件所处大气条件的差异，保护性覆盖层形成所需要的时间从几天到几个月不等（根据文献 [17]，在干燥的空气下不超过100 天，相对湿度为 33% 的条件下不超过 14 天，相对湿度为 75% 的环境下不超过3 天）。随着时间的推移，在天气条件的影响下保护性覆盖层逐渐被去除，又不断地从锌基体上形成新的覆盖层，这将导致镀层的质量损失。在一个较长的周期内进行平均统计，得出覆盖层的去除是以稳定的速度进行的。基于表面的质量损失用 g/m^2 表示，基于厚度的质量损失用 μm 表示。

纯锌层腐蚀完之后，合金相层开始暴露并腐蚀。然而大量长期的研究表明，合金相层部分的质量损失速率非常微小[17-20]。据文献 [18，19] 分析，在工业环境气氛下，铁 - 锌合金层比纯锌层有更好的耐蚀性。当风化开始时，即使钢表面依然覆盖着锌，合金相层的腐蚀可能已经开始，并伴随其颜色变为赤褐色。文献[20-22] 公开发表了有关这一主题的许多不同观点，文献 [23] 还给出了针对此所开展的专门研究的研究结果。根据后者的研究结果发现，经过几年的大气腐蚀之后，纯锌层表面被一覆盖层覆盖，并呈现出灰色的外观；当腐蚀到 ζ 相层时，铁逐渐出现并进入覆盖层中。这包括其变成棕色的过程，至少是已经存在的少量的 Fe（Ⅲ）高颜色强度带来的结果，有助于合金相的进一步生成。这一棕色的腐蚀产物层变厚，并呈现出两种不同的成分区域：高锌（质量分数为 66%）低铁（质量分数为 7%）内层区和低锌（质量分数为 14%）高铁（质量分数为 43%）的外层区。此外，这一层还具有氧含量高、硫含量低的特点，其中的氯和碳来自于和大气中颗粒反应的产物。

　　电化学测量研究表明，初始时镀层或腐蚀产物覆盖层具有较高的极化电阻，当到达基体金属时极化电阻降低到很低的值。所以，据极化电阻可以清晰地识别它的状态（是腐蚀的初始阶段，还是腐蚀到了基体，还是腐蚀程度介于两者之间）。这从表面上识别是困难的，原因是没有三价铁还原成二价铁，铁－锌合金相层在风化过程中就不会变为棕色；而表面覆盖层将对这一切的发生产生足够大的阻力（致密的表面腐蚀产物覆盖层具有一定的保护作用，随着时间的推移虽然其不断被去除，但新的覆盖层又会不断产生，所以要到达锌－铁合金相层位置需要很长的时间，故在实际中运用极化电阻识别腐蚀状态是非常困难的）。

9.2.2　自然天气条件下的腐蚀

　　自然天气条件下应用的热浸镀锌钢，镀锌层的质量损失一般受大气类型和局部气候条件的影响。尤其是空气中二氧化硫含量的增加会增大质量损失率，这是因为它们的反应产物（镀层和二氧化硫之间的反应）易溶于水。在靠近海洋地区，随着大气中氯化物含量的增加，质量损失速率也会增加；但是，它（氯化物）造成的影响往往被过高估计。

1. 未防雨时自然天气下的腐蚀

　　在过去的多年里，对热浸镀锌试样开展了大量的腐蚀试验和检测。文献［17］对超过 200 篇引用文献进行了分析，其分析结果如图 9-6 所示，图中基于对所提及文献的分析画出了质量损失速率。

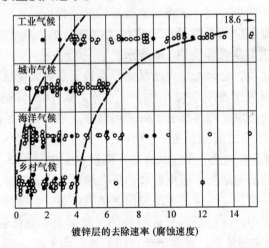

图 9-6　锌层在大气中的腐蚀（杜塞尔多夫，德国镀锌协会[2]）
　○—据文献［17］分析的结果　　●—据后来引用文献分析的结果

一方面，结果显示出相当大的偏差；另一方面，一些试验结果的特征清晰明显，这在实际中必须注意。当地的天气条件以及试验条件，相比较而言只是一个有限的范围；因此，这里实际上是讨论质量损失率在 10% 范围内的差异，这对于实际情况是毫无意义的。

大气中二氧化硫的含量随着季节改变而发生变化，在冬天的几个月份明显达到最大值（供暖阶段发生硫的排放）。在冬天，平均相对湿度要比夏天高；在海边或岛屿上，因为周边分布有大量的水面，这种差异并不明显。在高海拔处，因为气温降低，伴随有空气相对湿度的增加。

上述所提到的空气中的二氧化硫含量和相对湿度两个条件均是已知的具有代表性的测量结果。对比锌的腐蚀数据与季节变换之间的关系，通过对四年的数据进行分析，可发现惊人的一致性规律：夏天时腐蚀速度最慢，秋天和春天时腐蚀速度较快，冬天时具有最高的质量损失速率（图9-7）。图9-8 所示为二氧化硫含量对锌腐蚀速率的影响。图9-8 清晰地表明二氧化硫含量和锌去除速率之间呈严格的线性关系，每立方米空气中 $10\mu g$ 二氧化硫将造成 $0.7g/m^2$ 的锌损耗。这与欧洲中部地区气候条件的相关结果一致（表9-3）。

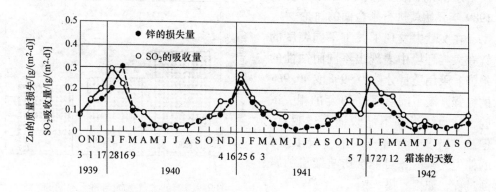

图9-7　柏林－达勒姆地区水平开放屋顶锌的质量损失和大学内圆顶建筑物从空气中吸收的
二氧化硫量与年月之间的关系[17]
（杜塞尔多夫，德国镀锌协会[2]）

此外季节的影响因素还包括温度和降雨。研究表明：有限范围内的温度波动和降雨量波动所造成的影响是可以忽略不计的，但是，当镀锌层表面完全防雨处理时再考虑忽略不计将是完全无效的（参考9.2.2.2 节）。

天气条件（如温度、空气湿度、解冻）在一天之内是不断变化的。为了检验天气变换对热浸镀锌钢的影响，第一组样品每天零点到上午八点暴露在自然大气下，第二组样品每天上午八点到下午四点暴露在自然大气下，第三组样品每天下午四点到十二点暴露在自然大气下[17]。在非暴露试验时间，样品封存在封存室内，试验周期长达六年（实际上是每组样品两年的户外暴露），结果如图 9-9 所示。从图中可以看出，在晚上和上午的时间段内锌的腐蚀速度较快，这可能是因为产生露水而造成的影响。

在岛上或者海岸地区存在有氯化物且其含量呈上升趋势，但其对锌的腐蚀影响不大，这已被图 9-6 中的相关检测数据所证实。从表 9-2 中可以看出，随着离海边的距离增加，氯化物的含量明显下降。所以，氯化物对镀锌层的腐蚀行为影响很小。当与工业大气环境相比时，仅在靠近海岸线或是海水飞溅区时镀锌层才出现更高的质量损失速率。

东德地区大气腐蚀性的改善从 1989 年开始就进行了全面的讨论[25]。

在文献中发现了关于不同纯度的锌在大气环境中表现出不同耐蚀性的报告。采用质量分数为 99% 或 99.9% 的纯锌开展了周期超过 20 年的相关试验，试验结果并不能验证上述观点。但是，当锌中含有一定量（较多量）的伴生元素时，可能会影响镀层的腐蚀过程，如铝、锡、铜。

当铝的质量分数为 0.3% 时，可明显地阻止锌的腐蚀[26]；然而当铝的质量分数达到百分之几时却又促进

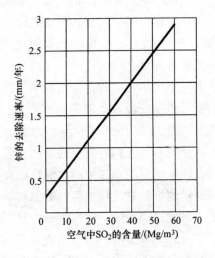

图 9-8　二氧化硫含量对锌去除速率的影响[24]

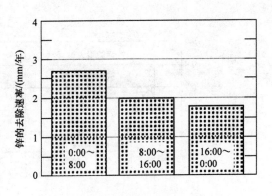

图 9-9　锌的大气腐蚀与每天不同的
时间段之间的关系[17]
（杜塞尔多夫，德国镀锌协会[2]）

了锌的腐蚀。但是，在批量热浸镀锌实践中出于工艺原因的考虑，当采用传统的助镀工艺时（铝和助镀剂会发生反应）铝的质量分数一定不能超过 0.03%。如果采用高的含铝量，则需要使用特殊的助镀剂。当锡的质量分数达到 0.9% 时（更高的含锡量没有进行过相关试验）会轻微地阻止锌的腐蚀。当铜的质量分数超过 1% 时能促进锌的腐蚀，若含量继续增加反而不会产生进一步的影响。在实际中，镀层中不会添加铜（锌浴中不会添加铜），镀层中若存在铜，在水介质条件下将不可避免地发生点蚀风险。当锌浴中含有铜时，则在浸镀过程增加了液体金属腐蚀的风险。

表9-2　雨水中氯化物含量与荷兰内陆到海洋距离之间的关系[17]

到海洋的距离/km	0.4	2.3	5.6	48	56
氯化物含量/（mg/L）	16	9	7	4	3

　　根据美国的相关研究，镀锌钢丝比镀锌板具有更高的锌腐蚀速率，当钢丝的直径小于6mm时这种差距显著上升[26]。例如：当钢丝的直径约为1.5mm时，其腐蚀速率值增加至钢丝直径或钢板厚度为6mm时的2倍。德国的研究也得到了相似的结论，稍微的区别是在工业空气中的钢丝的质量损失速率很高（直径为0.84mm的钢丝，与板厚的比例因子为6），然而这一损失速率值只有在陆地和海洋大气环境下的一半。

　　总而言之，可以说锌层的腐蚀过程主要受大气中二氧化硫含量的影响，受空气湿度和降雨的影响较弱。如图9-6所示，当大气类型转变时锌去除速率的变化比较平滑。

　　DIN EN ISO 12944-2 给出了第一年内不同腐蚀环境等级（C1~C5级）和钢、锌腐蚀损失之间的关系（表9-3）。很显然，锌的腐蚀损失只有钢腐蚀损失的1/20。

　　关于锌腐蚀的综合性评述请参阅文献 [28]。

表9-3　根据 DIN EN ISO 12944-2 大气环境条件下不同腐蚀等级的典型试验

腐蚀等级	第一年的厚度损失/μm		典型的环境实例	
	碳钢	锌	室外	室内
C1 微不足道的	≤1.3	≤0.1	—	相对湿度≤60%，通暖的建筑（中央暖风系统）
C2 低	>1.3~25	>0.1~0.7	轻度污染的大气，干燥气候，大多数乡村地区	未供热的建筑，偶尔存在暂时性的凝结水
C3 中等	>25~50	>0.7~2.1	有中度 SO_2 排放的城市或工业大气环境，温和的海洋气候	相对湿度高和轻度污染的房间、生产车间
C4 强	>50~80	>2.1~4.2	工业大气环境，中度盐浓度的海岸	如化工生产大车间、游泳池
C5-1 很强	>80~200	>4.2~8.4	相对湿度较高的工业大气环境，腐蚀性环境	几乎经常性产生凝结水的建筑，强污染的建筑
C5-M 很强	>80~200	>4.2~8.4	高盐浓度的海岸和近海区域	—

2. 防雨时自然天气下的腐蚀

大量的试验已经证明[17]，在防雨条件下镀层的质量损耗速率明显降低。显然，这其中的一个原因就是在开始的风化期内所形成的锌腐蚀产物没有被雨水冲刷掉，而是作为一层保护层存在。在其他气候条件下有无防雨的对比效果请参阅文献[17]。

在工业大气环境下，将热浸镀锌钢板倾斜45°放置的试验结果也证明了相似的规律[20]。经过54个月的风化周期，钢板顶部表面（也就是上表面）和底部表面（也就是下表面）的质量损失速率之比为18.1:5.8。也就是暴露于雨水环境下的上表面的镀层厚度损失速率是4.0μm/年，防雨的下表面的镀层厚度损失速率是1.3μm/年，约是前者的1/3。

9.2.3　室内腐蚀

1. 无空调的室内

在封闭的室内，锌普遍具有耐蚀性，但随着室内环境的一些变化也会造成涂镀层损失速率的波动。因此，还是有少量的试验进行了此方面的研究，例如：寒冷季节中在地窖中加热时锌的腐蚀以及在潮湿的环境下、不供热的且带有水池的阁楼内、含有二氧化硫和有机硫化合物的厨房内[17]等锌的腐蚀。在地窖中锌的厚度损失为0.31μm/年，在阁楼内锌的厚度损失为0.15μm/年，在厨房内锌的厚度损失为1.5μm/年。在安装有燃烧设备的车间内、水泥加工车间内、煤粉加工车间内，锌的腐蚀非常缓慢，在这些环境下其厚度层损失率介于0.26~0.77μm/年。只有在空气相对湿度大并含有大量二氧化硫时（在冰冷的屋顶下），锌的腐蚀速度才会较高；当废气没有向敞开的空气中排放时可能引发这种情况，因为它们含有硫且在燃烧时氧化生成二氧化硫。随后，它们可能与临时升起的水蒸气相遇而生成硫酸。实际上墙体或者房顶表面具有较好的导热性，而室外的温度又低，这将导致形成冷凝水而诱发腐蚀（参考9.2.4节）。

2. 有空调的室内

在有空调的室内，如高架仓库，它对温度、湿度、大气污染物（类似于环境中存在的污染物）比较敏感，如果空气未进行过滤处理，高架仓库难以容易地处于正常工作状态。所以，与没有空调的室内条件相比，有空调的室内腐蚀条件或多或少地要稍好一些（参考9.2.3.1节）。这种环境的优点是即使温度低于露点以下也能通过控制温度和相对湿度（图9-10）来避免

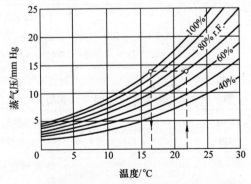

图9-10　避免在露点以下形成冷凝水的最低温度的例子（大气温度为22℃，相对湿度为70%，露点为16.5℃）（杜塞尔多夫，德国镀锌协会[2]）

形成水滴，防止冷凝水的形成，安全保护热浸镀锌钢的表面，从而防止白锈的产生（参考 9.2.4 节）。

9.2.4　白锈的生成

镀层，尤其是未经风化的镀层，或者是没有保护性覆盖层的镀层，当空气流通受限时镀层对凝结水是敏感的。在这种环境下，镀层表面形成氢氧化锌，它不能继续反应生产碱式碳酸锌。这种条件下腐蚀产物的形成速度较快，腐蚀产物呈白色的松散状，不具有保护功能[17,29,30]。这种情况同锌层表面的雨水不能及时干燥或不能流尽的情况类似，阻止了空气的流通，也阻止了二氧化碳的流通，而导致不能形成保护性覆盖层。关于此方面，图 9-11 ~ 图 9-13 列举了一些热浸镀锌工件正确或不妥的储存实例。

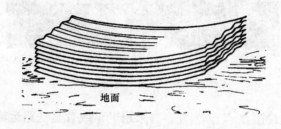

图 9-11　拱形热浸镀锌板储存不当，随着水面的上升而产生白锈

（杜塞尔多夫，德国镀锌协会[2]）

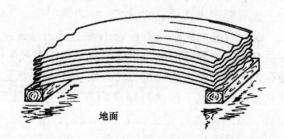

图 9-12　拱形热浸镀锌板储存得当，有利于排水和工件表面干燥，可防止产生白锈

（杜塞尔多夫，德国镀锌协会[2]）

在运输和储存过程中热浸镀锌产品也会发生一些损坏。当温度和湿度骤变时冷凝水的形成是在预料之中的，如一整夜都处于较冷状态的热浸镀锌产品在早晨与温度升高的空气接触，这可能就造成冷凝水的形成；海运过程中货仓内通风不畅或根本就没有通风时经常发生这种情况。这种条件下，温暖潮湿的空气（如热带地区炎热的空气）和冰冷的热浸镀锌工件相接触时就产生冷凝水。另外，在存储区或港湾时海水能够冷却船体的外壳，也可能导致充满潮湿空气的空间内温度下降到露

图9-13 热浸镀锌角钢结构件储存不当，不利于水排出，易产生白锈
（杜塞尔多夫，德国镀锌协会[2]）

点以下，进而产生冷凝水[30]。另外，当采用卡车或者是铁路运输时也可能造成损坏；如当热浸镀锌产品从一个冷的环境转运到一个热的环境时（从冷藏集装箱到普通集装箱），这种情况下也经常产生冷凝水。

由于因存在冷凝水或是与CO_2接触不充分而产生的锌的腐蚀产物是疏松的，即使产生的白锈很少，也可能造成直观上的误解，认为镀层损坏比较严重。

白锈这种腐蚀产物应当采用软刷或者市购的专业清洁器去除[31]，腐蚀产物造成的损坏程度应该由非破坏性厚度测量结果决定。如果没有发生明显的损坏，提供良好的通风可以使剩余的锌腐蚀产物转化为具有保护性的覆盖层。如果镀层发生明显损坏，也就是白锈去除以后底下的镀层厚度明显低于完整镀层（没有白锈生成的镀层位置）的厚度，或者刚镀锌完成的工件表面的镀层厚度，或者标准规定的镀层厚度，这时必须考虑采取相关措施进行补救。一般情况下，这意味着镀层需要采取涂层修补，修补前的表面预处理参考文献［32］。只有那些适合于热浸镀锌层基体的涂层体系才允许使用，文献［33，34］和第10章给出了一些参考例子。如前所述，防止热浸镀锌产品表面产生白锈的预防措施主要有：

1）提供良好的通风条件。

2）在工件的储存和运输过程保持良好的干燥和排水条件。

3）避免温度低于露点（防止产生冷凝水）。

其他的预防措施，如磷化处理、铬酸盐钝化处理、防锈油等仅能起到暂时性的防护作用。镀层表面的磷化膜和铬酸盐钝化膜可以作为后续涂层的基体（具有后续可涂覆性）。防锈油（也可以是油脂、蜡或者石蜡）必须涂满镀件的所有覆盖区域（包括裂缝、拐角和死角），在后续涂料涂装时必须将防锈油清除。根据所采用措施的不同，都必须付出一定的努力和成本。必须保证热浸镀锌产品用于无酸的环境，否则酸的腐蚀会加剧白锈的生成。

9.2.5 排水引发的腐蚀

当较大表面收集的雨水只能通过一个很小的面积排放时，由于污染物浓度的增加可能会加速锌的腐蚀。参考文献［35］列举了一些关于这种腐蚀破坏的例子，如镀锌钢板表面因滴雨水在几年之内就发生腐蚀破坏；温室屋顶热浸镀锌波形板的波谷位置发生腐蚀破坏，就是因为排水造成的；几年之内热浸镀锌钢梁底部的镀层就发生腐蚀。但是，这类腐蚀也被称为"雨水腐蚀"，仅被认为是一种特殊类型的大气腐蚀，与大气腐蚀相比，其特点是腐蚀位置具有雨水排水系统的几何形状。屋顶的稍微突起形状结构可以解决这类问题。

锌和沥青的组合在工业建筑领域经常采用，如屋顶的罩盖和排水系统构建。锌和热浸镀锌钢的腐蚀可能和沥青有关。暴露在日光下（有紫外线辐射），沥青会生成酸性风化产物，被雨水冲刷后会加速镀锌层的腐蚀。在实验室对不同类型沥青进行测试发现，沥青经紫外线辐射后排水试验水溶液的 pH 值最大才为 3（酸性的）。选用石灰岩沥青可以减缓甚至完全避免这种现象。

从热浸镀锌安装系统（热浸镀锌组件与其他金属组件的组合系统）的研究可知，铜离子（来自于上游的铜管或者是黄铜配件）因为所谓的"铜诱导腐蚀"会导致镀锌层的点蚀（参考 9.1.4 节和 9.3.1 节）。根据文献［36］中的叙述，对带有由铜板制造的圆顶的市政厅锌板屋顶进行检查时发现，铜基圆顶的排水影响区（此影响区是指锌板屋顶上受铜基圆顶排水而影响的面积）的锌板屋顶表面没有发现明显的腐蚀外观形貌。同样，在变压塔设施上也发现很轻微的锌腐蚀现象；变压塔经过 30 年的风化，热浸镀锌钢上紧固螺栓产生锈蚀，镀层仅因螺栓锈水的影响变成棕色，镀锌层的腐蚀量很小。在这些情况下，最有可能的原因就是锌层表面保护性的覆盖层阻止了最坏情况的发生；然而，这是相当意外的情况。

9.3 水中的腐蚀

9.3.1 饮用水

热浸镀锌钢在饮用水中的腐蚀行为相当复杂，它的全面、详细讨论见文献［6，13，14，37，38］。

热浸镀锌钢在冷水中的保护效果主要是基于形成包括锌腐蚀产物的覆盖层。当纯锌层磨损或转化之后，覆盖层中就会出现锌 – 铁合金相中铁的腐蚀产物（红锈）。在这种情况下，防锈的保护性镀层持续被腐蚀，并能提供长久的防腐防护；

这种情况发生的前提是镀锌层的腐蚀要进行得足够缓慢。决定腐蚀速率的首要因素就是二氧化碳在水中的溶解度，因为按照式（9-6），二氧化碳在水中溶解会产生氢离子，而根据式（9-4），产生的氢离子能够溶解锌的腐蚀产物覆盖层。除了二氧化碳浓度之外，水更换的强度和频率也会产生一定的影响。在连续流动的水中腐蚀速率是最高的，且腐蚀速率随着水流速度的增加而增加。由于镀层表面保护层的形成，随着时间的延长水流速度造成的影响逐渐减小。在管道系统中，腐蚀速率随着离供水点距离的增加而降低，这是因为水通过管网系统时，水中二氧化碳的浓度下降，锌离子浓度上升。在供水停滞时，允许管网处于稳定状态存在，此时的均匀腐蚀几乎处于停滞。当热浸镀锌钢和冷水接触时，不均匀局部腐蚀发生的情况相当少见。

在热水中（>35℃），因受电位升高的影响，不均匀腐蚀的倾向增大。这主要是因为在温水中产生的腐蚀产物不同于冷水中产生的腐蚀产物。在冷水中形成的腐蚀产物氢氧化锌或碱式碳酸锌在很大程度上是不导电的，在温水中优先生成的氧化锌是一种半导体。这样，在温水中形成的覆盖层对阴极的氧化还原反应具有较差的抑制作用。这种现象在热浸镀锌钢管表面纯锌层被磨损之后显得尤其明显。这种类似的情况在"铜－锌混合安装"时铜沉积在锌的表面的情形差不多。很显然，仅当管表面发生钙化沉积造成水和管内壁呈惰性，或者是在一定条件下根据 Guldager 将水采用电解保护法处理后，才能对阴极反应产生足够的抑制效果。

根据 DIN EN 12502[37]，以下的应用代表了水对腐蚀的影响：热浸镀锌水管可能遭受均匀的表面腐蚀，也有可能遭受局部腐蚀（点蚀或选择性腐蚀）。

（1）均匀的表面腐蚀　在流动的水中腐蚀速率几乎只受水 pH 值的影响。腐蚀速率的降低可以通过碱化实现（加入 $NaOH$ 或 Na_2CO_3 和 $Ca(OH)_2$），当 pH 值降低时腐蚀速率增加。还可以通过添加抑制剂来降低腐蚀速率，如选用正磷酸盐作为抑制剂。

（2）局部腐蚀　局部腐蚀的发生可以通过阴离子的比率判断。一般都认为局部腐蚀以点蚀的形式出现，氯化物、硝酸盐、硫酸盐能加速腐蚀速率，而碳酸氢盐可降低腐蚀速率。阴离子的比率 S_1 按下式计算

$$S_1 = c(Cl^{-1}) + c(NO_3^-) + 2c(SO_4^{2-}) - c(HCO_3^-) \qquad (9-19)$$

S_1 应该低于 3，最好是 0.5。另外，碳酸氢根和钙离子的浓度要满足：$c(HCO_3^-)^3 = 2.0mmol/L$；$c(Ca^{2+})^3 = 0.5mmol/L$。

关于选择性腐蚀，S_2 应该是 1 或者大于 3，或者硝酸根离子浓度低于 0.3mmol/L。

$$S_2 = c(Cl^-) + 2c(SO_4^{2-}) + c(NO_3^-) \qquad (9-20)$$

9.3.2　游泳池水

游泳池水体系与饮用水体系相似。由于游泳池中的水是循环的，所以腐蚀将导

致游泳池中的水富含锌离子。在实际中，游泳池中的水净化处理时不仅要加入氯或氯化合物，还要加入盐酸和硫酸来保持水的 pH 值处于一定范围值内，且保证氯能发挥作用。因此，与游泳池处理水接触的热浸镀锌钢构件的腐蚀应当作为一个问题来考虑。这经常导致腐蚀加速或较厚的白锈层出现。

在室内游泳池与水接近的钢构件，或是构件上有冷凝水产生的场合都会出现以上问题。

9.3.3 开放式水冷却系统

在开放式水冷却系统中水冲洗冷却塔，与饮用水系统相比，这里的腐蚀条件更适合采用热浸镀锌钢。在冷却塔中二氧化碳大量损失，冷却水中二氧化碳的含量大量减少，且循环水中富含锌离子。水蒸发以及水的不断补充所造成的缺陷是水中富含有其他物质。氯离子和硫离子浓度的增加易促成非均匀腐蚀的发生。钙离子和镁离子浓度的增加将产生结石垢。此外，系统内的生物作用也会带来一些问题。这些情况通过反复的冲洗可以部分控制，而通常有效的控制方法是添加专用的冷却水添加剂。这些添加剂中含有腐蚀抑制剂、分散剂和杀菌剂。对于这些添加剂的功效由于一直没有较好的测试方法，所以在实际应用中可能需要进行优化筛选。对于开放式冷却水系统，热浸镀锌钢是一种非常适合的材料，特别适用于经过反复处理的水环境。

9.3.4 封闭的加热或冷却系统

在封闭的循环系统中存在着二氧化碳被消耗、氧溶解在水中、水中富含锌离子的情况。在这种条件下只有析氢时腐蚀才会发生，且温度升高时析氢强度也增加；但并不用担心由此引发封闭系统的侧壁破裂。如果车间内不单独配备通风设备，则导致气体聚集，可能会产生一些故障。另外，由于锌颗粒或离子的腐蚀产物剥落而堵塞通道也是不可避免的。这种腐蚀的诱发过程将在 9.3.6.2 节中解释，其发生的因果关系在文献 [40] 中加以叙述。所以，不推荐此应用领域采用热浸镀锌钢，因为在这种环境的腐蚀条件下采用未经保护的钢（裸钢）也不会产生问题。

9.3.5 废水

下面的内容将分为废水排水管道和废水处理厂（净化厂）两个方面来讨论热浸镀锌钢的腐蚀。

1. 雨水

在绝大部分乡村地区，热浸镀锌房顶排水沟和落水管在实践中取得了长期的成效。在城市地区，因为空气污染的加剧而导致腐蚀更加严重[41]，所以应采用相应的热浸镀锌构件再附加涂层保护，或者选用锌钛合金材质（锌钛板）制造的排水沟和落水管。

2. 生活污水

热浸镀锌管道成功地应用于建筑排水系统，辅加涂塑层则能起到更大的保护作用。这个系统包括所要求的一定尺寸的管道、弯头、弧形管组件。它们大多采用橡胶密封塞密封连接。

镀锌层或涂塑层表面所形成覆盖层的保护效果决定了管道的耐蚀性。一般情况下，管道的内壁也会形成包含有废水组分的封闭层，它额外地也提供了保护效果。当镀锌管道和废水接触时，在镀层的破损位置或缺陷位置镀层的耐蚀优点就表现出来了。镀锌层可以抵消局部腐蚀，避免镀层下面腐蚀产物的膨胀，防止腐蚀蔓延。另外，热浸镀锌层还能为管道外壁提供腐蚀防护作用。

3. 污水处理厂

污水处理厂热浸镀锌构件的应用与废水类型、废水处理工艺系统和应用场合有关。一些基础的处理经验在文献［42 – 45］中进行了描述，由废水工程协会（ATV[45]）提供的一些数据、表格包括了应用注意事项。

根据以往的广泛经验，热浸镀锌组件应用在水位线之上的场合。这些组件包括结构件、支架、栅栏等，它们基本上属于大气环境腐蚀。

为了达到预期的防腐效果，采用双重体系方法（热浸镀锌 + 涂层）是非常便利的措施（参考第 10 章和文献［45］）。其优点是可以长效保护，防护周期要明显地长于热浸镀锌和涂层各自保护周期的总和。另外，后续的再次涂装处理也相对简单，因为涂装时不需要除锈，只要将松散的涂层残留物刷除即可。

为了预测热浸镀锌层在水位线以下与废水接触区域的防护效果，必须考虑封闭层形成时废水参数的可能变化以及封闭层是否存在腐蚀性等。根据文献［46］，在使用热浸镀锌层时必须参考以下有关废水参数的一些极限值：

1）pH 值：$6.5 < pH < 9.0$（暂时允许 $6.0 < pH < 9.0$）。

2）氯盐和中性盐的含量：最大 300mg/L（暂时允许 1000mg/L，此时对应的导电率约为 1000μs/cm）。

3）铜含量：最大为 0.06mg/L。

在一些必要的地方，热浸镀锌 + 涂层双重体系可能用于水位线以下的区域。然而，为了避免扩散过程的发生，涂层的厚度应至少为 500 ~ 800μm。

当热浸镀锌非合金钢材用于废水中时，由于金属导体和钢筋接触造成原电池的形成，则导致腐蚀风险增加[5,47]。当进行钢构件或组件设计时，要尽量避免这类的接触。如果这种接触不可避免或这类情况必须存在，只能采用较厚的焦油环氧树脂涂层提供腐蚀保护并将腐蚀风险降至最低，或者采用内部阴极保护，这应该由有经验的专业公司提供技术服务。

9.3.6　海水

以下内容主要介绍热浸镀锌层是如何延长海水构件的防腐周期的，以及附加涂层保护时所达到的预期防护效果。从经济性方面考虑时，镀层的去除速率可能是以均匀的表面腐蚀进行评估的。因锌的气泡所发生的局部腐蚀过程仅是初始阶段，然后将导致钢基体的腐蚀。有关引自文献［46，48］的一些机理在本书中不再加以讨论。

1. 覆盖层的形成

有关热浸镀锌构件在海水中腐蚀行为的经验不断积累。其特征就是镀锌层与海水中的物质发生反应在镀层表面形成覆盖层，该覆盖层具有保护性作用，其成分主要是 $ZnCl_2 \cdot 4Zn(OH)_2$、$ZnSO_4 \cdot 3Zn(OH)_2$、ZnO、$Mg(OH)_2$、Cl，另外还包括 $CaO \cdot Al_2O_3 \cdot SiO_2$ 及磷酸盐和铁的化合物（参考 9.1.1 节）。其他的影响因素是腐蚀状态环境的分区情况，包括水溅区、周期浸没区和永久浸没区。随着时间的推移，镀层表面的覆盖层将被去除，因为海水作用的影响，连续更新的覆盖层将会在锌的表面生成，这将导致镀层的质量损失。在一个较长的周期内进行平均统计，得出覆盖层的去除是以稳定的速率进行的。根据文献［49，50］所描述的试验检测结果，锌的去除速率具有以下的参考数值：①飞溅区，$8 \sim 10\mu m/$年；②周期浸没区，$12\mu m/$年；③永久浸没区，$12\mu m/$年。

当纯锌层完全去除之后，覆盖层中铁的腐蚀产物增加；这里铁的腐蚀产物不是钢基体本身的腐蚀产物，而是锌镀层中的铁－锌合金相层的腐蚀产物。这个过程的发生伴随着镀层逐渐变成棕色，并减少了镀层的溶解。也正因为如此，镀层的厚度越厚，保护周期越长；就是因为镀层越厚，镀层中锌－铁合金层的厚度越厚，其占镀层总厚度的比例越高。

文献［50］中描述的一个试验中，对镀锌层的腐蚀行为进行了测试。将试样置于630℃的热处理环境，通过热处理将整个镀锌层完全转化成铁－锌合金相层（δ_1 相）（镀锌合金化）。它们在海水中的三个区域表现出更好的耐蚀性。所以说，热浸镀锌产品在海水中的腐蚀保护效果不仅由镀层的厚度决定，同时也受到镀层成分的影响。

但是热浸镀锌后合金化的镀层或富含有锌－铁合金相的镀层相对较脆，一旦受到冲击应力的影响易发生局部剥落。

与其他构件相比，热浸镀锌构件在腐蚀环境的初始阶段会出现可见的、较轻的污染，但这并不意味着这种轻度污染会加剧镀锌层的腐蚀。

2. 起泡

除了锌的腐蚀产物，在锌的腐蚀过程中还会产生原子氢。由于表面条件的作用，原子氢会自动扩散并进入锌镀层，更有一些会扩散到锌－铁合金相区，在这里聚集成氢分子而导致金属的分离。然后，随着气体压力的增高，镀锌层表面将产生泡状的凸起[40,49,50]。在实践中，需要考虑的一个重要因素是，由矿物锌组成的覆盖层形成不同覆盖表面主要发生在周期性浸没区和永久浸没区，而在飞溅区则明显减少。初始阶段，观察不到腐蚀保护效果的变差；然而一段时间以后，气泡破裂而使气泡基础暴露，从而导致发生局部腐蚀。在这些位置形成了锈蚀疱，随着时间的推移它们逐渐长大或合并；表面腐蚀开始进行，热浸镀锌层的保护作用逐渐消失。阴极腐蚀保护会加速起泡，但是气泡不会破裂，阴极保护的效果仍将存在[51]。

热浸镀锌层因可作为锌阳极故能够起到阴极保护的作用，更重要的是热浸镀锌层（锌阳极）在海水中不会发生钝化[4]（参考9.1.1节）。

3. 双重系统

可以推理出，通过附加的涂层可以延长热浸镀锌层的腐蚀保护周期[33]。附加涂层与热浸镀锌层表面之间的结合强度问题详见第10章。对于大气中的腐蚀防护，已开发出涂层体系及其预处理方法，并成功应用，且取得了良好的经济和腐蚀防护效果。但在海水腐蚀环境下热浸镀锌工件表面的涂层存在着过早失效的风险，尤其是在涂层存在剥离或起泡的情况下。针对这种情况，一个有效的方法就是采用较大的涂层厚度，这样离子、氢、水蒸气的渗透及其所引起的破坏就被阻止或抑制。

然而，经验表明，即使涂层的厚度达到 $500 \sim 600 \mu m$，也可能会因为腐蚀蠕变而导致涂层过早地失效。腐蚀蠕变主要是由于局部压应力导致局部破损而造成的。

生物和污染过程显然不会影响 TEP 涂层，因为这种涂层具有良好的机械性能，如喷砂预处理表面的 TEP 涂层、双组分环氧树脂富锌涂层及以硅酸乙酯富锌涂层作为基层的 TEP 涂层等，均具有良好的力学性能。同时，热浸镀锌层表面的 TEP 覆盖层在海水的腐蚀环境中能起到保护作用的同时，还具有涂层不剥离、不起泡的特征。然而，一般来讲，在海水腐蚀环境下采用双重系统时需要加倍小心，因为其潜在的失效概率比在大气环境下要高得多。

9.4 土壤中的腐蚀

如果热浸镀锌钢在土壤介质中[15,52]作为加筋土基的结构材料[53,54]使用，那么此时热浸镀锌钢在土壤中的腐蚀行为由土壤的性质和电化学因素决定，这包括热浸镀锌钢和其他构件或组成部分之间形成的原电池、直流电和交流电的影响。文献[41]提供了详细的描述。

9.4.1 自腐蚀过程

决定热浸镀锌钢耐蚀效果的是其表面形成的保护层[4,52,54-56]。土壤性质的评估分析与钢材的分析几乎类似。文献[57]列举了大范围内的土壤现场评定分析结果，其进一步的分析请参考文献[52-54,56]。经研究发现，镀锌钢表面因为形成覆盖层而使得全过程内腐蚀速率随时间下降，且其腐蚀速率下降的强度要明显优于未镀锌钢（裸钢）。镀层腐蚀厚度的去除量和时间之间的关系可用以下式子近似表达：

当 $t < t_0$ 时

$$s(t) = w_0 t \tag{9-21}$$

当 $t > t_0$ 时

$$s(t) = w_0 t_0 + w_{lin}(t - t_0) \tag{9-22}$$

式中　s——一段时间后镀层厚度的去除量；

　　　　t——试验周期；

　　　　w_0——试验初始阶段时间 t_0 时对应的镀层厚度去除量；

　　　　w_{lin}——时间 t_{lin} 后稳定腐蚀阶段的镀层厚度去除量。

为了方便比较，文献 [56] 给出了非合金钢、纯锌板的相关数据与镀锌钢的基本数据。表 9-4 针对不同的土壤类型列出了 w_0 和 w_{lin} 的平均值。t_0 值可能有好几年。此外，根据推算给出了 $t = 50$ 年的镀层厚度去除量平均值。表中的三种土壤类型是根据 DIN 50929 - 3 规定给出的。很明显，具有强侵蚀性的第 Ⅲ 类土壤的通风不良。所以，要在锌的表面形成覆盖层尤其需要含氧气氛。

表9-4　Fe、Zn 和镀锌钢在土壤中的腐蚀[56,57]

土壤类别据 DIN 50925 - 3 (09.85) 侵蚀性	Ⅰ	Ⅱ	Ⅲ
	低	一定条件的	强
初始的去除速率 w_0/μm/年			
Fe	50	60	68
Zn	7	15	55
镀锌钢	13	30	55
稳定的腐蚀速率 w_{lin}/μm/年			
Fe	7	15	68
Zn	5	7	44
镀锌钢	2	3	36
50 年时间推算的厚度去除量/μm			
Fe	440	1920	3380
Zn	240	370	2230
镀锌钢①	120	200	1860

① 推测值已经超过了镀锌层的实际厚度。

总之，相对于长期的镀锌钢腐蚀行为 w_0 值仅提供了少量的信息。但综合而论，相对于 Fe 和 Zn，镀锌钢可以提供良好的腐蚀保护效果。此外，一个非常重要的发现就是，镀锌钢表面只要有锌覆盖层，就不会发生局部腐蚀。只有在土壤类型为 Ⅰ 或 Ⅱ 的情况下，才考虑在土壤中采用加强热浸镀锌钢。

9.4.2　电位和腐蚀速率之间的关系

在土壤中，热浸镀锌钢会受到来自外部直流电系统或阴极保护系统杂散电流的影响。这里，腐蚀与直流电或电位之间的关系值得关注。图 9-14 所示为纯锌的腐蚀速率和电位之间的关系[4,55,58]。根据文献 [58] 中的数据，自腐蚀电位的范围大约为 $U_H = -0.75V$。当热浸镀锌钢在土壤中时，其自腐蚀电位变化到 $-0.8 \sim -0.5V$[52]。结果显示覆盖层形成时不只是需要碱土金属盐，还需要几乎所有的碳酸盐。

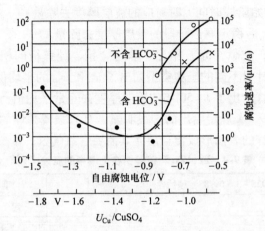

图 9-14 纯锌的腐蚀速率和电位之间的关系（杜伊斯堡 Mannesmann 研究所[2]）

×—饮用水（pH7.1，$4mol \cdot m^{-3} HCO_3^-$、$4mol \cdot m^{-3} Ca^{2+}$、$2mol \cdot m^{-3} Cl^-$、$2.5mol \cdot m^{-3} SO_4^{2-}$）

○—人造土壤溶液（$2.5mol \cdot m^{-3} MgSO_4$、$5mol \cdot m^{-3} CaCl_2$、$5mol \cdot m^{-3} CaSO_4$）

●—人造土壤溶液（$2.5mol \cdot m^{-3} MgSO_4$、$5mol \cdot m^{-3} CaCl_2$、$2.5mol \cdot m^{-3} CaSO_4$、$2.5mol \cdot m^{-3} NaHCO_3$）

由于锌具有两面性特征，采用其他金属如铝作基体时锌可能遭受阴极腐蚀。有关阴极腐蚀更详细的信息已经在 9.1.3 节以及式子 (9-8) 中给出。

根据图 9-15，当保护电位 $U_H = -0.9V$ 时，锌可以被阴极保护[4]。当电位更高时，因为发生式 (9-8) 的反应，腐蚀速率将会提高。实际中的电位不能比 $U_H = -1V$ 更低，因为 $-1V$ 是铝在土壤中的自腐蚀电位。

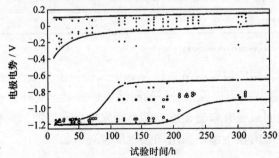

图 9-15 氢氧化钙电解液存在时砂浆中裸钢和热浸镀锌非合金钢的静态电位随时间的变化

（马克斯普朗克钢铁研究所，杜塞尔多夫[2]）

+—裸钢，×—热浸镀锌非合金钢，○—锌板

9.4.3　原电池的形成和杂散电流的影响

由于具有相对较低的自由腐蚀电位，热浸镀锌钢在土壤中通常作为腐蚀原电池的阳极，其与非热浸镀锌非合金钢（裸普碳钢）接触时也属于这种情况。当阴极和阳极的面积相对比例大约为 10∶1 时，腐蚀去除速率大约为 0.1mm/年[52]。在实践中，特别是与混凝土中的钢或有色金属接地电极形成原电池时，需要考虑采用热浸镀锌接地电极[47,52,59]。根据图 9.14，对于热浸镀锌非合金钢（$U_H = -0.53V$），即使具有保护电位，它在自来水中的腐蚀速率也可能达到 0.1mm/年。顺理成章，如果仅需要保护钢，热浸镀锌钢在土壤中相对于非合金钢（裸钢）具有相同的保护电位；如果热浸镀锌层也需要保护，则期望采用 $U_H = -0.85V$ 的保护电位[60]。

9.4.4　交流电的影响

交流电会对接地电极材料产生重要的影响。根据文献［52，59］中的研究结果，交流电对锌腐蚀的影响比对铁腐蚀的影响程度要低，且在任何情况下都存在这一规律，因此交流电的腐蚀可以忽略。

9.5　混凝土的防腐蚀

水泥中因含有孔隙水而具有高碱度，在新拌砂浆中 pH 值大概是 12，随着熟化的进行 pH 值可能超过 13[61]。钢铁插入混凝土和预拌砂浆中，如非合金（普碳钢）钢或低合金钢材质的钢件或加强钢筋插入混凝土或砂浆内，这些钢结构处于钝化状态，所以不易受到腐蚀。当混合安装导致电极电位发生改变时，这种钝化状态甚至仍将存在也不能消除。但是，长期应用时存在两种可能的腐蚀风险：

1）通过与环境中的酸反应使 pH 值降低，这将导致钢从钝化状态转变至活化态（活化状态是不受保护的）。

2）当氯离子的浓度达到临界值时将引起点蚀（临界质量分数大约为 1%，相对于水泥的重量[60,61]），这一临界浓度的具体数值取决于通风状态（电位）。

因为空气中的 CO_2 代表了酸的组分存在，所以第一个要提到的腐蚀过程就是通常所说的混凝土碳酸化。同样，硫氧化物和氮氧化物（酸雨中存在）的水合物也会造成相同的效果。在上面所提及的两种情况下，有害物质可以通过混凝土向内扩散，所以，对在混凝土内使用的金属进行充分的涂镀是不可或缺的。有害物质同样也可以穿透混凝土而沿着其上的小裂纹到达钢筋位置。发生进一步腐蚀的决定性条件是不同钢筋之间形成原电池，其中部分钢筋的钝化态消失（因为低的 pH 值和高的氯离子浓度），而这部分钢筋成为阳极，保持钝化态的钢筋在环境中作为阴极。由于这个阴极的表面积相对较大，导致腐蚀的风险很高，其腐蚀只取决于混凝土的导电率（一定湿度下）和阴极表面的通风情况（空气通过水泥沙石的孔隙进入）。所以，逻辑推理可以得出，在完全湿（如水下建筑）[63,64] 和完全干燥的状态下不存在腐蚀风险。这意味着有一个临界湿度。众所周知，在水利工程中应用的钢结构上存在一个水/空气界面，此区域促进腐蚀的发生。最近对钢筋测试时进行了阴极保护下的相关检验[65]，发现镀锌钢筋也能起到类似的阴极保护作用；在这种情况下，一方面由原来的钢/混凝土界面电势差变为镀锌层/混凝土界面的电势差，导致原电池的电压降低；另一方面，与未镀锌钢筋（裸钢筋）的钝态保护作用相比，热浸镀锌钢筋的镀锌层对于混凝土的碳酸化和富氯混凝土产生裂纹等起到了良好的抑制作用。

与裸钢（被水泥砂石料孔隙中的水钝化而处于钝态）相比，最初阶段热浸镀锌钢的锌镀层被很快侵蚀（图 9-1）；在很短的时间之后，镀层表面形成致密的、附着力强的碱式碳酸锌钙层，导致腐蚀速率放缓。所以，采用热浸镀锌钢筋的情况下，在刚开始的几天内镀锌层被腐蚀掉 $5 \sim 10\mu m$；然后腐蚀几乎处于停顿状态[60,66]。与非热浸镀锌钢（裸钢）相比，碳化对热浸镀锌钢的腐蚀不存在风险。根据图 9-5，锌腐蚀产物的溶解度显著降低。如果混凝土中存在裂纹，且裂纹扩展至镀锌钢筋的表面，则镀锌层在初始阶段能够提供保护作用。虽然镀锌层将钢筋的腐蚀延缓了很多年，但当混凝土中的裂纹宽度扩展至 0.3mm 且氯化物含量不断增加时，就认为这种情况已达到镀锌层的保护极限[62]，超过此极限时镀锌层难以再提供足够的保护作用。

当混凝土中含氯时，镀锌钢筋的优势就是混凝土的氯离子与锌反应形成难溶的氯化锌。调查显示采用热浸镀锌钢筋时，孔隙水中氯的浓度要比非热浸镀锌钢（裸钢）的情况高 100 倍[67-70]，这对钢筋的腐蚀过程及其和砂浆之间的附着力有积极的作用[63,71]。

当安装在混凝土中时，热浸镀锌钢最初达到一个近似 $U_H = -1.2V$ 的电位，在一段时间之后其电位正移增加到 $-1.0 \sim -0.8V$；非镀锌钢（裸钢）的电位在 $-0.2 \sim 0V$ 之间（图 9-15）。当非镀锌和热浸镀锌钢接触时，在短时间后热浸镀锌钢达到一个混合的约 $-0.8V$ 的电位（图 9-16），此时镀锌层继续作为阳极，暴露的钢作为阴极。但是由于阳极作用在很短的时间后就停止了，所以裸钢上氢的显著分离也只能发生在裸钢安装固定于混凝土之后较短时间内。所以，采用热浸镀锌钢时氢的作用降低了应力腐蚀的风险，即使存在发生的可能，也只是仅存在于钢筋安装固定后很短的一段时间内[72]；因此，高强度热浸镀锌钢也用于预应力混凝土工程中。另外，即使镀锌层中存在微小的裂纹，热浸锌钢中锌的腐蚀产物也会迅速将小裂纹封闭。同时，混凝土中存在的铬也有助于腐蚀过程的缓解。

当地面或水面建筑施工时，作为金属导体的混凝土钢筋与其他钢构件接触，则混凝土中热浸镀锌钢的电化学行为提供了决定性的优势。钢在土壤和水中的静态电位 U_H 大约为 $-0.3V$，而钢在混凝土中的静态电位高达 $+0.1V$。所以，当钢暴露于土壤或水中时，其存在很高的腐蚀风险，如因与水接触导致镀层局部损坏的位置发

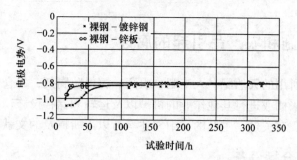

图 9-16　存在氢氧化钙电解液的情况下砂浆中裸钢短路连接时静态电位随时间的变化
（马克斯普朗克钢铁研究所，杜塞尔多夫[2]）

生腐蚀。这种相同的情况也可能存在于家电设施中（参考文献［5］中的 4.6 部分）。但是，热浸镀锌钢在混凝土中具有更低的静态电位，根据混凝土龄期和通风条件不同其静态电位可能为 -0.8 ~ -0.2V。所以，在任何条件下热浸镀锌钢的电位总是低于非镀锌钢（裸钢）的电位。即使在相同的安装固化和通风条件下也照样存在这种情况。因此，与使用非镀锌钢筋相比较，采用热浸镀锌钢筋时可大大减少土壤中钢（阴极）和钢筋之间原电池的形成，如在混凝土基础中（阴极[4,48,73]）。

镀锌层的这种效果在研究水/空气界面区域的腐蚀时显得更加明了[63]。用 PZ 喷浆机在钢构件表面覆盖 1cm 厚度砂浆，非镀锌钢在质量分数为 4% 的 NaCl 溶液环境下放置 1 ~ 2 年后，在水/空气界面及以上位置出现红锈腐蚀破坏。在相同的条件下热浸镀锌钢（镀层厚度大约为 70μm）放置 5 年后，在水/空气界面发生锌的腐蚀，没有发生钢的腐蚀；在水线之下的区域，镀锌层完好无损。这主要归因于腐蚀过程中所需要的氧无法通过渗透而进入潮湿的混凝土中[61]。

在建筑工程中，锌或者热浸镀锌构件通常与混凝土、砂浆、石膏等接触。当与混凝土和砂浆接触时通常不会产生问题，而一定湿度的石膏会强烈地侵蚀锌或锌层（干态石膏不侵蚀锌）。另外，在一定湿度的环境下不同介质之间的过渡区也是不利的，如石膏/空气、石膏/灰浆过渡区，因为在这些区域可能会形成额外的腐蚀原电池[62,74]。在一定湿度的环境下，当其他材料和热浸镀锌钢接触时也会发生类似的情况，如潮湿环境下轻型结构板、沙子、隔热材料或木材与热浸镀锌钢的接触。为了避免这种情况（潮湿接触）下的腐蚀，必须避免湿度渗透。在使用热浸镀锌钢筋时，非热浸镀锌钢筋和热浸镀锌钢筋在高温下的接触是值得担心的，因为所谓的"电位逆转"可能导致发生接触腐蚀（电位逆转是指锌的电位朝着比铁更高的方向移动[75]）。但是，试样在 60℃ 下无氯盐和含氯盐的灰浆实验结果[76]与上述结论不符，因为在这个温度下并没有发生电位逆转。接触原电池的形成仅造成锌的腐蚀增加，而对处于钝态的钢是不相干的，且由于阴极保护会干扰裸钢的钝化过程，这对于阴极保护应当是有益的。

9.6 农业设施和农产品引起的腐蚀

农业生产中所用的天然肥、人工肥、农药、饲料防腐剂，谷仓或牲口棚卫生清洁用的消毒剂，采摘或进行其他作业的机械以及运输和储存设施，都对腐蚀防护提出了具体的要求。有关这一主题的详细叙述参考以下所提及的文献[77-85]。

9.6.1 建筑和仓棚设备

在德国，代表最高水平的建筑构件和仓棚都采用了热浸镀锌钢。此类构件的腐蚀状态取决于使用环境的气氛（参考9.2.2节）或建筑物内部的条件（参考9.2.3节）。根据文献[78]所述，牲口棚内呈现一个特殊的气候环境特征，受空气、热量、湿度、空气中的固气混合物等的交互影响。牲口棚内空气中的CO_2的浓度不能超过$3.5L/m^3$，NH_3的浓度不能超过$0.05L/m^3$，HS的浓度不能超过$0.01L/m^3$。此外，文献[78]中还提供了室内温度和相对湿度与棚内动物物种之间的关系。

在这种环境条件下，对于高出地面30cm以上部位的镀件，预计其镀锌层的损耗速度为每年$4\mu m$。在上述所提及的环境条件下，只要有足够的牲口棚维护加上实用的热浸镀锌层防护，镀锌层的保护期限可达20~25年。当因通风不畅或隔热绝缘性差而造成冷凝积水时，可能会出现高的镀锌层腐蚀速率（参考9.2.4节）。在地面部分，由于粪水、尿液、饲料残留物、清洁剂、消毒剂等存在而使得畜棚设备更容易发生腐蚀。所以，地面部分的热浸镀锌钢部件必须采取额外的保护，如涂覆焦油沥青涂层、安装之前套软管或涂覆粉末涂层[79,80]。但只有在地面向下深入混凝土深度至少5cm、地面向上高出至少30cm时这些额外的防护措施才能起到应有的保护效果。

9.6.2 储存和运输

所有的农产品、饲料和肥料都需要储存和运输。一般情况下，粉状、固体或是干燥的东西所造成的腐蚀比较弱。当环境潮湿时，腐蚀风险增高，所以这种环境条件下设备或容器与物料接触的时间要尽可能短。当潮湿性物料或液体物料必须处理（运输或储存）时，处理完之后必须对热浸镀锌构件进行仔细清理、干燥[77,81]。这种情况特别应用于物料的桶装或罐车运输，如废水、葡萄皮渣、土豆泥、肥料、植保剂、农药等的运输；如果容器和物料的接触不能限制在较短的时间内，如液体肥料简仓，则热浸镀锌钢构件在实际使用时要附加额外的防护涂层[77]。

干燥、不吸潮的大块物料可以经过运输后在机器上进行加工和处理，用于这些物料加工的相关设备或装置（如谷物干燥机、分选机、装袋机、输送装置、干草鼓风机、稻杆鼓风机、谷物鼓风机以及类似的设备或装置）采用热浸镀锌钢是没有问题的，这类物料即使长时间储存或接触相关设备或装置也不存在腐蚀风险

（如升降机）[82,84]。热浸镀锌钢也用于拖拉机、农用拖车、运牛的挂车、装载车和类似的林用车辆，实践证明，防护期可达几十年。热浸镀锌在这些领域仍然是最先进、最实用的方法。热浸镀锌钢同样被应用于管道设施、快速接头、转换管道、喷灌系统及饮牛槽装置中。

9.6.3　食品

如果食品不是干的，那么食品不能和热浸镀锌钢接触；即使要接触也必须控制在有限的时间内。例如果酱、蔬菜酱、牛奶及其他食物，由于它们本身带有腐蚀性，会侵蚀锌，从而影响食品的口味，也会影响健康。饮用水是个例外，当遵守并执行相应的标准和规则时（参考 9.3.1 节），饮用水与热浸镀锌钢之间的接触是允许的。

干燥的、不吸潮的块状物料和部分食品（如玉米、蔬菜、水果、土豆、甜菜等）和热浸镀锌钢接触时，只要能够避免食品不发生发酵或腐烂，两者的接触是允许的。可采取限制接触时间、创造良好的通风条件等措施。

在商业园艺领域采用热浸镀锌技术作为防腐防护措施的详细概述请参考文献[85]。

9.7　非水介质中的腐蚀

对于有机化学物质，只要其不含有水或酸，锌均呈现出较好的耐蚀性。除了目前的一些经验数据，热浸镀锌层适用于表 9-5 所列出的产品。相对于数目众多的其他化学物质或介质，文献［79，86］列出了锌的特性，其中，文献［86］中在分析了 900 份出版文献后，指出了超过 1000 种与热浸镀锌钢可能接触的化学物质或介质。

热浸镀锌板材容器已经用于储存和运输燃油和柴油数十年，这已证明了它在这一领域的应用价值。因为燃油和柴油不腐蚀裸钢板，因此镀锌被认为是多余的；但是，在实际储存和运输的燃油中总会含有一些水，水沉积在油箱的底部，形成具有腐蚀性且含氯的物相，其可能以点蚀的方式引发油箱的破损。将热浸镀锌钢和裸钢分别浸泡在添加有氯盐外加剂或添加剂的燃油中，两年试验周期之后，没有保护层的喷砂裸钢被侵蚀 3mm；没有保护层的带有轧制氧化皮的裸钢被侵蚀 1mm；相同的测试条件下热浸镀锌试样只有镀层被侵蚀，钢基体则是完好无损的，这明确地说明了镀锌保护层的功效[87]。尽管油箱底部的腐蚀相和锌发生反应，但是担心由此引发燃烧器故障则是毫无根据的[87]。

表 9-5　热浸镀锌钢容器中化学物质的良好储存特性

化学物质的主要类别	化学物质的细类
碳氢化合物类	苯、甲苯、二甲苯、环己烷、轻烃、石油、重油、白酒
酒精类	异丙醇、乙二醇、甘油

（续）

化学物质的主要类别	化学物质的细类
卤化物类	所有的有机单卤化物，如戊基溴、丁基溴化铵、氯化丁基、己基溴、溴乙酸乙酯、溴丙烷、丙酰氯、三甲基溴化铵、溴代苯、苯、四氯化碳和其他卤代芳烃
腈（氰化物）类	苯乙腈（二苯乙腈）
酯类	丁酸烯丙酯、己酸烯丙酯、甲酸烯丙酯、丙酸烯丙酯、丁酸戊酯、异丁酸戊酯、己酸戊酯、辛酸戊酯、丁酸苄酯、异丁酸苄酯、丙酸苄酯、琥珀酸苄酯、丁酸丁酯、异丁酸丁酯、己酸丁酯、丙酸丁酯、琥珀酸丁酯、苯甲酸异丁酯、丁酸异丁酯、己酸异丁酯、丁酸环己酯、丁酸乙酯、异丁酸乙酯、乙酸乙酯、辛酸乙酯、丙酸乙酯、琥珀酸乙酯、丁酸甲酯、己酸甲酯、丙酸甲酯、琥珀酸甲酯、丁酸辛酯、己酸辛酯、丁酸丙酯、异丁酸丙酯、己酸丙酯、甲酸丙酯、丙酸丙酯、苯甲酸异丙酯、己酸异丙酯、甲酸异丙酯
苯酚	苯酚、甲酚（甲基酚）、二甲苯酚（二甲基酚）、氯酚（二羟基苯酚）、2，4 - 二氯苯酚、对氯苯酚和氯二甲酚
芳香胺和胺盐	吡啶、吡咯烷、甲基哌嗪、2，4 - 二氨基 - 5 - 氯苯基 - 6 - 乙基嘧啶、羟乙基吗啉、对氨基苯、磺酰基衍生物、二乙氧羰基哌嗪、二苯 4 - 甲基哌嗪、丁胺油酸、哌嗪盐酸一水化合物、乙氧羰基哌嗪盐酸盐
胺	甲酰胺、二甲基甲酰胺
其他	葡萄糖（液态）、酰丙酮、对氯二苯甲酮、偶氮苯磺酸钠、二苯基二硫化物、黑色素的树脂溶液、聚酯树脂溶液、鼠李提取物

9.8　缺陷位置的腐蚀防护措施

9.8.1　一般注意事项

根据 DIN EN ISO 1461[88] 的要求，热浸镀锌层必须结合牢固；镀锌层表面不能够有影响镀锌产品使用性能的缺陷。但是，除另有规定外，热浸镀锌车间在镀件交付之前采取修正或修补是允许的。

镀锌产品尤其要关注漏镀点。造成漏镀的原因有多种，可能是待镀工件的原因（如焊渣，残留的污垢、油、脏物或涂层材料），也有可能是在镀锌过程（如酸洗失败、助镀后过烧、残留有锌灰或附有氯化铵残渣）中造成的。漏镀点会降低工件表面的局部腐蚀保护效果，针对此所采取的修正或修补目的就是提高局部的防护质量以尽量接近镀锌层的防护效果。

由于尺寸因素的影响，组成构件的组件往往不单一地进行热浸镀锌处理，通常在焊接后一起进行热浸镀锌处理[89,90]。在这个过程中，焊接本身并不起保护作用；此外，在热影响区镀锌层的保护作用却受到抑制，因为此位置的镀锌层通常要比工件表面其他位置的镀锌层薄；但是其仍然能够满足 DIN EN ISO 1461 的要求。

频繁的运输、储存或装配也是产生镀锌层缺陷的一个原因。这里的修补措施具有相同的目标，但是，部分不同行业或部门有着符合自己特征的规则或条例要求。

为了避免客户或对方提出修补镀件的折旧问题，局部修复区域的面积总和要限制在工件总表面积的 0.5% 以内，所修补的镀锌层缺陷面积（包括修补所采用保护系统要求的重叠位置）总和不能超过 $10cm^2$ [88]。

当镀锌层构件应用于饮用水的输送和储存时，镀锌层必须满足一些特殊要求。一方面，考虑到卫生和化学腐蚀的原因，镀锌层的成分必须符合文献 [91] 的要求；另一方面，特别指出的是，不管镀锌层缺陷是否进行过修复，镀锌层表面上的缺陷位置不能接触水 [88]。

9.8.2　修复方法

修复方法的选择取决于热浸镀锌产品的预期应用以及服役环境的腐蚀状态。根据文献 [88]，推荐采用热喷涂锌层（涂层厚度至少 $100\mu m$ 以上）或专用的锌粉涂料涂层进行修复。其他的修复方法也可以采用。

1. 热喷涂锌

当采用热喷涂锌作为修复方法时，要参照文献 [32，92] 的相关规定执行。根据文献 [93] 中实验的结果叙述，热喷涂锌层的腐蚀保护效果和热浸镀锌层相当。根据文献 [88]，当采用热喷涂锌层修复时涂层厚度不能低于 $100\mu m$。经过一个短暂的风吹雨淋，热喷涂锌层的外观也变得与热浸镀锌层基本一样。

在腐蚀条件严重的环境下，对热喷涂锌层进行额外的涂装层保护是合情合理的 [32,92]。

在工程实践中，对待修补位置周围 1~2cm 区域进行表面预处理和热喷涂处理是比较实际的。

2. 涂层材料的应用

DIN EN ISO 1461 [88] 推荐采用合适的锌粉涂层进行镀锌层的修复。这些锌粉涂层可以是：

1）双组分环氧树脂锌粉涂层。

2）单组分聚氨酯锌粉涂层（空气中干燥），在一些特定场合也可采用单组分正硅酸乙酯锌粉涂层（空气中干燥）。

涂层中的锌粉质量分数至少在 92% 以上，且涂层要比修复区所要求的镀锌层至少厚 $30\mu m$。在这种情况下，修复时表面的预处理等级必须达到 Sa2.5 级或 DIN EN ISO 12944-4 规定的 Pma 级别。不合格的表面预处理经常导致硅酸乙酯锌粉涂层失效。

经验表明，当热喷涂修复完成后镀件需要后续涂装处理时，上述所提及的几种修复涂层对镀件后续的涂料涂装不会产生任何影响。如果在热浸镀锌厂内进行镀锌缺陷修复，这一点显得尤为重要。因为在修复时往往不知道镀件或镀锌构件是否需要后续涂装，以及后续涂装时采用哪类涂料。

运输和装配过程中产生的缺陷也可以采用类似的方法进行修复，也可以使用不同的涂层体系[32,33]。

3. 钎焊修复

在 DIN EN ISO1461 中提到，这种修复方法只适用于面积较小的镀锌缺陷的修复。文献［94］中所提及的软钎焊料以及这种用于修复的钎焊料均可从专门的经销商那里以焊条状、粉末状、膏状或类似形状采购。这种焊料具有许多特性，这正好也限制了它在其他领域的应用。修复区域需要进行金属的清洁化处理，如进行喷砂、抛丸预处理。为了达到优良的钎焊质量，焊料的液化、焊剂的反应以及最后焊料金属与钢和锌结合在一起这几步都是不可缺少的。需要特别注意的是，因为组件对热量的吸收及散失影响，钎焊修复时基体变热和焊料的同时液化常带来一些技术问题。这种修复方法也可以采用火焰钎焊和烙铁钎焊。另外，延长加热时间或提高加热温度会对助剂的功效（这种助剂对钎焊另一组件起到反应促进剂的作用）产生负面影响。

反复地擦拭会使钎焊修复层表面平滑，或者使液化的焊料分散，这将导致修复层变薄，形成多孔焊接修复层。

同时，其他的方法也可以应用于镀锌缺陷的修复。但如果在热浸镀锌厂内进行修复，需要参考文献［88］执行。

9.9 耐蚀性检测和质量测试

批量热浸镀锌层的腐蚀防护性能以及所要求的其他性能在 DIN EN ISO 1461 中已经进行了标准化规定。

9.9.1 外观

裸眼目测时，镀锌产品的所有主要表面上必须没有锌瘤、起皮、锌刺以及不允许的其他缺陷。同时，残留的助镀剂渣和锌灰以及影响钢构件使用效果的那些锌瘤也是不允许存在的。

标准中还规定了表面粗糙度和平面度的相关内容："表面粗糙度和平面度是一对相对而言的，批量热浸镀锌层的表面粗糙度不同于连续热浸镀锌层的表面粗糙度"。

标准中还规定："镀锌层表面存在发暗或浅灰色的色彩不均匀区域，或微小面积的表面不平整，这些不能成为拒收的理由。表面出现白锈也不能拒收，只要镀锌层的厚度达到所要求的最小厚度值即可"。

9.9.2 镀锌层厚度

一般情况下确定镀锌层的厚度是必须的，因为镀锌层的服役寿命也即腐蚀防护期限与镀锌层的厚度呈线性关系。借鉴常用的方法和标准，建议镀锌层的厚度测量采用无损检测的电磁法[95]或磁性法[96]。如果对所采用的试验方法有异议，或采用不同方法所测量的结果不一致，推荐采用破坏性的称量法[97]，也可以通过协商采用金相试验法。

测量镀层厚度时所需要检测的表面的数量取决于待测镀件的尺寸大小。DIN EN ISO 1461[88]中提供了详细的信息。

9.9.3 附着强度

目前，对于批量热浸镀锌层的附着强度检测还没有特定的 ISO 标准或 EN 标准。经验表明，采用批量热浸镀锌方法制备的镀锌层不需要检验其附着强度，因为具有足够高的附着强度本身就属于热浸镀锌层的特征。

基于研究目的，客观地测量批量热浸镀锌层的附着强度是有必要的。在文献[98]中，介绍了一种破坏性的测试方法，在镀锌层表面粘接一个凸模然后将粘接位置的镀锌层机械剥离，附着强度的测量值为 $40 \sim 45N/mm^2$。然而，作者指出，测量批量热浸镀锌层的附着强度时数值变化较大，单个测量值往往与测量平均值存在较大的偏差。在文献[99]中，对常规钢热浸镀锌层进行了附着强度测量并进行了相关的描述和分析。如果标准中没有提及镀锌层腐蚀行为，这也许有更合适的理由。因为镀锌层的耐蚀性不可能通过短时间的试验就能得出结论，也不可能将镀锌层的腐蚀行为检测转化到实际的服役环境中去。这其中的原因是：在这些试验中，受检的镀层表面所形成的含锌覆盖层在实践中并不存在，因为在实践中镀层表面的覆盖层直接与保护效果相关，而在服役环境下其有可能出现破损或在形成时就受到了阻碍。所以，短期的加速腐蚀测试实验，如交替冷凝气氛试验（加或不加二氧化硫）、含氯的喷盐雾试验等在实质上就变成了昂贵的镀层厚度的测量方法[100]。对于热浸镀锌层来说，另一个因素就是没有一个明确的指南来判定基体金属的腐蚀（红锈的出现），这是因为镀锌层自身就含有铁，另外这其中的铁还包括镀锌层保护体系中的铁－锌合金相。所以，与电镀锌相比，想要得到一个可靠的热浸镀锌层的检测分析结果基本是不可能的。

当将镀件暴露于一定的腐蚀环境中检测镀锌层的性能时，需要进行长期的试验测试。为了消除季节变换的影响，试验周期至少应在一年以上；而且分析试验结果时也需要关注一些必要的注意事项。

参 考 文 献

1 Roetheli, B.E., Cox, G.L., and Littreal, W.D. (1932) Effect of pH on the corrosion products and corrosion rate of zinc in oxygenated aqueous solutions. *Met. Alloys*, 3, 73–76.

2 Böttcher, H.-J., Friehe, W., Horstmann, D., Kleingarn, J.-P., Kruse, C.-L., and Schwenk, W. (1990) *Korrosionsverhalten von feuerverzinktem Stahl*, Bulletin 400, 5th edn, Stahl-Informations-Zentrum, Düsseldorf.

3 Grauer, K., and Feitknecht, W. (1967) Thermodynamische Grundlagen der Zinkkorrosion in carbonathaltigen Lösungen. *Corrosion Sci.*, **7**, 629–644.

4 von Baeckmann, W., and Schwenk, W. (1999) *Handbuch des kathodischen Korrosionsschutzes*, Verlag Chemie, Weinheim.

5 Beccard, K.K., Friehe, W., Kruse, C.-L., and Schwenk, W. (1981) *Das Stahlrohr in der Hausinstallation -Vermeidung von Korrosionsschäden*, Bulletin 405, 4th edn, Beratungsstelle für Stahlverwendung, Düsseldorf.

6 Schwenk, W. (1981) Probleme der Kontaktkorrosion – Aufgaben der Materialprüfung für die Anwendung. *Metalloberfläche*, **35** (5), 158–163.

7 Pourbalx, M. (1963) *Atlas d'Equilibres Elektrochimiques*, Gauthier-Villar & Cie, Paris.

8 Althatix, H. (1963) Die Freie Bildungsenthalpie der stöchiometrisch definierten Phasen des Systems Zn:YH,O. Dissertation. University of Bern.

9 Schindler, P., Reinen, M., and Gamxjäger, H. (1969) Löslichkeitskonstanten und Freie Bildungsenthalpien von ZnCO, und Zn5(OH),(CO,), bei 25 °C. *Helv. Chim. Acta*, **52**, 2327–2332.

10 Feitknecht, W., and Schindler, P. (1963) *Solubility Constants of Metal Oxides, Metal Hydroxides and Metal Hydroxide Salts in Aqueous Solution*, Butterworths, London.

11 Delahay, P., Pourhaix, M., and van Rysselberghe, P. (1951) Potenzial-pH-diagram of zinc and its applications to the study of zinc corrosion. *J. Electrochem. Soc.*, **98**, 101–105.

12 Stumm, W., and Morgan, J. *Aquatic Chemistry: An Introduction Emphasizing Chemical Equilibria in Natural Waters*, John Wiley & Sons, New York.

13 Mörbe, K., Morenz, W., Pohlmann, W., and Werner, H. (1987) *Praktischer Korrosionsschutz, Korrosionsschutz wasserführender Anlagen*, Springer, Vienna/New York.

14 van Loyen, D. (1996) *Institute for Corrosion Protection: Lectures on Corrosion and Corrosion Protection of Materials*, vol. 1, TAW-Verlag, Wuppertal.

15 Seiler, J. (1987) Bruch eines Stahldrahtseils durch fehlerhaften Einsatz eines Korrosionsschutzes. *Korrosion (Dresden)*, **18** (5), 270–276.

16 Marberg, J., and Huckshold, M. (2004) Mechanische Eigenschaften von Zinküberzügen, in Zink im Bauwesen, GfKorr-Tagung 2004, Würzburg. Frankfurt/M.: GfKorr.

17 Schikorr, G. *Korrosionsverhalten von Zink, Volume l, Verhalten von Zink an der Atmosphäre*, Metall-Verlag GmbH, Berlin.

18 Rädeker, W. (1958) Das Korrosionsverhalten künstlich erzeugter Hartzinkschichten. *Metalloberfläche*, **12** (4), 102–104.

19 Haarmann, R. (1966) Die Ursachen einer blumenlosen, matten und grauen Feuerverzinkung. *Maschinenmarkt*, **72** (89), 26–27.

20 Rädeker, W., and Friehe, W. (1970) Beobachtungen bei der atmosphärischen Korrosion feuerverzinkter Oberflächen. *Werkstoffe und Korrosion*, **21** (4), 263–266.

21 van Eijnsbergen, J.F.H. (1968) Rostfleckenbildung auf feuerverzinkten Bauteilen. *Industrie-Anzeiger*, **90** (79), 15–16.

22 Götzl, F., and Hausleitner, L. (1971) Korrosion des abnormalen Zinküberzuges auf Si-haltigem Stahlmaterial. *Metall*, **25** (9), 999–1000.

23 N. N. (1989) *Zur Braunfärbung feuerverzinkten Stahls bei atmosphärischer Korrosionsbelastung*, GAV-Bericht 112, Gemeinschaftsausschuß Verzinken e. V., Düsseldorf.

24 Knotkova, D., and Porter, F. (1994) Longer life of galvanized steel in the atmosphere due to reduced SO_2 population in Europe. Proceedings Intergalva, Paris, 1994.

25 Seidel, M., and Schulz, W.-D. (1995) Veränderung der Korrosivität der Atmosphäre gegenüber metallischen Werkstoffen auf dem Gebiet der neuen Bundesländer seit 1989. *Mater. Corrosion*, **46**, 376–380.

26 Rädeker, W., Peters, F.-K., and Friehe, W. (1961) Die Wirkung von Legierungszusätzen auf die Eigenschaften von feuerverzinkten Überzügen. *Stahl und Eisen*, **81** (20), 1313–1321.

27 Becker, G., Friehe, W., and Meuthen, B. (1970) Abwitterungsverhalten an feuerverzinkten, elektrolytisch verzinkten und feueraluminierten Drähten verschiedener Durchmesser in Industrie-, Land- und Meeresluft. *Stahl und Eisen*, **90** (11), 559–566; Hovick, E.W. (1961) *The use of zinc in corrosion Service. Metals Handbook*, 8th edn, vol. l, American Society for Metals, pp. 1162–1169.

28 Schulz, W.-D., Riedel, G., and Kunze, E. (2001) *Korrosion und Korrosionsschutz*, vol. 2, Wiley-VCII, Berlin/Weinheim, p. 1233ff.

29 Wiegand, H., and Kloos, K.-H. (1968) Werkstoff- und Korrosionsverhalten verzinkter Feinbleche unter besonderer Berücksichtigung der Erzeugungs- und Weiterverarbeitungsverfahren. *Bänder · Bleche · Rohre*, **9** (5), 291–298 and (1968) 9 (6), 321–326.

30 Haarmann, R. (1968) Maßnahmen gegen das Entstehen von Weißrost auf feuerverzinkten Erzeugnissen. *Industrie-Anzeiger*, **90** (35), 20–22.

31 "Rokosil", Fa. C. F. Spies & Sohn, Chemische Fabrik, 67271 Kleinkarlbach/Rheinpfalz.

32 DIN EN ISO (June 1998) 12944-4. Corrosion Protection of Steel Structures by Protective Paint Systems; Types of Surface and Surface Preparation.

33 DIN EN ISO (June 1998) 12944-5. Corrosion Protection of Steel Structures by Protective Paint Systems; Paint Systems.

34 Duplexsysteme (2000) Guideline of the Association of Hot-Dip Galvanizers, inter alia, Düsseldorf.

35 Kruse, C.-L. (1975) *Über den Einfluß von Niederschlagwasser auf die atmosphärische Korrosion von Zink, Script "Vertrags- und Diskussionsveranstaltung 1974 des GAV2"*, Gemeinschaftsausschuß Verzinken e. V., Düsseldorf, pp. 35–52.

36 Deiß, E. (1941) Das Verhalten des Zinks an Bauwerken gegenüber atmosphärischen Einflüssen. Scientific paper of the deutschen Materialprüf.-Anst., II. Volume, H. 2, pp. 31–45.

37 DIN EN (March 2005) 12502. Protection of Metallic Materials Against Corrosion – Guidance on the Assessment of Corrosion Likelihood in Water Distribution and Storage Systems, Influencing Factors for Hot-Dip Galvanized Ferrous Materials.

38 DIN (December 2004) 1988 Part 7. Technical Rules for Drinking Water Installations (TRWI): Avoidance of Corrosion Damages and Incrustation States; Technical Rules of the DVGW (see also: Comment on DIN 1988 Part 7. Gentner Verlag. Stuttgart 1989).

39 Süthoff, T., and Reichet, H.-H. (1985) Vergleichende Korrosionsversuche an Trockenkühlelementen für Trockenkühltürme. *VGB Kraftwerkstechnik*, **65** (9), 835–844.

40 Friehe, W. (1969) Ursache der Zinkblasenbildung und Möglichkeiten zu ihrer Vermeidung. *Sanitär- und Heizungstechnik*, 3, 193–198.

41 Nürnberger, U. (1995) *Korrosion und Korrosionsschutz im Bauwesen*, Bauverlag, Wiesbaden/Berlin.

42 Schröder, F. (1976) Zukunftssicherer Korrosionsschutz im Klärwerk Bonn-Bad Godesberg. *Verzinken*, **5** (l), 18–20.

43 Albrecht, D. (1974) Aspekte der Oberflächenbehandlung von Stahlteilen beim Bau und Betrieb von Abwasserreinigungsanlagen. *Verzinken*, 3 (l), 12–19.

44 Krank, L.A. (1976) Einsatz der Feuerverzinkung bei Stahlwasserbauten der niederländischen Wassergenossenschaften. *Verzinken*, 5 (l), 16–17.

45 (1991) Empfehlungen zum Korrosionsschutz von Stahlteilen in Abwasserbehandlungsanlagen durch Beschichtungen und Überzüge. Bulletin M 263 der Abwassertechnischen Vereinigung e. V., St. Augustin.

46 Brauns, W., and Schwenk, W. (1967) Korrosion unlegierter Stähle in Seewasser. *Stahl und Eisen*, **87**, 713–718.

47 Hildebrand, H., Kruse, C.-L., and Schwenk, W. (1987) Einflußgrößen der Fremdkathoden aus Bewehrungsstahl in Beton auf die Erdbodenkorrosion von Stahl. *Werkstoffe und Korrosion*, **38** (11), 696–703.

48 Drodten, P., and Grimme, D. (1983) Das Verhalten von unlegierten und niedriglegierten Stählen in Meerwasser. *Schiff und Hafen*, **Februar**.

49 Schwenk, W., and Friehe, W. (1972) Korrosionsverhalten verzinkter Bleche mit und ohne Schutzanstrich auf dem Seewasserversuchsstand des Vereins Deutscher Eisenhüttenleute in Helgoland. *Stahl und Eisen*, **92**, 1030–1035.

50 Friehe, W., and Schwenk, W. (1980) Korrosionsverhalten von Stahlblechen mit unterschiedlichen Beschichtungssystemen in Meerwasser. *Stahl und Eisen*, **100**, 696–703.

51 Schwenk, W. (1966) Korrosionsschutzeigenschaften von feuerverzinktem Stahlblech in warmen weichen Wässern mit CO,- und/oder O₂-Spülung. *Werkst, und Korrosion*, **17**, 1033–1039.

52 Heim, G. (1982) Korrosionsverhalten von Erderwerkstoffen. *Elektrizitätswirtschaft*, **81** (25), 875–884.

53 Rehm, G., Nürnberger, U., and Frey, K. (1980) Zur Nutzungsdauer von Bauwerken aus bewehrter Erde aus korrosionstechnischer Sicht. Gutachten der Fa. Bewehrte Erde Vertriebsgesellschaft mbH, Frankfurt/M, Stuttgart.

54 Nürnberger, U. (1988) Korrosionsverhalten feuerverzinkter Bewehrungsbänder bei Bauwerken aus Bewehrter Erde (approx. 135 pages). Forschungsund Materialprüfungsanstalt BadenWürttemberg/Otto-Graft-Institut (FMPA), Stuttgart, ed.: Deutscher Verzinkerei Verband e. V. (DVV), Düsseldorf.

55 Schwenk, W. (1979) Korrosionsverhalten metallischer Werkstoffe im Erdboden. *3 R-international*, **18**, 524–531.

56 Heim, G. (1977) Korrosionsverhalten von feuerverzinkten Bandstahl-Erdern. *TU*, **18**, 257–262.

57 Romanoff, M. (1957) Underground Corrosion. National Bureau of Standards Circular 579, Washington DC.

58 von Baechnann, W., and Funk, D. (1982) Abtragungsraten von Zink bei Gleich- und Wechselstrombelastung. *Werkstoffe und Korrosion*, **33**, 542–546.

59 DIN (October 1985) 30676. Planning and Use of Cathodic Corrosion Protection for External Surfaces.

60 Nürnberger, U. (1984) Korrosionsverhalten von feuerverzinktem Stahl bei Berührung mit Baustoffen, Berichtband über das IV. Korrosionum der AGK "Korrosion und Korrosionsschutz metallischer Bau- und Installationsteile innerhalb Gebäuden", pp. 11–17 (29. and 30. 11. 1984 in Mannheim).

61 Schwenk, W. (1985) Prinzipien des korrosionschemischen Verhaltens von Baustahl. *Beton + Fertigteil-Technik*, **51** (4), 216–223.

62 Rehm, G., Nürnberger, U., and Neubert, B. (1988) Chloridkorrosion von Stahl in gerissenem Beton; Auslagerung gerissener, mit unverzinkten und feuerverzinkten Stählen bewehrter Stahlbetonbalken auf Helgoland. Deutscher Ausschuß für Stahlbeton, Issue 390, pp. 89–144, Beuth Verlag GmbH, Berlin.

63 Hildebrand, H., and Schwenk, W. (1986) Einfluß einer Verzinkung auf die Korrosion von mit Zementmörtel beschichtetem Stahl in NaCI-Lösung. *Werkstoffe und Korrosion*, **37** (4), 163–169.

64 Hildebrand, H., and Schulze, M. (1986) Korrosionsschutz durch Zementmörtelauskleidungen in Rohren. *3 R International*, **25** (5), 242–245.

65 Hecke, B. (1989) Kathodischer Korrosionsschutz von Bewehrungsstahl, in *Handbuch des kathodischen Korrosionsschutzes* (ed. W.v. Baeckmann and W. Schwenk), VCH-Verlag, Chapter 19.

66 Martin, H., and Rauen, A. (December 1974) Untersuchungen über das Verhalten verzinkter Bewehrung in Beton. Deutscher Ausschuß für Stahlbeton, Berlin, Isue 242, pp. 61–77.

67 Kaesche, H. (1969) Zum Elektrodenverhalten des Zinks und des Eisens in Calciumhydroxidlösung und in Mörtel. *Werkstoffe und Korrosion*, **20** (2), 119–124.

68 Okamura, H., and Hisamatsu, Y. (1976) Effect of Use of Galvanized Steel on the Durability of Reinforced Concrete. *Mater. Perform.*, **7**, 43–47.

69 Tonini, D.E., and Gaidis, J.M. (1980) *Corrosion of Reinforcing Steel in Concrete*, ASTM, Philadelphia.

70 Porter, F.C. (1976) Reinforced concrete in Bermuda. *Concrete/J. Conc. Soc.*, (8) (Special edition of the Zinc Development Association, London).

71 Hildebrand, H., Schulze, M., and Schwenk, W. (1983) Korrosionsverhalten von Stahl in Zementmörtel bei kathodischer Polarisation in Meerwasser und 0.5 N NaCl-Lösung. *Werkstoffe und Korrosion*, 34, 281–286.

72 Riecke, E. (1979) Untersuchungen über den Einfluß des Zink auf das Korrosionsverhalten von Spannstählen. *Werkstoffe und Korrosion*, 30 (9), 619–631.

73 Hildebrand, H., and Schwenk, W. (1979) Korrosionsverhalten von Stahl in Zementmörtel. *Kurzberichte 3 R International*, 18 (3/4), 285–287.

74 Pelzel, W.R. (1978) Beständigkeit von Zink im Bauwesen. *Deutsche Bauzeitung*, 5, 78–84.

75 Zulassung Z 1.7-1 (1981) *Feuerverzinkte Betonstähle*, Institut für Bautechnik, Berlin (new version 1989).

76 Rückert, J., and Neubauer, F. (1983) Zum Kontaktverhalten von feuerverzinktem und unverzinktem Bewehrungsstahl in Beton bei erhöhter Temperatur. *Werkstoffe und Korrosion*, 34 (6), 295–299.

77 Dohne, E. van den Weghe, H., and Kohl, F.-W. (1987) Stahlbehälter zur Lagerung und Ausbringung von Flüssigmist, 1st edn, Bulletin 113 der Beratungsstelle für Stahl Verwendung, Düsseldorf.

78 DIN (November 2004) 18910-1. Thermal Insulation for Closed Livestock Buildings, Thermal Insulation and Ventilation, Principles for Planning and Design for Closed Ventilated Livestock Buildings.

79 Johnen, H., Teumer, E., and Perchert, H. (1979) Feuerverzinkte Bauteile in der Landwirtschaft, Industriegespräch Echem, Issue 2/1979, Zinkberatung e. V., Düsseldorf.

80 Kohl, F.W. (1976) Feuerverzinkte Stallteile richtig einbauen. *Verzinken*, 5 (3), 58–60.

81 Kleingarn, J.-P. (1988) Pflege and Werterhalt von feuerverzinkten Güllesilos, Gülletankwagen und Güllefässern. *Feuer Verzinken*, 17 (2), 27–30 (special supplement).

82 Wiederholt, W. (1976) Korrosion in der Landwirtschaft. *Verzinken*, 5 (2), 27–32.

83 Wiederholt, W. (1976) Korrosionsverhütung in der Landwirtschaft. *Verzinken*, 5 (3), 51–57.

84 Reitsma, R. (1976) Silos aus feuerverzinktem Stahl. *Verzinken*, 5 (2), 33–34.

85 Feuerverzinken in der Landwirtschaft. Informationsschrift, obtainable free of charge at the Beratung Feuerverzinken, Sohnstraße 70, 40237, Düsseldorf.

86 Wiederholt, W. (1976) *Korrosionsverhalten von Zink, Volume 3, Verhalten von Zink gegen Chemikalien*, Metall-Verlag GmbH, Berlin.

87 Kruse, C.-L. (1984) Korrosionsverhalten von ungeschütztem und feuerverzinktem Stahl bei der Lagerung von Heizöl. *Werkstoffe und Korrosion*, 35 (4), 150–156.

88 DIN EN ISO (March 1999) 1461. Hot-Dip Galvanized Coatings on Fabricated Iron and Steel Articles (Batch Galvanizing), Specifications and Test Methods.

89 Böttcher, H.-J., and Kleingarn, J.-P. (1979) Schweißen von stückverzinktem Stahl, Bulletin 367 of the Beratungsstelle für Stahl Verwendung, 3rd edn, Düsseldorf.

90 Marberg, J. (1982) Schweißen vor und nach dem Feuerverzinken. Der Praktiker (1977) 8 and (1977) 10: Special edition of the Beratung Feuerverzinken, Düsseldorf.

91 DIN EN (February 1998) 10240. Internal and/or External Protective Coatings, Specifications for Hot-Dip Galvanized Coatings Applied in Automatic Plants.

92 DIN EN ISO (May 2005) 2063. Thermal Spraying, Metallic and other Inorganic Layers, Zinc and Aluminum.

93 Friehe, W., and Schwenk, W. (1979) Korrosionsbeständigkeit von nachbehandelten Schweißverbindungen feuerverzinkter Stahlkonstruktionen bei atmosphärischer Beanspruchung. *Stahl und Eisen*, 99, 1391–1400.

94 DIN EN (Feburary 2001) 29453. Soft Solders, Chemical Compositions and Forms of Delivery.

95 DIN EN ISO (January 2005) 2808. Coating Materials, Determination of Layer Thickness.

96 DIN EN ISO (April 1995) 2178. Non-Magnetic Coatings on Magnetic Substrates, Measurement of Coating Thickness by the Magnetic Method.

97 DIN EN ISO (January 1995) 1460. Metallic Coatings, Hot-Dip Galvanized Coatings on Ferrous Material, Gravimetric Determination of the Mass per Unit Area.

98 Katzung, W., and Rittig, R. (1995) *Untersuchung zur Optimierung des Haftfestigkeitsprüfverfahrens mittels Abrissversuch für die Bestimmung der Haftfestigkeit von Zinküberzügen*, FuE-Bericht 926/95, Institut für Stahlbau, Leipzig.

99 Katzung, W., Rittig, R., Schubert, P., and Schulz, W.-D. (1999) Haftfestigkeitsprüfungen von Zinküberzügen mittels Abreißversuch. *Metall*, **53** (12).

100 Schulz, W.-D., Schütz, A., and Kaßner, W. (2005) Korrosionsprüfung kritisch hinterfragt. *Galvanotechnik*, (11), 2589–2604.

101 Witt, C.A. (1980) *Verhalten von Zink in Verbindung mit Bitumen; Korrosion und Prüfung. Volume 4-II of the scientific series "Korrosionsverhalten von Zink"*, ed. Zinkberatung e. V., Düsseldorf.

102 Rücken, J., Neubauer, F., and Zietelmann, C. (1983) Einfluß von bituminösen Dachbelagsmaterialien auf das Korrosionsverhalten von Dachentwässerungssystemen aus Zink und verzinktem Stahl. *Werkstoffe und Korrosion*, **34** (7), 355–364.

103 EGGA-Bulletin (1974) No. 14: Feuerverzinkter Stahl in Verarbeitungs- und Verladeanlagen.

104 Slunder, C.J., and Boyd, W.K. (1971) *Zinc: Its Corrosion Resistance*, Zinc Institute Inc., New York.

105 Schulz, W.-D. (1996) Thermisches Spritzen von Zink, Aluminium und deren Legierungen als Korrosionsschutz von Stahlkonstruktionen. *Schweißen und Schneiden*, **48** (2), 137.

第10章 热浸镀锌+涂装双重体系

A. Schneider

10.1 基本规则、主要的应用领域

根据不同的需要，热浸镀锌在不同的应用领域均能达到足够良好的防腐效果。更进一步地讲，热浸镀锌产品和工件也可以进一步涂装处理，这种金属镀层与防护涂层的结合称为双重体系。使用这种双重体系有以下优点（这也是决定是否采用双重体系的主要原因）：

1）防腐保护效果显著提高，拓宽了其在重腐蚀环境的应用，如在化工厂的应用（据 DIN EN ISO 12944 – 2[1]，这种环境的腐蚀等级为 C5 – I 级），如图 10-1 所示。

2）具有相当长的防腐保护周期，降低了服役周期内的维护成本。

3）色彩设计成为可能，包括在一些需要有安全标志的场合（图 10-2）。

图 10-1 双重体系在化工厂的应用
（Beratung 镀锌公司）

图 10-2 易北河附近靠近体育场的架空线塔
［涂层用于飞行安全标志（Beratung 镀锌公司）］

4）不同金属组合使用时利用涂层作为绝缘层以防止产生接触腐蚀。

上面提到的诸多优点，只有双重体系在整个使用周期中一直起到防腐作用的情况下才能体现出来。在很多情况下双重体系易发生破损，主要是以涂层剥落（图10-3）和涂层起泡（图10-4）的形式发生，防腐效果过早失效。为了防止双重体系可能发生的破损，提供更长的保护周期，必须遵守一些特殊的注意事项，其要点总结如下：

图 10-3　预处理不到位或涂层材料选择　　　　图 10-4　镀锌层白锈造成的
　　　　不当造成的涂层剥离（施耐德）　　　　　　　涂层气泡（施耐德）

1）在构件结构设计时，同时考虑热浸镀锌层和涂层的设计。

2）此时镀锌层的表面质量要求要比不加涂层的热浸镀锌表面高，首先要考虑镀锌层表面的预处理以及涂层与镀锌层表面的适应性。

3）在涂装之前采用合适的表面处理方法，这取决于热浸镀锌之后涂层涂装的时间点、服役周期内的腐蚀环境条件以及所采用的涂层系统类别。

4）所采用的涂层材料和涂料体系要和镀锌层相适应。

5）要考虑双重体系整体加工的适应性，特别是车间和现场施工的适应性。

下面对这几个要点进行解释时主要是以将其结合双重体系的实际应用进行描述。

10.2 名词解释

为了便于解释涂层在镀锌层表面的应用，将会用到以下标准术语：

（1）表面准备 为涂层涂装做准备的各种表面处理方法[2]，如采用水、有机溶剂或其他化学试剂进行清洗，以及机械法表面处理。

（2）吹砂 通过吹砂对待涂装的镀锌层表面进行清洁处理并粗化[2]。

（3）镀层 金属覆盖层被称为镀层[3]（这里的镀层是指热浸镀锌层)[4]。

（4）涂层系统 各种涂层材料形成的覆盖层统称为涂层系统。

（5）涂层材料 应用于钢基体表面的液态、糊状或粉末状的材料，能够形成具有保护性、装饰性或特殊功能的覆盖层[4]。

（6）防护性涂层体系 所有的应用于基体表面的完整涂层，可以起到腐蚀防护作用[4]。

（7）腐蚀防护体系 所有的应用于基体表面的金属层或其他材质的涂层，可以起到腐蚀防护作用[4]。

（8）双重体系 包括金属镀层和保护涂层的防腐体系[5]。

10.3 双重体系的保护周期

双重体系具有比镀锌层保护周期和涂层保护周期之和更长的保护周期。这种保护周期的延长被称为协同效应，可以用下式描述

$$S_{Duplex} = (S_{zinc\ coating} + S_{protective\ paint\ system})(1.2 \sim 2.5) \tag{10-1}$$

式中　　S_{Duplex}——双重体系（防腐体系）的保护周期；

　　　$S_{zinc\ coating}$——镀锌层的保护周期；

　$S_{protective\ paint\ system}$——防护涂层的保护周期；

主要通过以下几点达到协同效应：

1）在镀锌层的保护下防止基体表面发生腐蚀。

2）涂层可以防止已风化镀层的质量损失。

3）涂层可以防止镀锌层孔隙位置鼓起、产生裂纹，或因为锌的腐蚀产物体积膨胀率（10%）比铁腐蚀产物体积膨胀率（250%）低得多而发生的力学破坏。

4）锌的腐蚀产物可以将它所在位置区域的气孔或裂纹封闭。这可以确保涂层的风化过程，风化开始便形成覆盖层，延长防护周期。

图 10-5 所示为未镀锌钢和镀锌钢表面涂层体系的不同作用行为。

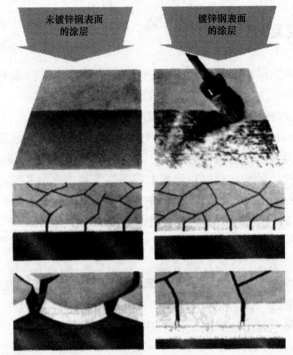

未镀锌钢表面的涂层　镀锌钢表面的涂层

图 10-5　未镀锌钢和镀锌钢表面涂层体系的不同作用行为

10.4　工件结构设计的特殊性

　　工件的结构设计除了考虑热浸镀锌工艺以外，在设计规范中还要考虑保护涂层体系的应用，相关的数据请参考 DIN EN ISO 12944 – 3[6]。这里一个值得关注的焦点就是要确保所选用的不同涂镀方法能够涂覆工件表面的各位置表面，若构件用于建筑领域，要考虑所要求的维护措施。

　　为此，要力求做到由工件尺寸决定的待镀工件表面和表面上位置之间的间隙最小。DIN EN ISO 12944 – 3[6]中包括如下数据：

　　1）保证法兰边缘或凸缘边缘从两面操作接近时间隙最小。

　　2）优先采用单件的型材结构。

　　3）焊接钢结构表面的位置涂装时容易到达。

　　4）装配之后涂装时组合件的表面都能到达（离地间隙及与其他构件之间的间隙）。

　　5）型材装配后涂装时表面之间的间隙要最小。

　　6）避免间隙的产生，如在室外腐蚀环境或附加应力的情况下采用不间断焊缝（连续焊接焊缝）。

　　7）设计时要避免工件在储存、装配和使用过程中表面存在污物和聚集水。

　　8）设计时要避免镀层可能的减薄，如边缘的破损。

9）所规定的均匀腐蚀保护是针对整个构件，包括连接件。

10.5　保护涂层对镀锌层的质量要求

用于保护涂层涂装的热浸镀锌层表面必须满足 DIN EN ISO 1461[7] 的相关质量要求。此外，还必须确保热浸镀锌层表面不能存在对保护性涂层以及表面预处理产生消极影响的特征或缺陷，这包括：

1）避免热浸镀锌之后的后处理对涂层体系的结合强度产生消极影响（如镀层的油、蜡润滑，水中冷却后镀层表面产生白锈）。

2）当镀锌层处于高的机械应力状态下进行预处理时（如吹砂处理），要考虑镀层的结合强度，以免镀层发生剥落（如制订最佳的吹砂工艺参数），参考 10.6.3 节。

此外，热浸镀锌车间还必须掌握以下信息：

1）预采用的双重系统的设计。

2）预采用的表面预处理方法。

根据标准 DIN EN ISO 1461[7] 的相关补充内容，考虑保护涂层体系涂装及应用的时间节拍，对热浸镀锌质量提出了以下要求：

1）DIN EN ISO 1461 – tZnk：镀锌层表面的涂层涂装不需后处理，涂层涂装作业不属于热浸镀锌公司的工作范围。

2）DIN EN ISO 1461 – tZnb：镀锌层表面的涂层涂装作业属于热浸镀锌车间的工作范围。

当对镀锌层表面进行吹砂处理时，由于镀锌层的质量问题以及吹砂时产生的机械应力可能会造成镀锌层损坏（产生裂纹、降低附着性），采用合适材质的钢材以及制订优良的热浸镀锌工艺参数是可以确保热浸镀锌层具有足够的结合强度的。按照 DIN EN ISO 1461[7]，推荐先制备试样并对试样进行分析。

另外，要求按照 DIN EN ISO 1461[7] 的要求，对镀锌层表面存在的与热浸镀锌工艺过程相关的污染物（助镀剂以及锌灰的残留物）进行清洁处理。较好的清洁处理——"优质的抛光"对保护涂层体系来说是非常必要的。

在镀锌层表面进行高质量的抛光精饰将导致工件边缘处镀层减薄、产生缺陷斑点或差的装饰外观。例如：良好的清洗对于点缺陷和不好的外观装饰来说，可以提高涂层边缘的厚度，如使渣夹杂物变得平滑、露出划痕切口和孔隙、使得锌或锌瘤凸起变得平滑。

优质的抛光精饰可以作为热浸镀锌车间或涂装公司对钢结构表面处理的一项附加工作。若涂层表面要求更高的装饰性效果，则必须注意以下几点：

1）基体表面的参差不齐，如存在夹层、焊垢、蚀点，在热浸镀锌处理后照样明显可见。

2）若基体材料（或材质的成分）不适合进行热浸镀锌处理，则在工件的平面区域或热切割边缘区域会产生镀层表面不平整。

3）镀层表面所有损坏和不平整状态在涂层涂装后仍会清晰可见。

通过选择合适的基体材料、优化工艺参数可以减少表面质量缺陷或避免表面缺陷，如果有需要应对试样进行测试。

10.6　保护性涂层涂装时热浸镀锌层的表面预处理

10.6.1　镀锌层表面的污染物

在对保护涂层进行涂装之前，镀锌层表面影响结合强度的污染物必须采用合适的方法清理掉，以满足保护涂层体系的要求和腐蚀环境下的使用要求。

镀锌层表面的污染物可能有：

1）不同类的污染物，如油脂、残留的清洁剂、标记、灰尘、污泥、表面处理时的喷砂粉尘、残留的助镀剂（对结合强度会产生有害的影响）。

2）同类的污染物是镀锌层暴露在一定的空间或腐蚀环境下产生的，它们会对结合强度产生不同的影响（表10-1）。

表 10-1　同类的污染物

腐蚀产物	外观	产生的条件	对涂层的影响
氧化锌	白色	镀锌之后（较短时间内），在大气条件下镀锌层表面形成的第一相层	不严重
碳酸锌	白色	大气条件下镀锌层表面形成的第二相层	不严重
碱式碳酸锌	浅灰色	大气条件下镀锌层表面形成的第三相层（锌绿锈）	不严重
氯化锌	白色到浅灰色，湿度较高时不可见	含氯的大气条件下形成的产物	严重
硫酸锌	白色到浅灰色	含硫的大气条件下形成的产物	严重
碱式硫酸锌	白色到浅灰色	工业气氛下形成的产物	严重
氢氧化锌	白色到浅灰色	高湿度大气条件下形成的产物	严重
氯氧化锌	白色到浅灰色	特殊环境下，如海岸气候条件下形成的产物	严重

10.6.2　表面预处理方法

所有的锌腐蚀产物均表现为白色或浅灰色的外观，所以当镀层表面存在这些严重或不严重的同类污染物时难以明显地分辨。过去采用的镀锌层表面的风化方法虽然能够提高保护涂层的结合强度，但不再推荐使用，因为这些方法的使用取决于镀锌层的化学成分和腐蚀环境，所形成的"锌绿锈"包括氧化锌和碱式碳酸锌，对提高结合强度有利，但难以保证效果和进行相关的测试验证。

实际应用中，考虑下列基本注意事项可以确保获得所预期的表面处理质量：

1）避免出现严重的同类污染物，避免局部去除污染物。

2）进行表面处理时要针对整个表面采用合适的方法，安全去除所有同类和不同类的污染物。

表面处理的方法和范围取决于：

1）镀锌层表面存在的污染物。

2）所采用保护涂层的材料类别：①液态涂层材料；②粉末涂层材料。

3）工件（双重体系）服役时的腐蚀环境，可分为：①低或中度污染（例如二氧化硫和氯化物）的一般大气腐蚀环境，如符合 DIN EN ISO 12944 - 2[1]的 C1 ~ C3 腐蚀等级（室内、乡村、城市的大气环境）；②污染程度较高污染物（如二氧化硫和氯）的严重大气腐蚀环境，如符合 DIN EN ISO 12944 - 2[1]的 C4、C5 - 1 和 C5 - M 腐蚀等级（工业大气和海洋大气环境）；③根据 DIN EN ISO 12944 - 2，Annex B[1]规定的特殊腐蚀环境（如化工环境、力学环境、加热环境或它们的耦合环境）。

镀锌层表面的污染越严重，则将来的腐蚀越严重或需要更高质量的涂层材料（如双组元涂层材料），且需要采用更有效的表面预处理方法。在一些需要的情况（如双组元涂层材料的涂装）下，除了镀锌层表面清洁处理外还可能需要将镀锌层表面粗化，以提高涂层的附着力。有大量的方法可用于热浸镀锌层的表面处理，如机械法、湿式清洗法、湿式化学清洗法、表面化学转化膜法等。

在目前的实践中主要采用以下方法：

1）液态涂层材料的保护涂层体系：① 湿式喷砂或蒸汽喷砂，根据实际情况决定是否添加氨润湿剂（参考 10.6.3 节）或喷射介质；②吹砂（参考 10.6.3 节）；③用绒布打磨，可结合含氨润湿剂清洗一起使用（参考 10.6.3 节）。

2）粉末涂层材料的防护涂层体系：①铬酸盐处理；②磷化处理（参考 10.6.3 节）。

一旦选择了合适的表面预处理方法，还需要注意以下几点：

1）涂料制造商关于表面处理的规范应与涂层材料相适应。

2）组件在进行湿式清洗或湿式化学清洗以后需干燥处理，如果需要可在清洗后添加漂洗操作。

后干燥方式的可能性取决于工件的设计，在实践中几乎是不现实和难以控制的，尤其是在建筑工地的施工现场。镀锌层表面残留的一定湿度将导致涂层发生破损，所以在湿式清洗或湿式化学清洗时要考虑到这个问题。

10.6.3　实际应用的表面预处理方法

1. 吹砂

使用非金属、带有锐边的磨料对镀锌层表面进行轻微的喷砂，清洁过程伴随着表面粗化。吹砂是最安全的表面预处理方法，应用广泛。

为了确保镀锌层产生的机械应力最小、表面清洁效果最佳，用压缩气体吹砂时需参考并注意以下工艺参数：

1）喷射压力最高为 0.3MPa。

2）磨料的入射角即喷砂角度不大于 30°。

3）喷嘴到镀锌层表面的距离为 0.5～0.8m。

4）磨料粒度范围为 0.2～0.5mm。

主要使用的磨料应为 DIN 8201 第九部分[8]规定的铜基磨矿渣（MCU）或熔炉渣（MSK）。

在车间内操作时，也可以采用轮式抛砂机利用有色金属磨料（铁铬合金颗粒）进行表面清理。

在作业时还需要注意：

1）吹砂处理后的镀层表面必须是暗灰色外观，表面粗糙度应符合 DIN EN ISO 8503-1[9]规定的 "Fine"（G）级，如图 10-6 所示。

图 10-6　镀锌层表面吹砂处理（施耐德）

2）在给定的参数下镀锌层会减薄 10～15μm，镀锌层的厚度应大于 DIN EN ISO 1461[7]要求的厚度，以确保在吹砂后仍能够保持在公差范围内。

3）吹砂时必须避免镀锌层发生剥离，不可避免的剥离必须像其他热浸镀锌缺陷那样按照 DIN EN ISO 1461[7]的要求进行修复，如采用喷锌或富锌涂层涂装修复。应当注意的是，当那些采用涂层修复的热浸镀锌缺陷在吹砂后又暴露出来时，这时必须进行再次修复。热浸镀锌缺陷和不可避免的镀层剥离缺陷的总面积不允许超过 DIN EN ISO 1461[7]中的规定值。

4）涂层涂装之前必须清除镀锌层表面的吹砂灰尘。

5）在吹砂之后立即进行涂层涂装，最多不能超过 24h。中等的天气条件（如室外天气）或热浸镀锌车间内氯化物污染的天气应避免施工。

2. 高压水或蒸汽喷射清洗

进行高压水或蒸汽喷射实现镀锌层表面的清洗（图 10-7）时，根据情况可选择是否需要润湿剂。对于污渍、油、润滑脂可达到较好的去除效果；对于结合牢固的杂质污物，如白锈，则难以去除或不可能去除，它们的去除需要借助于机械法，如用粗绒布局部打磨，在高压水或蒸汽中加入少量的磨料。

图 10-7　镀锌层表面高压水喷射清洗（施耐德）

与砂子混合使用的喷射介质磨料最好具有天然材质，成分与吹砂的介质成分要相似，在喷头处借助于注射嘴磨料与高压水或蒸汽相混合。镀锌层表面清洁的同时伴随产生表面低应力粗化（这有利于避免锌层的剥离）。只要采用恰当的工艺，通过这种方法就可以获得与吹砂处理相同的效果。

高压水或蒸汽喷射清洗时请参照以下基本参数：喷射压力为 6 ~ 30MPa，水/蒸汽温度为 20 ~ 50℃。

在作业时还应该考虑以下几点：

1）清洗时若加入了润湿剂，则清洗后必须用纯水彻底漂洗。

2）必须使用低氯含量的水（最好使用去离子水）。

3）在涂层涂装前必须保证镀锌层表面完全干燥。采用较高的水温能够加速干燥过程。构件中带有凹槽时必须注意是否有水集聚。如果加入磨料，构件表面干燥后应及时将磨料清除。

4）涂层涂装应在镀锌层表面干燥后马上进行，最迟不能超过 24h。

3. 耐磨绒打磨

借助于刚玉塑料绒布手工打磨进行镀锌层表面的清洁处理时，根据情况可选择是否采用含铵润湿剂，所有的严重污渍都能被有效地去除。但是这种方法比较耗时，故在实践中只限用于小件或构件局部的清洁处理，如高压水喷射清洗后镀锌层表面存在的白锈污染物。

采用耐磨绒打磨时推荐参考以下相关参数：刚玉塑料绒布，如 Scotch – Britt（非金属磨料），根据情况可选择和含氨的润湿剂一起使用。

含氨润湿剂的成分：10L 水 + 0.5L 氨溶液（质量分数为 25%） + 2 ~ 4cm^3 润湿剂。

在作业时还应考虑以下几点：

1）添加润湿剂打磨，直到镀锌层表面变为暗灰色（图 10-8）。

2）添加润湿剂打磨之后，镀锌层表面必须用纯水漂洗，防止给附着物造成损害（图 10-9）。

图 10-8　镀锌层表面打磨处理（施耐德）

3）涂层涂装之前，必须保证镀锌层表面完全干燥。

4）涂层涂装应在镀锌层表面干燥后马上进行，最迟不能超过24h。

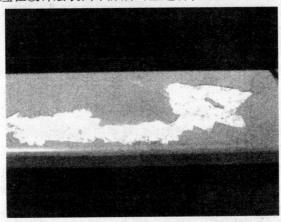

图 10-9　添加含铵润湿剂清洗后漂洗不彻底导致白锈的生成（施耐德）

4. 化学转化膜处理

镀锌层表面的化学转化膜处理只能借助于专业车间内的铬酸盐钝化或磷酸盐磷化处理工艺，或采用等同或类似的其他方法。至少应包括以下的操作工序：

脱脂→漂洗→活化（中间酸洗）→漂洗→铬酸盐处理/磷化处理→漂洗→去离子水漂洗→干燥。

涂层涂装必须在化学转化膜处理后马上进行。

10.6.4　双重体系工艺中表面预处理和保护涂层的分类

1. 液态涂层材料的防护涂层

考虑应用的前提条件，在制造工艺实践中根据工艺参数的区别将预处理和液态材料的涂层分为以下几类：

（1）热浸镀锌之后立即进行的表面预处理和涂层涂装　热浸镀锌之后立即进

行涂装，没有风化时间，镀锌层表面没有污染，或将镀锌层表面的污染降至最低程度。前提条件是：

1）热浸镀锌后 24h 内进行涂装。

2）避免将热浸镀锌工件放置于室外，不允许热浸镀锌之后、涂装之前镀锌层表面存在沾湿或放置于类似腐蚀环境 ［如预处理槽（酸洗槽）周边扩散的氯腐蚀］ 中。

对于一般腐蚀环境下使用的单组元涂料涂层，采用简单的表面预处理是允许的，如局部的机械法处理 （如采用耐磨绒打磨） 和整个镀层表面的灰尘清理。采用基于 AY – Hydro 粘结剂的涂料涂装后可以获得良好的结合强度，这也可用于双组元涂料的涂装。基于 EP 粘结剂的双组元涂料涂层用于严重的腐蚀环境，应当采用吹砂工艺进行表面处理和表面粗化。

（2）镀锌层短时风化后的表面处理和涂层涂装　表面预处理和涂料涂装是在热浸镀锌车间之外的地方进行的，故其必然要经过室外运输和风化过程。热浸镀锌和涂料涂装之间的周期间隔不能超过 14 天。对于用于一般腐蚀环境下的单组元涂料涂层，可以采用高压水或蒸汽喷射清洗；若存在结合牢固的污染杂质 （如白锈产物），可能还需要借助于局部机械法（耐磨绒打磨）清理或采用添加磨料的高压水或蒸汽喷射清洗。涂料涂装之前必须确保镀锌层表面是干燥的。

基于 EP 粘结剂的双组元涂料涂层用于严重的腐蚀环境，应当采用吹砂工艺进行表面处理和表面粗化。

（3）镀锌层长时间风化后的表面处理　若热浸镀锌层的表面处理和涂料涂装需要在一个较长的时间周期之后进行（如在装配之后），则镀锌层表面的污染物等难以评估。这种情况下，推荐一个表面预处理方法选择的通用性评估准则；对于单组元涂料涂层，采用和镀锌层短时风化条件时表面处理方法或类似方法即可；但是，采用吹砂的处理方法也是有必要的。

基于 EP 粘结剂的双组元涂料涂层用于严重的腐蚀环境，应当采用吹砂工艺进行表面处理和表面粗化。

考虑制造工艺方面，表面预处理方法和涂层体系的分类并不是独立不变的。若在热浸镀锌之后立即进行或短时间干燥后就在车间环境下实施涂装，则更倾向于采用吹砂处理方法。

2. 粉末涂层材料的防护涂层体系

根据工艺步骤要求 （参考 10.6.3 节），镀锌层的表面预处理和粉末涂层材料的涂装只能在车间内进行。

镀锌层表面预处理可以采用化学转化膜方法（磷化、铬酸盐钝化，参考 10.6.3 节）或吹砂（参考 10.6.3 节）方法。

对于粉末材料的涂料，涂装后必须进行烘烤处理（参考 10.7 节）。

实践中常用的表面预处理工艺方法如图 10-10 所示。

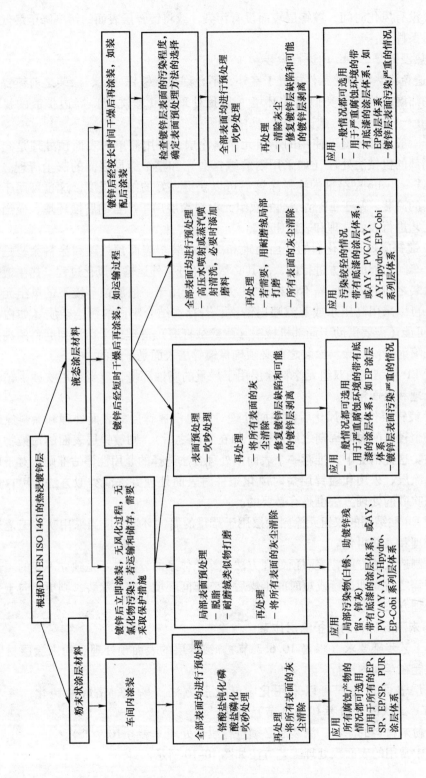

图 10-10　实践中常用的表面预处理工艺方法

10.7　涂层材料、保护性涂层体系

镀锌层上的防护性涂层要求采用合适的涂层材料。

目前，以前常用的底漆涂料在今天不再作为热浸镀锌层的保护性涂层使用，因为它们已明确存在诸多缺点，这其中的原因主要包括：

1）涂装时镀锌层表面所允许的涂层厚度最高只能到 $10\mu m$，这种情况下传统的底漆涂料不能形成涂层（双重体系是镀锌层 + 保护性涂层）。

2）如果传统底漆涂料的涂层厚度增加，则与镀锌层之间的结合强度下降。

3）采用传统底漆涂料时，在实际操作中采取措施控制涂层的厚度不能超过 $10\mu m$ 是办不到的。

现在，有一些保护性的涂料能够直接用于热浸镀锌层表面；它们之所以能够适合用于热浸镀锌层，一个重要的因素就是它们的粘结剂类型和颜料。表 10-2 给出了适用于液态涂层材料的粘结剂种类，表 10-3 给出了适合于粉末涂层材料的粘结剂种类。

表 10-2　适用于液态涂层材料的粘结剂种类

粘接剂类型	简写	特征
丙烯酸树脂类	AY AY – Hydro	单组份配制 物理干燥 溶剂：有机类或水
氯乙烯共聚体类	PVC/AY	单组份配制 物理干燥 溶剂：有机类
环氧树脂类	EP	双组份配制 化学固化 溶剂：有机类或水
环氧树脂组合物类	EP – Combi	双组份配制 化学固化/物理干燥 溶剂：有机类
聚氨酯树脂类	PUR	双组份配制 化学固化 溶剂：有机类或水

表 10-3　适用于粉末状涂层材料的粘结剂种类

粘接剂类型	简写	特征
环氧树脂类	EP	$150 \sim 220$℃ 加热的化学固化
环氧树脂类/聚酯树脂类	EP/SP	溶剂：无
聚酯树脂类	SP	
聚氨酯树脂类	PUR	

为热浸镀锌层选择保护性涂层体系时，应当考虑以下几点：

1）服役环境的腐蚀等级（腐蚀环境）和保护周期（服役开始至涂层所需修复的时间段）对腐蚀保护效果进行评估。

DIN EN ISO 12944 - 2[1]规定的腐蚀等级：C2—低，C3—中，C4—强，C5 - I—非常强（工业大气环境），C5 - M—非常强（海洋大气环境）。

DIN EN ISO 12944 - 1[4]规定的保护周期：低（L）—2~5 年，中等（M）—5~15 年，高（H）——>15 年。

2）防护性涂层在很大程度上以下面不同的情况在车间内进行涂装：①在车间内完成镀锌层所有表面的涂层涂装，以期望运输和装配过程中保护涂层体系的损坏程度最低；②在车间内完成局部镀锌层表面的涂层涂装，在现场完成全部涂层涂装，运输和装配过程中保护涂层体系的损坏程度较高。

3）针对确定腐蚀等级和保护周期的防护涂层体系的规划：①所要求的表面预处理方法；②车间涂装和现场涂装时防护涂层体系的结构差别。

4）热浸镀锌层和保护涂层的各自目标厚度。

5）保护性涂层的色彩类别。不同的涂层体系，其颜色可能明显不同，也不同于热浸镀锌层的颜色。

表 10-4 汇总了用于热浸镀锌层的液态涂层材料的保护涂层体系，表 10-5 汇总了用于热浸镀锌层的粉末涂料涂层保护体系。

表 10-4　用于热浸镀锌层的液态涂料涂层保护体系

车间和现场涂装时保护涂层体系的差别①	变化条件 1	变化条件 2	变化条件 3	变化条件 4
车间施工	DB （80μm）	DB （80μm）	DB （80μm）	DB （80μm）
	GBo. DB （40μm）	GBo. ZB （80μm）	ZB （80μm）	GBo. ZB （80μm）
涂层层数	1	2	2	3
保护涂层的厚度	80μm	120μm	160μm	240μm
车间内部分涂装时涂层的厚度	80μm	40μm	80μm	160μm
据图 10-10 的粘结剂材料和涂层材料	PVE/AY、EP、PUR、AY	PVE/AY、AY、EP、PUR	PVE/AY、AY、EP、EP - Combi、AY - Hydro、PUR	AY、EP、EP - Combi、AY - Hydro、PUR
推荐可用的腐蚀环境	低度	中度	强烈	很强，特殊的腐蚀环境
可用于的腐蚀等级（根据 DIN EN ISO 12944 - 2[1]）	C2	C3	C4	C5 - 1、C5 - M

① GB 底涂层，ZB 中间涂层，DB 表面涂层。

注：镀锌层的相关要求按 DIN EN ISO 1461[7]执行。

表 10-5　用于热浸镀锌层的粉末涂料涂层保护体系

车间和现场涂装时保护涂层体系的差别①	变化条件 1	变化条件 2	变化条件 3
车间施工	GB （60μm）	DB （60μm）	GB （60μm）
涂层层数	1	2	3
保护涂层的厚度	80μm	120μm	160μm
据表 10-2 的涂层粘结剂材料	SP、EP/SP	EP、EP/SP、SP	EP、EP/SP、 SP、PUR
推荐可用的腐蚀环境	中度	强烈	很强
可用于的腐蚀等级（根据 DIN EN ISO 12944 – 2[1]）	C3	C4	C5 – 1、C5 – M

① GB 底涂层，DB 表面涂层。

注：镀锌层的相关要求按 DIN EN ISO 1461[7] 执行。

　　DIN EN ISO 219445 – 5[5] 和双重体系编制指南[10] 中给出了应用于钢筋混凝土防护的有关液态涂层材料的防护涂层体系。粉末涂层材料的防护涂层体系目前在钢结构的承载单元应用中已标准化[11]，也在上面所提及的指南[10] 中作为应用案例。

　　当液态保护性涂料用于热浸镀锌层时，对涂料的涂装没有特殊的要求。根据制造商提供的工艺参数表可选择喷涂、刷涂和辊涂。

　　粉末材料的防护涂料涂装时普遍采用静电喷涂方法，然后经过 150 ~ 220℃烘烤固化处理。作业时必须遵守粉末制造商提供的工艺参数规范数据表。

　　针对双重体系的应用，从操作实践的角度将所列举的有关基础和所考虑的要点进行了概况总结；在实践中可能发生部分偏离，这或许是必要的。双重体系的应用应当在参照 DIN EN ISO 12944 – 8[8] 的前提下与钢筋混凝土领域涂料制造厂协商一致。根据 DIN EN ISO 12944 – 6[12] 监管涂料涂装过程的实施和监控。其他的相关信息参照双重体系编制指南[10]。

　　当在质量保证框架内考虑双重防腐体系保护层的厚度时，应当注意的是镀锌层和保护涂层的厚度必须单独确定，不得相互抵消。

　　对于较大和更重要的保护对象的保护涂层，推荐按照 DIN EN ISO 12944 – 7[13] 和 DIN EN ISO 12944 – 8 附件 B[14] 控制表面质量，保证涂层质量。

参 考 文 献

1 DIN EN ISO 12944-2 *Corrosion Protection of Steel Structures by Protective Paint Systems, Part 2 Classification of Environments.*

2 DIN EN ISO 12944-4. *Corrosion Protection of Steel Structures by Protective Paint Systems, Part 4, Types of Surface and Surface Preparation.*

3 Instruction sheet 329 Korrosionsschutz durch Feuerverzinken (Stückverzinken), Stahl-Informations-Zentrum.

4 DIN EN ISO 12944-1. *Corrosion Protection of Steel Structures by Protective Paint Systems, Part 1, General Introduction.*

5 DIN EN ISO 12944-5. *Corrosion of Steel Structures by Protective Paint Systems, Part 5 Protective Paint*

Systems.

6 DIN EN ISO 12944-3. *Corrosion of Steel Structures by Protective Paint Systems, Part 3 Design Considerations.*

7 DIN EN ISO 1461. *Hot Dip Galvanized Coatings (Batch Galvanizing) on Fabricated Iron and Steel Articles – Specifications and Test Methods.*

8 DIN 8201. *Part 9 Solid Blasting Abrasives, Synthetic, Mineral, Copper Mill Slag or Melting Chamber Slag.*

9 DIN EN ISO 8503-1. *Surface Roughness Characteristics of Blast-Cleaned Steel Substrates – Part 1: Specifications and Definitions for ISO Surface Profile Comparators for the Assessment of Abrasive Blast-Cleaned Surfaces.*

10 (June 2000) Organizational guideline corrosion protection of steel structures, duplex-systems.

11 E DIN 55633. *Paints and Varnishes – Corrosion Protection of Steel Structures by Powder Coating Systems – Assessment of Powder Coating Systems and Execution of Coating.*

12 DIN EN ISO 12944-6. *Corrosion of Steel Structures by Protective Paint Systems, Part 6 Laboratory Performance Test Methods for the Assessment of Protective Paint Systems.*

13 DIN EN ISO 12944-7. *Corrosion of Steel Structures by Protective Paint Systems Part 7 Execution and Supervision of Paint Work.*

14 DIN EN ISO 12944-8. *Corrosion of Steel Structures by Protective Paint Systems Part 8 Development of Specifications for New Work and Maintenance.*

进一步的参考

van Oeteren, K.A. (1983) *Feuerverzinkung und Beschichtung Duplex-System*, Bauverlag GmbH, Wiesbaden.

van Oeteren-Panhäuser, K.A. (1959) Feuerverzinkung und Anstrich – ein ideales Korrosionsschutzsystem. *Metalloberfläche, München*, **13** (11), 176–179.

van Eijnsbergen, J.F.H. (1975) Zwanzig Jahre Duplexsysteme. *Metall, Berlin (West)*, **29** (6), 585–591.

Böttcher, H.-J. (1987) Das Duplex-System "Feuerverzinkung plus Beschichtung". *Feuerverzinken, Düsseldorf*, **16** (4), 58–59.

Herms, R. (1987) Why duplex-systems? Lectures and discussions 1987 of the GAV.

Haagen, H. (1987) Anforderungen an den Zinküberzug und an die Oberflächenvorbereitung vor dem Beschichten. Lectures and discussions 1987 of the GAV.

van Eijnsbergen, J.F.H. (1975) Zinkpatina und Weißrost. *Verzinken, Den Haag*, **4**, 15–16.

Schikorr, G. (1964) Korrosionsverhalten von Zink und Zinküberzügen an der Atmosphäre. *Werkstoffe und Korrosion, Weinheim*, **15**, 537–542.

van Oeteren, K.A. (1987) Mängel an Duplex-Systemen und ihre Ursachen. Lectures and discussions 1987 of the GAV.

Groß, H. (1987) Prüfung von Beschichtungsstoffen und -systemen für Duplex-Systeme. Lectures and discussions 1987 of the GAV.

Horowitz, E.T.H. (1982) *Handbuch über Strahltechnik und -anlagen*, vol. I, Vulkan-Verlag, Essen.

Moree, J.C. (1989) Oberflächenvorbereitung für Beschichtungen auf feuerverzinktem Stahl. *Feuerverzinken, Düsseldorf*, **18** (l), 2–3.

Böttcher, H.-J. (1989) Duplexsysteme, Auszug aus Jahrbuch Oberflächentechnik, special edition from Vol. 45.

Wolff, W. (1988) Duplex-Systeme im Korrosionsschutz ab Werk. *International Duplex-Forum 1988 in Karlsruhe.*

Schütz, Triebert, Schubert Duplex-Systeme – Moderne Vorbehandlungsverfahren für verzinkten Stahl. GAV-Report Nr. 156.

van Eijnsbergen, J.F.H. (1988) Erfahrungen mit Duplex-Systemen auf Zink- und Zink-/Aluminiumoberflächen aus internationaler Sicht. International

Duplex-Forum 1988 in Karlsruhe.

Haagen, H., Zeh, J., and Martinovit, D. (1984) Einfluß der Feuerverzinkungsart und der Teilelagerung auf die Beschichtung. *Farbe und Lack, Berlin (West)*, **90** (11), 903–909.

Haagen, H. (1982) Wechselwirkungen zwischen Zink bzw. verzinkten Untergründen und Beschichtungen. *Industrielackierbetrieb, Hannover*, **50** (6), 221–226.

Schmidt, R. (1999) *1.) Duplex-Systeme: Feuerverzinkung und Beschichtung in WEKA Praxishandbuch. 2.) Korrosionsschutz durch Beschichtungen und Überzüge*, Edition April, WEKA, Augsburg.

Schubert, P., Schulz, W.-D., Katzung, W., and Rittig, R. (1999) 1.) Richtiges Sweepen von Feuerverzinkungsüberzügen nach DIN EN ISO 1461. 2.) Der Maler und Lackiermeister, 7, p. 479.

第11章 热浸镀锌的经济效益

Peter Maaβ

在实践中，所有的材料均暴露在或强或弱的一定强度的腐蚀环境中。因为近几年来随着原材料、能源以及有资质的劳动力等变得越来越有限，且成本越来越高，所以高效防腐在整个技术工艺中所起到的作用逐渐增强。防腐对于钢这种最常用、最重要的材料来说尤其重要，如在德国的不同工程领域目前应用了约5000万t的钢铁材料。

腐蚀防护在工业破坏保护领域是一个永恒的、非常重要的课题。与腐蚀防护关联而所引起的成本必须考虑到效益中去。好的防腐措施需要付出成本，不采取防腐措施或欠缺的防腐措施可能要付出更高的代价[1]。

目前，在防腐措施的优选方面希望满足以下要求：

1）必须确保长久性，不需要维护或少维护。

2）必须起到作用，物有所值。

3）必须做到不受时间和天气的限制（温度、气候）。

4）所耗费的材料、能源、人力尽可能少。

5）应当杜绝人为故障造成的失效。

6）在可能的情况下，工程材料应当耐腐蚀、耐冲击、耐机械应力。

热浸镀锌作为企业广泛应用的浸镀工艺方法可以最大程度地满足上述要求。

当对比分析不同防腐体系的成本时，必须认识到不同防腐体系的初始成本不能单独作为判断经济性的依据[2,3]。至少应考虑防腐体系的保护期限，并以此来决定不同防腐体系单位面积、单位时间的防护成本，因为这对于所讨论的不同防腐体系是具有可比性的。当然，其他的一些标准如钢结构的服役寿命，将来的修补以及修补所造成的停工、劳动力成本和材料成本的发展趋势，投资成本的折旧以及存储基金的回报等都必须加以考虑。

为了简化以下的分析，以上所提及的经济分析依据中有两个可作为计算准则，它们分别是加工成本和保护周期。首先，一个重要的事实就是热浸镀锌成本的计算是基于待镀产品的质量；而涂装保护体系的成本计算是基于待涂装工件的表面积。因此，需要关注单位质量成本和单位面积成本之间的关系[4]。

以下公式[5]给出了材料厚度和构件表面积之间的关系。

$$O = 2 \times \frac{1000}{SQ} \tag{11-1}$$

式中　S——材料的平均厚度（mm）；

　　　　Q——钢的密度（t/m^3）；

　　　　O——平均表面积（m^2/t^1）。

按照此公式，很容易绘制出图 11-1 所示的射线图，可用于热浸镀锌质量成本到面积成本的直接换算。以钢构件的热浸镀锌为例，其热浸镀锌的质量成本约 282 欧元/t，在一个重要的合同中，对于平均厚度为 7mm 的钢材，它换算后的面积成本为 8.80 欧元/m^2。

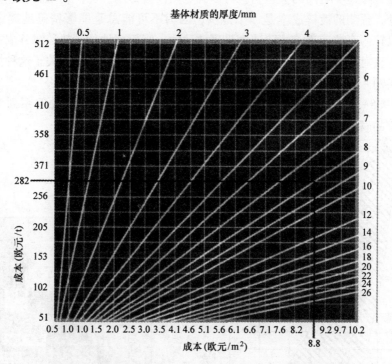

图 11-1　热浸镀锌的质量成本与面积成本之间的转换关系

一般来讲，以单位质量成本为依据计算热浸镀锌的价格时，随着材质厚度的降低，热浸镀锌的加工价格是升高的；这是因为材质越薄，表面积越大（面积越大，越难控制单位面积上锌的质量），浸镀时黏附的锌量越多。然而，以单位面积成本作为计算单位的热浸镀锌的加工价格随着材质的减薄会降低，这是因为当材质减薄时劳动力成本对镀锌价格影响不大。这种情况符合当前的趋势，即钢件轻量化可减小质量、节约成本。图 11-2 所示为材料厚度和热浸镀锌成本之间的关系。很显然，此处的成本仅仅是参考值，因为当镀件的结构和材质种类发生变化时，可能导致镀锌价格发生明显的改变，且在按订货则的具体情况执行时要将运费包括在镀锌价格之内。在上限范围时，如每吨的待镀表面面积约 50m^2 或更高时，实际的成本要比此处表中的成本低。从 1993 年开始，德国热浸镀锌行业协会（VDF）会员单位的企业的平均热浸镀锌价格为 680 马克/t，这个价格包括了材质较厚时的低价和材质较薄时的高价（这个数据可能包括很小一部分附加费或者是对于笨重构件收取的一些附加费）[6]。

如同在第 9 章阐述的那样，当暴露于大气环境时锌的腐蚀量与暴露时间呈线性关系。根据 DIN EN ISO 1461 的要求，可得到热浸镀锌层厚度的最低值，在实践中要保证已镀构件的镀锌层厚度稍高于最低厚度的要求值。通过简单计算镀锌层厚度和锌腐蚀去除速度之间的关系，就可以确定热浸镀锌层的保护期限。

此处，预测的镀锌成本是一个范围，因为不可能总是能够精确地确定气候条件，所以锌的腐蚀速率或去除速度呈现波动性。当粗略地估计热浸镀锌成本或与其他防腐方法对比时，这些数据可以引用，但存在一定的局限性。关于这种情况下面将给出实例。

在 1985—1999 年之间，因为 SO_2 污染的减轻而引起了防腐蚀的系列变化，结果造成锌的腐蚀速率或去除速率降低（图 11-3）。

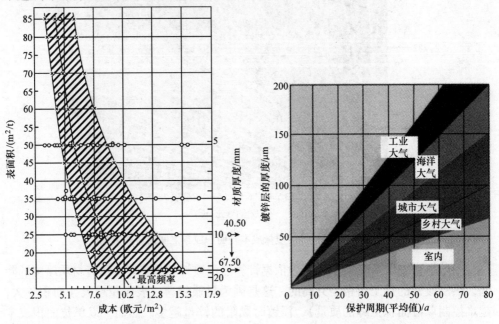

图 11-2　材料厚度和热浸镀锌成本之间的关系　　图 11-3　锌层的防护寿命周期

对于较轻的或中等重量的钢结构，当材质的平均厚度为 8mm 时，表面热浸镀锌层的厚度为 100 ~ 140μm。当预测镀锌层的防护周期时，假设镀锌层发挥防护效果时最终仍保留约 20μm 的锌层，则根据第 9 章的相关内容可以预测，在城市气候或海洋气候条件下热浸镀锌层的防护周期为 30 ~ 60 年。

对于上述实例，当镀锌成本为 11.02 欧元/m² 时，每年的防腐成本为 0.33 ~ 0.43 欧元/m²。如同前面所提及的那样，这些数据仅表示镀锌成本大小的范围或趋势，这是因为影响成本的可能因素众多且涉及方面较为分散。

热浸镀锌防护是各种不同质量的保护涂层的直接竞争对象。当然，这里需要说明的是，将两者在价格上直接对比存在一定的困难，原因是：

1）不同的涂层体系适用于不同的结构件，要求使用不同的表面预处理，由不同的颜料组成，具有不同粘结剂组成[7]。

2）德国有几百个制造商供应不同的防护涂料涂层，它们的价格也各不相同。

3）有上千家公司采用防护涂料涂层从事表面防护方面的工作，报价也各不相同。

目前，根据 DIN EN ISO 12944 相关要求分析，价格为 10. 20 ~ 25. 60 欧元/m² 的涂层体系通常认为是有效的防护涂层体系，这里的价格成本包括预处理和涂料涂层成本。

通常，认为表面预处理和涂装施工在车间内实施时价格最低，因为此时可以忽略气候条件的影响；但到了现场，也可能会因为运输或装配过程中产生了一些涂层破坏而需要修复。反之，若防护层的涂装施工在现场进行，则成本显著增加，因为涂装前的准备工作或针对现场气候条件的防护工作将花费大量的成本。

仔细选择应用高质量的涂层体系可以达到 10 ~ 15 年的防护周期，有时将专用的高质量涂层体系应用于建筑领域可以获得更长的防护周期。

考虑防腐体系的初始成本和服役寿命，可以预测防护涂层体系每年的防腐成本一般为 0. 66 ~ 2. 50 欧元/m²。当对比单位面积或单位时间（也仅有这种对比对于不同的防腐体系具有可比性）时，热浸镀锌是最便宜的防腐体系之一，仅比"热浸镀锌 + 保护性涂层"防腐体系稍差一些[8]。

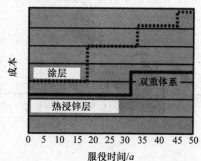

图 11-4 所示为不同防腐体系的成本区别，其采用的对比标准为不同防腐成本。

图 11-4　不同防腐体系的成本区别

图 11-5 所示为新工程防腐时防护涂层和热浸镀锌层对比的重要标准。

防腐的成本是什么？

腐蚀防护的周期有多长？

决定性的成本就是年腐蚀成本

年腐蚀成本 = 新涂镀层成本 + 年维护成本

参数	涂层	热浸镀锌层
1. 防腐应用领域	只用于内表面	内外表面均可
2. 前提条件	设计要适合于涂料涂装	设计要适合于热浸镀锌工艺
3. 生产作业		
（1）交货出厂	可以，不受气候条件的限制	可以，不受气候条件的限制

（续）

参数	涂层	热浸镀锌层
（2）现场	可以，不受气候条件的限制	不可以
（3）工艺流程	几个，与涂料涂层体系有关	几个
（4）车间内加工周期	1~2 天	1~2 天
4. 涂镀层特征		
（1）与钢基的结合	物理附着结合	冶金化合物结合
（2）涂镀层厚度	可变可调	可变可调
（3）性能		
1）耐蚀性	中	高
2）力学性能	中	高
3）耐磨性	低到中	高
4）是否具有阴极保护效果	否	是
5）边缘保护	一般	好
5. 效率		
防护周期	20 年	60 年
以 60 年为基数每年的防腐成本		
（1）初始成本/（欧元/m²）	≈12	≈12
（2）20 年后第一次修复/（欧元/m²）	≈12	不发生
（3）40 年后第二次修复/（欧元/m²）	≈22	不发生
（4）每年的防腐成本/（欧元/m²）	≈1.02	0.20

图 11-5　新工程防腐时防护涂层和热浸镀锌层对比的重要标准

参 考 文 献

1 van Öfteren, K.-A., and Kleingarn, J.-P. (1979) Versuch einer Kosten- und Nutzungsdauerermittlung der wichtigsten Korrosionsschutzsysteme für Stahlbauten. *Feuerverzinken*, **8** (1), 10–14.

2 Blohm, H. (1978) *Wirtschaftlichkeit des Korrosionsschutzes, Edition Lack und Chemie*, Elvira Möller GmbH, Filderstadt.

3 Landwehr, E., and Scyslo, S. (1990) Korrosionsschutz der Stahlbauten, in *Handbuch der Brückeninstandhaltung* (eds F. Vollrath and H. Tathoff), Beton-Verlag GmbH, Düsseldorf, pp. 119–187.

4 Kleingarn, J.-P. (1975) Wirtschaftliche Korrosionsverhütung durch Feuerverzinken. *Verzinken*, **4** (2,8), 36–38.

5 Teumer, E. Wirtschaftliche Korrosionsschutzsysteme für den Stahlbau. From the revised version of an article first published in No. 6/79 of the trade magazine "Ingenieur-Digest", published by the Beratung Feuerverzinken, Sohnstraße 70, 40237 Düsseldorf.

6 Kleingarn, J.-P. (1992) Weitere Rationalisierung unverzichtbar. Handelsblatt/Technische Linie B l, 6. 10.

7 DIN EN ISO 12944, Corrosion Protection of Steel Structures by Protective Paint Systems.

8 Schneider, A. Beschichtungen auf Zinküberzügen–Duplex-Systeme, see section 10.

第12章 应用实例

Peter Maaβ

在德国，每年约有 580 万 t 钢材采用热浸镀锌工艺进行防腐，其中约 150 万 t 钢材进行批量热浸镀锌处理。进行批量热浸镀锌处理的受限条件为构件的长度不能超过 25m，单件的重量不能超过 25t。

在满足一些特殊要求的情况下，从紧固件到任意钢构件都可以进行批量热浸镀锌处理。

实践经验认为，热浸镀锌方法可以达到长效防腐效果，甚至其防护期限可以达到 265 年之久，故在众多领域广泛应用，如市政工程建设、住房建设、交通建设、运动和娱乐设施的修建、厂房和工业工程建设及矿山设施、农业设施、环保设施、手工艺品制造等。

无论是建筑师、施工方、规划部门负责人，还是那些钢材的使用方，他们首先考虑到的防腐措施就是采用热浸镀锌技术。这些部门的信息中心和热浸镀锌厂可以解答相关的疑问。

当我们将热浸镀锌技术有效地应用于市政工程的建设时，如 2000 年的世博会、世界杯场馆，无形之中就拓宽了热浸镀锌的应用领域。热浸镀锌技术在汽车制造方面也获得了成功的商业应用。

工业界目前正在寻求采用热浸镀锌钢强化混凝土结构。

德国报道，每年因用于混凝土而生产的钢材就超过 600 万 t，这些钢材用于各种类型的混凝土结构。前几年的经验表明，钢筋混凝土并非完全不会受到腐蚀的影响。今天，混凝土腐蚀已是一个出现频率很高的词汇，尤其是在一些薄壁混凝土结构或外露混凝土的场合，可靠的防护措施对钢筋混凝土显得尤为重要。最近的系列研究表明，钢筋表面的镀锌层可以增强混凝土的抗腐蚀能力。因此，多年前德国热浸镀锌协会就通过了混凝土钢筋的热浸镀锌许可，并得到建筑监理部门的认可。混凝土领域应用热浸镀锌技术的另一个推动力就是欧盟标准 DIN EN 10348 的批准和实施，它及时并有力地对混凝土领域的热浸镀锌工艺起到规范化和标准化作用。

德国的热浸镀锌协会未来将会进一步加强此领域内热浸镀锌技术的应用与推广。

作为服务提供商，热浸镀锌厂是钢铁工人或金属制造从业者的扩展工作领域。

注：以上内容选自于德国热浸镀锌行业年报，2006 年。

12.1　建筑结构（图 12-1 ~ 图 12-6）

图 12-1　坐落于莱茵河畔的 Maritim 大酒店，它的宽敞和透明令人印象深刻

图 12-2　代特莫尔德附近的奥古斯多夫市政大厅门面，由经过热浸镀锌处理的钢结构和玻璃组成，
门面部件在厂内进行预处理、热浸镀锌处理和蓝绿色涂装

图 12-3 位于展览大厅和参观者通道交叉位置的科隆游乐场的"奥斯广场"，
按最高标准进行了顶部装饰，屋顶采用热浸镀锌钢进行空间结构设计

图 12-4 巴德新城法兰克市疗养中心的现代化钢/玻璃结构，给原来狭窄的老建筑增添了空间

图 12-5 莱比锡城的新会展中心（图片来源：Geholit + Wiemer）

图 12-6 屋顶上的热浸镀锌构件实例

12.2　市政工程（图 12-7～图 12-9）

图 12-7　数十年来，热浸镀锌防护钢栏已普遍应用于高速公路和一些主干道上

图 12-8　用热浸镀锌钢构件做的移动防洪墙（使 Clolgne 的一个老城幸免于莱茵河的洪涝），
1988 年这个移动防洪体系通过了实践检验

图 12-9　"篮筐结构"是万能的，它们可以用于隔声、边坡加固、河岸护堤；
热浸镀锌钢笼具有满足要求的稳定性，同时这些钢笼的空隙处可以填充土壤和植被

12.3 交通运输工程（图 12-10 ~ 图 12-16）

图 12-10　慕尼黑新机场的登机廊桥采用了经过
热浸镀锌处理和表面涂装的钢结构，图中塔的前面为直线式分布
的长 1010m 的航站楼，航站楼的正面为热浸镀锌加涂层的钢/玻璃结构

图 12-11　Kassel – Wilhelmshöhe 的新 ICE 火车站，
平台区和前面屋顶伸出部分采用热浸镀锌钢结构

图 12-12　South – Hanover 和 Hildesheim 之间 A7 位置的用热浸镀锌钢建造的临时大桥

图 12-13　扩建后的 Cologne 中心车站，不仅车站的地标主楼，就连东区的
平台也采用了热浸镀锌网状钢结构设计，图片映衬出了主楼的整个轮廓

图 12-14　批量热浸镀锌加工的宝马 Z1 跑车，不仅提供了优良的耐蚀性，
而且在焊接或连接部位因热浸镀锌的类似钎焊效应而使刚度得到增强

图 12-15　针对客户的要求，热浸镀锌技术成功应用于汽车领域，特别是应用于货车的制造过程（如德国 schmitz 公司的 CargoBull 运输车），当然也用在宝马 Z3 车的横梁上（图中为货车的热浸镀锌底盘框架，照片来源于 Rietbergwerke GmbH & Co KG 公司）

图 12-16　采用螺纹设计原理的热浸镀锌铰链门架（德国 Düsseldorf 的热浸镀锌协会）

12.4　运动与休闲设施（图 12-17 ~ 图 12-19）

图 12-17　Bremen 新游泳馆的圆形屋顶（直径为 50m，高 18m），它由环形主结构和分散组装件组成，全部采用热浸镀锌 + 白色涂装设计

图 12-18 Stockholm 的体育馆是世界上最大的热浸镀锌钢结构球体
（球体直径达 110m，高 85m），它曾获得欧洲钢结构设计奖

图 12-19 由热浸镀锌构件组成的安全运动设施

12.5 厂房建筑工程（图 12-20、图 12-21）

图 12-20 高达 22m 的压力箱（采用热浸镀锌防腐），建在原啤酒厂内

图 12-21 高架仓库（其中的钢构采用热浸镀锌防护），可实现
有限空间内的最大存储，配有高效的自动仓储和检索系统

12.6 采矿业（图 12-22、图 12-23）

图 12-22 建于 Ensdorf/Saar 的管道输送系统，可实现传输距离为 350m、高度差为 130m 的煤或矿石的低排放环境友好型输送

图 12-23 热浸镀锌空气管道用于风化床上的干燥

12.7 能源供给（图 12-24 ~ 图 12-27）

图 12-24　用于电力供给的热浸镀锌铁塔和高压架空线缆

图 12-25　采用了热浸镀锌钢构件的 Düsseldorf 大型发电厂的烟气过滤装置

图 12-26　Stade（Unterelbe）的热浸镀锌高压铁塔，高 227m，为安全起见，其表面又进行了涂装处理

图 12-27　Thales 广播传媒公司的无线信号塔桅杆，采用热浸镀锌 + 红白色的丙烯酸聚氯乙烯基涂料涂装

12.8 农业领域 （图 12-28 ~ 图 12-30）

图 12-28 采用热浸镀锌处理的挤奶用旋转装置，可提高奶牛的挤奶效率

图 12-29 用于运输液体废料的罐车，液罐采用热浸镀锌 + 涂装防腐处理

图 12-30 葡萄种植用到的单轨输送系统

12.9 零部件与紧固件（图 12-31 ~ 图 12-33）

图 12-31 BESISTA 拉杆系统，包括经过热浸镀锌处理的铸节、连接活节和拉杆，它可以设计多种规格的屋顶

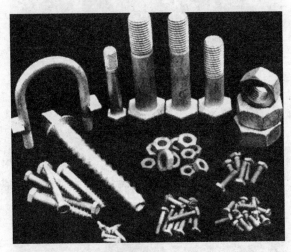

图 12-32 不同应用领域的热浸镀锌紧固件

图 12-33 由热浸镀锌连接杆和节点组成的结构系统用于空间结构的建造

12.10 环境保护领域（图 12-34、图 12-35）

图 12-34 采用热浸镀锌构件设计的 1.1m³ 的垃圾箱

图 12-35 用来储存和运输污水的 Rietberg 活动架，一个热浸镀锌托架可以运输四个容器

12.11 手工艺品（图 12-36 ~ 图 12-39）

图 12-36 Schleswig – holstein Steinburg Kasenort 的钢铁开合大桥，重建时采用了热浸镀锌防腐

图 12-37　在 Aachen 召开的第一届世界
铁匠艺术大会上由多个参会国铁匠制造的
艺术品"友谊桥"，它采用热浸镀锌防腐

图 12-38　私人住宅用的热
浸镀锌工艺品

图 12-39　Hanover 新市政大厅的浮雕墙

12.12 艺术品（图12-40~图12-42）

图 12-40 厂房建筑上的热浸镀锌浮雕

图 12-41 Sophie Ryder 和 Steinbock
采用热浸镀锌钢丝创作的雕塑

图 12-42 C. Schläge 创作的声音雕塑

12.13　带钢的连续热浸镀锌

两种不同的热浸镀锌方法分别定义如下：

1）非连续热浸镀锌。即批量镀锌，将钢铁制件浸入熔融锌中，其应用领域前面已经叙述。

2）连续热浸镀锌。即连续带钢热浸镀锌，冷轧卷的带钢通过锌浴，一般作为半成品使用，多进行后续加工。

除了工艺上的区别以外，其镀锌层厚度的主要区别为：

1）带钢连续热浸镀锌的镀锌层厚度小于 $10\mu m$。

2）批量热浸镀锌的镀锌层厚度大于 $20\mu m$。

连续热浸镀锌带钢应用于：

1）众所周知的车架制造。

2）暖通空调（HVAC）制造。

3）家用电器制造。

4）架空车库门制造。

5）通风技术制造。

6）隔热或防火材料制造。

后续的涂装不仅能起到对镀锌钢板的装饰作用，还能够改善其耐蚀性。

12.14　结论

《热浸镀锌手册》第 1 版在 1970 年出版时的愿望为：如果我们的空气和水污染程度降低，那么我们的防腐开支将大大降低。我们的任务就是提供腐蚀防护技术或为人类健康提供更多的服务。

第 2 版在德国国内出版时，这些鼓舞人心的愿望被保留了下来。至 2009 年，39 年过去了，当时的那些愿望已成现实，这要归功于技术的进步和人类对气候保护意识的不断增强。

第 13 章　热浸镀锌及镀锌层的缺陷

Peter Maaβ

13.1　镀锌层要求

根据 DIN EN ISO 1461，镀锌层需满足以下所介绍的要求。

13.1.1　设计

在有疑问的情况下，在加工与制造工件或构件之前，应向热浸镀锌厂寻求咨询以达到热浸镀锌工件或构件的结构设计要求（向专业的热浸镀锌厂咨询）。

合作伙伴之间要达到的协议或需交流的相关信息如下：

1）后续涂层涂装的注意事项。

2）若需要后续涂装处理，所要选择的修复方法。

3）附着强度的检测。

13.1.2　工件的属性

交付的钢或铸件基体是否适合于热浸镀锌，应该用待镀件的样品加以明确或根据设计图样做出决定。含硫的易切削钢通常不适合于热浸镀锌处理。活性元素如 Si 和 P，将显著影响镀锌层的外观颜色和形层过程。

所有交付的材质基体都应该避免产生各种污染物的污染，如油、脂或渣物的污染，因为这些污染物常用的酸洗方法难以去除。但是，如果材质基体表面存在这些污染物，那么在去除它们前双方必须事先约定好。铸件应当进行喷砂（或喷丸）处理或采用特殊的酸洗液进行酸洗处理。

13.1.3　镀锌层的特征

镀锌层的外观要求如下：

1）所有的主要表面不能存在用裸眼可观察到的缺陷。

2）色泽和表面粗糙度是相对术语，因此不能以色泽和表面粗糙度为理由而拒收镀件，即使镀锌层表面存在轻度的白锈也不能拒收。

3）镀锌层表面不允许存在助镀剂的残留物或锌灰。

4）若锌刺存在且可能造成伤害，则必须将其去除。

13.1.4　镀锌层的厚度

镀锌层的厚度必须满足 DIN EN ISO 1461 表 2 中镀锌层厚度及其对应的质量（单位面积质量）的要求。

13.1.5　修复

缺陷点的面积不能超过缺陷点所在位置总表面积的 0.5%，且单个位置的漏镀面积不能超过 10cm^2（不包括漏镀面积的重叠部分）。

可接受的修复方法（这些方法基本可以达到相同的效果，热浸镀锌厂可根据情况选择）：

1）热喷涂锌。

2）锌粉涂层（注意粘结剂的种类及选择）。

3）锌基材料的钎焊。

修复区域的修复层厚度要比周围区域镀锌层厚度大 30μm。

13.1.6　结合强度

镀锌层和基体之间必须结合牢固，以能够承受镀件因运输、装配或使用过程中产生的机械力。

13.2　钢结构表面镀锌层的评价标准

镀锌层的评价标准包括：

1）镀锌层厚度和均匀性。

2）结合强度。

3）脆性。

4）外观。

5）待镀件在制造和构建过程中产生的缺陷。

6）热浸镀锌过程中产生的缺陷。

镀锌层的外观、厚度和组织结构主要受以下因素影响：

1）基体材料的化学成分。

2）基体的表面处理状态。

3）待镀件的设计是否适合于热浸镀锌工艺。

4）待镀件的加工、制造是否适合于热浸镀锌工艺。

5）待镀件的几何尺寸、形状和重量。

6）热浸镀锌的工艺参数条件。

热浸镀锌结构的测试和验收参考标准是 DIN EN ISO 1461《钢铁制件表面的热浸镀锌层（批量热浸镀锌)》。

镀锌层有无缺陷的判断通常通过肉眼观察，不需要借助放大镜、显微镜或其他辅助工具。通常镀锌层不存在隐藏的缺陷，表面的缺陷很容易观察到，所以肉眼观察就足够了。检测时还必须同时注意：

1) 是否已经交货。

2) 是否存在漏镀区。

3) 缺陷是否已经修复完成。

4) 是否存在运输过程中造成的损坏。

5) 凸起的尖刺是否已经去除。

6) 助镀剂残留物和黏附的锌灰是否已经去除。

7) 构件是否还存在其他类型的可见缺陷。

根据标准，发暗和浅灰色区域（如网状的灰色区域或轻微的表面不平整）以及白锈不能被认为是缺陷，也不能作为拒收的理由。如果有必要超越标准，提出更高的要求，那么应该在销售或采购订单中明确，或者与热浸镀锌厂提前达成约定。

通常情况下，镀锌层是光亮的，且具有一定的光泽性；由于镀锌层表面的锌层属于结晶组织，所以镀锌层的表面会出现锌花。如果不同厚度的钢构件组装在一起施镀，热容量高的钢构件表面由于锌－铁合金层扩散到镀锌层表面，可能造成镀锌层的外观呈现灰色。当钢基体中硅的质量分数为 $0.03\% \sim 0.12\%$ 或超过 0.30% 时，镀锌层经常会出现暗灰色的外观，其原因也是锌－铁合金层渗透到了镀锌层表面；同时，因为锌与铁反应加剧，导致镀锌层厚度偏大。因为镀锌层厚度增加，镀锌层的耐蚀性提高；但是，这也同时伴随着镀锌层在基体上的结合强度下降。当前，热浸镀锌行业属于现代化服务加工业。金属加工业和贸易领域的钢结构产品基于现代化的热浸镀锌技术可以达到长效防腐，然而，下面将要介绍的各类缺陷在生产实际中是不可能完全避免的。

13.3　镀锌层或镀件的主要缺陷

本部分内容将关注点着重于主要缺陷，而有关缺陷的全面描述请查阅相关参考文献。

下面将按以下三个方面对各种缺陷进行介绍：

1) 缺陷的状态。

2) 产生缺陷的原因。

3) 补救措施。

13.3.1　工件的设计所引起的缺陷

1. 淤积锌

1) 缺陷的状态：从锌浴中离开时，工件拐角、边缘等位置的锌液不能自由和快速地流淌，而在这些位置滞留并最后凝固成淤积锌。

2）产生缺陷的原因：①工件针对热浸镀锌工艺方面的设计不充分；②错误的浸镀操作。

3）补救措施：进行合理设计以及制订或安排合适的热浸镀锌工艺，以确保锌液完全浸润工件表面，并能够确保工件移出锌浴时工件表面的锌液可以自由和快速地流淌。

2. 不通孔堵塞

1）缺陷的状态：不通孔部分或全部被锌堵塞。

2）产生缺陷的原因：①孔径太小；②未考虑镀锌层厚度与工件公差的关系；③错误的热浸镀锌方法。

3）补救措施：①将孔径设计成合适的尺寸；②镀锌层厚度应符合工件的公差要求；③采用合适的热浸镀锌方法，以确保锌液能够从不通孔中流出。

3. 金属脆化

1）缺陷的状态：热浸镀锌过程中工件产生裂纹，裂纹沿着钢的晶界扩展。

2）产生缺陷的原因：它是由工件内部的应力引起的，应力超过一定的极限，且在热浸镀锌过程中应力不能释放并降低，最终导致金属的脆化。

3）补救措施：进行去应力退火或采用无应力材质，以确保工件表面的残余应力得到去除，或不存在残余应力。

4. 飞边

1）缺陷的状态：不通孔或剥落位置的漏镀点。

2）产生缺陷的原因：热浸镀锌之前工件的不通孔或剥落位置附着有飞边，热浸镀锌之后就形成了镀锌的飞边（或毛刺），它们脆性较大，当经受轻微的机械作用时就会剥落。

3）补救措施：采用合适的、不易产生飞边的刀具，或在热浸镀锌之前将飞边去除。

5. 封闭容器或腔体

1）缺陷的状态：因气体膨胀或爆炸而造成工件的变形。

2）产生缺陷的原因：当工件浸入锌浴时，气体被挤压在封闭体系中，压力增大，导致容器或腔体膨胀或发生爆炸。

3）补救措施：参照已公布的相关标准执行。

6. 氧化的铸件

1）缺陷的状态：镀锌层粗糙不平，部分位置分布有黑色的斑点。

2）产生缺陷的原因：铸件在回火过程中表面氧化而产生氧化层，致使表面形成的镀锌层不平整，部分边缘位置产生碟形突起。

3）补救措施：回火时，从工艺上确保工件表面内层不发生氧化；采取喷砂（或喷丸）方法将氧化层去除。

7. 变形

1）缺陷的状态：热浸镀锌过程中工件的形状和尺寸发生改变，可能导致产生部分裂纹。

2）产生缺陷的原因：由基体的残余内应力和工件浸入锌浴时产生的形变引起。

3）补救措施：在热浸镀锌之前对工件进行去应力退火或采用其他措施去除应力；选择合适的热浸镀锌方法，避免在较高温度下产生热应力。

8. 盐霜

1）缺陷的状态：重叠表面的腐蚀。

2）产生缺陷的原因：重叠表面（如卷曲、折叠、连续点焊、铆接等接触面）之间相距太近，发生漏镀（熔融锌无法到达）。盐霜是由这些重叠面上残留的预处理液蒸发而引起的。在大气环境中，当暴露在一定湿度的环境下时会引起电解液腐蚀。

3）补救措施：根据热浸镀锌工件的设计要求，应确保在重叠面处预处理液和熔融锌可以自由流通。

9. 酸洗和助镀时的残留物

1）缺陷的状态：工件的孔洞、缝隙和毛细孔位置因为残留有酸洗液或助镀剂而产生棕红色的放电状条纹。

2）产生缺陷的原因：残留的酸洗液和助镀剂溶液难以逸出，当与大气接触时，这些酸性物质形成棕红色的放电状条纹。

3）补救措施：在设计工艺时应当防止产生小孔。

13.3.2　工件表面覆盖物引起的缺陷

1. 残留涂层、油性笔记号、焦油等造成的缺陷

1）缺陷的状态：表面部分区域覆盖有残留涂层、油性笔记号、焦油。

2）产生缺陷的原因：针对热浸镀锌工艺所采用的传统表面预处理方法不能去除上述所提及的表面覆盖物。

3）补救措施：①避免产生这些表面覆盖物；②采用合适的表面预处理方法（喷砂等）；③采用合适的、易去除的标记、涂层（如粉笔）。

2. 油、脂产生的缺陷

1）缺陷的状态：表面部分区域覆盖有油或脂。

2）产生缺陷的原因：油或脂不能被传统的工业清洗剂清除。

3）补救措施：①使用易乳化或皂化的油和脂；②选用合适的除油脱脂剂（参考第3章）。

3. 焊渣产生的缺陷

1）缺陷的状态：表面上焊渣所在的位置漏镀。

2) 产生缺陷的原因: 盐酸酸洗时焊渣不能彻底清除。

3) 补救措施: ①通过调整焊接方法和焊接工艺参数避免焊接过程中形成焊渣; ②焊缝清洁处理〔如采用喷砂(或喷丸)处理方法〕。

4. 黑斑

1) 缺陷的状态: 漏镀位置存在形状不规则的黑色区域。

2) 产生缺陷的原因: 因为这些位置在表面清理时未裸露出金属基体, 镀锌时不能被锌浴很好地润湿。焊渣、铸件上的粘砂、残垢、油脂以及残留涂层等在酸洗时没有被清除, 导致出现漏镀黑斑。

3) 补救措施: 铸件上的粘砂、焊渣、残垢、残留涂层等在酸洗处理之前采用喷砂(或喷丸)清除。

13.3.3　热浸镀锌过程中产生的缺陷

1. 锌灰和助镀剂残留物

1) 缺陷的状态: 镀锌层表面附着有锌灰或助镀剂残留物, 或者附着有灰色或淡黄色的非金属氧化物和氯化物。

2) 产生缺陷的原因: 当工件从锌浴中移出时, 锌浴表面的锌灰或助镀剂反应物未清除干净。

3) 补救措施: 工件移出时保证锌浴表面清洁。

2. 锌层偏厚

1) 缺陷的状态: 通常情况下仅靠裸视不能判定, 需要借助于厚度测量仪进行检测判定。

2) 产生缺陷的原因: ①钢的硅含量高; ②表面粗糙度值过大。

3) 补救措施: ①若有可能, 选用其他材质的钢; ②如果采用喷砂(或喷丸)方法进行表面预处理, 要注意平均表面粗糙度值(详见第4章)。

3. 镀锌层偏薄

1) 缺陷的状态: 不能裸视观察判定, 需要借助于厚度测量仪进行检测判定。

2) 产生缺陷的原因: 锌浴温度和浸镀时间不适合工件类型、工件质量的要求, 锌浴温度过低, 浸镀时间过短。

3) 补救措施: 针对工件类型、工件质量调整锌浴温度和浸镀时间, 可能的情况下要进行不同参数条件下的镀锌试验。

4. 镀锌层剥落

1) 缺陷的状态: 镀锌层表面的纯锌层与底层锌 – 铁合金层之间发生剥离。

2) 产生缺陷的原因: 低于锌熔点温度时锌和钢铁之间继续发生反应, 在纯锌层和锌 – 铁合金层之间产生空位, 导致纯锌层从锌 – 铁层上脱离。

3) 补救措施: ①工件浸镀后应快速冷却; ②热的工件不应相互叠放在一起; ③热浸镀锌工件不能长时间工作在200℃以上的环境中。

5. 粘结

1) 缺陷的状态：镀锌层凝固后粘结在一起的镀件被分开，粘结位置的镀锌层被撕裂开并粘附在镀件上。

2) 产生缺陷的原因：工件同时浸镀，且在移出锌浴时粘接在一起。

3) 补救措施：确保工件移出锌浴时不粘接在一起。

6. 颗粒凸起

1) 缺陷的状态：镀锌层表面存在颗粒凸起，可能是单个存在的，也可能成片存在。

2) 产生缺陷的原因：①锌浴中悬浮有锌渣，锌渣沉积到镀锌层表面；②铁-铝化合物导致形成凸起。

3) 补救措施：①避免出现悬浮渣，当出现浮渣时，锌锅表面的硬度要高于锌锅其他位置的硬度；②含铝的锌浴中产生铁-铝化合物时，将它们从锌浴表面清除（铁-铝化合物的密度比液态锌的密度低，它们在锌浴中上浮并漂浮在表面）。

7. 表面粗糙

1) 缺陷的状态：镀锌层表面存在部分粗糙点或区域。

2) 产生缺陷的原因：①工件表面非常粗糙；②即使基体表面是平滑的，但锌-铁合金层出现了不均匀生长。

3) 补救措施：①镀锌层不能降低工件基体表面的表面粗糙度值；②避免工件表面硅和磷含量在局部区域波动较大。

8. 锌流痕和凹陷

1) 缺陷的状态：镀锌层表面局部或大面积存在锌流痕或凹陷。

2) 产生缺陷的原因：工件移出时在工件表面上锌浴不能分布均匀，流淌在一起产生明显的流痕。

3) 补救措施：①锌浴中可能含有氧化锌，应避免；②酸洗后工件表面存在铁的氧化物，应避免；③确保预处理获得洁净的金属表面（不存在残留物）。

9. 锌流痕、锌滴

1) 缺陷的状态：镀锌层表面的锌聚集在一起，工件移出时它们仍与锌浴相连。

2) 产生缺陷的原因：①在一定程度上是由热浸镀锌的工艺过程（锌在流淌过程中凝固）造成的；②移出速度过快或锌浴温度过低。

3) 补救措施：①工件移出后，在熔融锌凝固之前立即采用擦除装置擦除，或用压缩气体喷吹，或甩除处理；②选择合适的浸镀方法，确保移出时最后与锌浴接触的工件的表面尽可能小；③优化工件移出时的速度和锌浴温度，确保有足够的时间确保液锌流尽。

13.3.4　运输、储存和组装引起的缺陷

1. 外来锈蚀

1) 缺陷的状态：镀锌层表面变成红褐色或氢氧化铁沉积在镀锌层表面。

2）产生缺陷的原因：无腐蚀防护的钢铁构件的锈蚀产物转移到镀锌层表面。

3）补救措施：热浸镀锌构件不得与无腐蚀防护的钢铁构件接触存放。

2. 白锈

1）缺陷的状态：浅灰色的腐蚀产物，成片出现或整个镀锌层表面。

2）产生缺陷的原因：①一段时间内凝结水或雨水与镀锌层表面发生作用；②不恰当的包装；③不恰当的储存。

3）补救措施：在运输、储存过程中，避免凝结水或雨水与新镀锌工件长时间接触，保证足够的通风。

3. 白锈的清除

应有清除白锈的通知或告知（合作方之间的告知）。

白锈具有一定的体积，呈疏松状，附着性差，容易清除。白锈在与镀锌层交织在一起时具备一定的附着强度，难以去除。

对于轻微的白锈一般不做去除要求，而且如果长时间暴露在大气环境中，白锈会转变成惰性的覆盖层，有利于防腐。但是，如果要继续进行涂装处理或修复破损位置，就要采用机械方法或化学方法将白锈去除。

（1）机械方法　小面积的白锈可以通过硬质合成纤维刷、钢丝刷、钢丝扫帚或旋转的钢丝辊等在添加水（饮用水等级）的情况下去除。如果添加了水，则白锈去除后必须确保工件表面完全干燥。大面积的白锈可以采用压缩气体进行喷砂（或喷丸）清除，但是这不可避免地会造成一定的镀锌层损失。此外，喷砂（或喷丸）处理活化了镀锌层表面，在很大程度上容易产生新的白锈。为了确保最低的镀锌层损耗，在使用压缩气体进行喷砂（或喷丸）时必须参照以下工艺参数：

磨料：无渣石英砂，直径约为 2mm。

空气压力：0.4～0.5MPa。

喷嘴直径：10～30mm。

速度：0.2～0.5m²/min。

磨料消耗率：5～10L/min。

注：按照实际情况选取不同的喷嘴直径和喷射角度参数的目的是确保只去除白锈腐蚀产物，而使镀锌层的去除量尽可能的低。

（2）化学方法　只有在采用机械方法无效的情况下才采用化学方法，制造商可以提供合适的处理液或处理膏。

4. 剥落

1）缺陷的状态：剥落发生在工件表面，剥落处包括锌-铁合金层在内的完整镀层从基体上剥离。

2）产生缺陷的原因：工件在储存、运输、组装等过程中经受弹性或塑性变形。

3）补救措施：采用富锌涂层进行修复。

5. 出现棕色

1）缺陷的状态：短时间或长时间风化后镀锌层局部或整个表面出现红褐色腐蚀产物。

2）产生缺陷的原因：当镀锌层暴露于大气中时，镀锌层表面形成导电性差的保护性碱式碳酸锌保护层。如果腐蚀继续进行，锌－铁合金层受到腐蚀，与空气中的氧发生氧化作用而形成棕色的铁离子产物（不是底层的腐蚀，还是属于表层的腐蚀）。

3）补救措施：是否出现这种情况取决于腐蚀环境。基体上锌－铁合金层继续对钢铁起着防护作用。可以通过刷除方法对镀层表面清理。

6. 起泡

1）缺陷的状态：具有不同尺寸的敞开或封闭的气泡。

2）产生缺陷的原因：液体介质中发生腐蚀反应产生了氢气，导致锌·铁合金层和外表面的纯锌层之间出现不连续或锌－铁合金层本身也不连续，进而形成气泡。

3）补救措施：是否产生起泡只取决于腐蚀环境条件，所以必须改变腐蚀条件；缩短酸洗时间（参考第 3 章）。

13.3.5　热浸镀锌工件的处理与组装

热浸镀锌工件的处理与组装见表 13-1。

表 13-1　热浸镀锌工件的处理与组装

正确方式	错误方式	错误方式造成的缺陷
1. 运输		
采用交通工具运输时采用间隔垫，较短距离运输时采用起重设备	牵引拖拉运输	破损、变形
包装在经防腐处理的专用运货板上，或采用经防腐处理的包装袋或钢丝包装	松散的、不固定的包装运输	擦伤、剥离、外来锈蚀污染
2. 储存		
放置在未经处理的木材上（原木）	无隔离垫的土地上或水泥地面上	污染、有产生白锈的风险、破损
构件储存时即使有凝结水和一定湿度，但能够尽快干燥；气流循环畅通	密集地堆叠在一起（没有隔离木条）	有产生白锈的风险、凝结水腐蚀、破损
低储存高度，有分隔间隙，确保通风良好；运输和储存时保持干燥	运输时不加盖防水油布，露天储存	不可能形成保护性的覆盖层、有产生白锈的风险
单独储存，远离未经防护处理的钢（黑件）	在排水区储存，或直接接触未经防护处理的钢（黑件）	外来锈蚀产物沉积或造成腐蚀

（续）

正确方式	错误方式	错误方式造成的缺陷
储存和装配次数尽量少	反复存放，频繁运输	破损、剥落
热浸镀锌小件储存在干燥且通风良好的环境下	露天储存，气密膜包装	有产生白锈的风险、凝结水腐蚀
3. 装配		
工件松散安装后再装配	产生冲击应力	剥落
装配前将白锈区域清理（刷除或擦除）	不清理	白锈吸潮，白锈连续生成
钻削、磨削、锯削、火焰切割、焊接后，对镀锌层损坏区域进行清理、专业修复（见第4点）	不修复，不去除加工产生的切削屑和火花屑，不采取保护措施	• 通过切削屑或火花屑带来外来锈蚀产物，镀锌层表面有外来锈蚀产物
采用热浸镀锌处理的紧固件（或用不锈钢紧固件代替）	采用黑件紧固件或电镀处理的紧固件	存在腐蚀风险
4. 修复		
在装配状态下修复，采用富锌涂层对破损处或装配焊缝处进行修复，要求： 1）涂层颜料中锌的含量要足够高 2）要适应后续的涂料涂装 3）修复位置的修复层要比镀锌层的局部至少厚 $30\mu m$	不进行表面预处理 仅直接涂装	达不到防护周期或不能起到足够的防护效果，涂层太薄

北京市版权局著作权合同登记图字：01 – 2013 – 7264 号

图书在版编目（CIP）数据

热浸镀锌手册/（德）梅斯（Maass，P.），（德）派斯克（Peissker，P.）著；王胜民译. —北京：机械工业出版社，2015.9
（国际制造业先进技术译丛）
书名原文：Handbook of hot-dip galvanizing
ISBN 978 – 7 – 111 – 51387 – 2

Ⅰ.①热… Ⅱ.①梅…②派…③王… Ⅲ.①热浸镀锌 – 手册 Ⅳ.①TQ153.1-62

中国版本图书馆 CIP 数据核字（2015）第 206428 号

机械工业出版社（北京市百万庄大街 22 号　邮政编码 100037）
策划编辑：陈保华　责任编辑：陈保华　李　超
版式设计：霍永明　责任校对：樊钟英
封面设计：鞠　杨　责任印制：乔　宇
北京京丰印刷厂印刷
2015 年 11 月第 1 版第 1 次印刷
169mm × 239mm · 21.75 印张 · 447 千字
0 001—3 000 册
标准书号：ISBN 978 – 7 – 111 – 51387 – 2
定价：89.00 元

凡购本书，如有缺页、倒页、脱页，由本社发行部调换

电话服务　　　　　　　　　　　网络服务
服务咨询热线：010 – 88361066　　机 工 官 网：www.cmpbook.com
读者购书热线：010 – 68326294　　机 工 官 博：weibo.com/cmp1952
　　　　　　　010 – 88379203　　金 书 网：www.golden-book.com
策 划 编 辑：010 – 88379734
封面无防伪标均为盗版　　　　　　教育服务网：www.cmpedu.com